수학 좀 한다면

디딤돌 초등수학 문제유형 3-2

펴낸날 [개정판 1쇄] 2023년 12월 10일 | **펴낸이** 이기열 | **펴낸곳** (주)디딤돌 교육 | **주소** (03972) 서울특별시 마포구 월드컵북로 122 청원선와이즈타워 | **대표전화** 02-3142-9000 | **구입문의** 02-322-8451 | **내용문의** 02-323-9166 | **팩시밀리** 02-338-3231 | **홈페이지** www.didimdol.co.kr | **등록번호** 제10-718호 | 구입한 후에는 철회되지 않으며 잘못 인쇄된 책은 바꾸어 드립니다. 이 책에 실린 모든 삽화 및 편집 형태에 대한 저작권은 (주)디딤돌 교육에 있으므로 무단으로 복사 복제할 수 없습니다. Copyright ⓒ Didimdol Co. [2402670]

내 실력에 딱!
최상위로 가는 '맞춤 학습 플랜'

STEP 1 On-line

나에게 맞는 공부법은?
맞춤 학습 가이드를 만나요.

교재 선택부터 공부법까지! 디딤돌에서 제공하는 시기별
맞춤 학습 가이드를 통해 아이에게 맞는 학습 계획을 세워 주세요.
(학습 가이드는 디딤돌 학부모카페 '맘이가'를 통해 상시 공지합니다.
cafe.naver.com/didimdolmom)

STEP 2 Book

맞춤 학습 스케줄표
계획에 따라 공부해요.

교재에 첨부된 '맞춤 학습 스케줄표'에 맞춰 공부 목표를
달성합니다.

STEP 3 On-line

이럴 땐 이렇게!
'맞춤 Q&A'로 해결해요.

궁금하거나 모르는 문제가 있다면,
'맘이가' 카페를 통해 질문을 남겨 주세요.
디딤돌 수학쌤 및 선배맘님들이 친절히 답변해 드립니다.

STEP 4 Book

다음에는 뭐 풀지?
다음 교재를 추천받아요.

학습 결과에 따라 후속 학습에 사용할 교재를 제시해 드립니다.
(교재 마지막 페이지 수록)

 ★ 디딤돌 플래너 만나러 가기

디딤돌 초등수학 문제유형 3-2

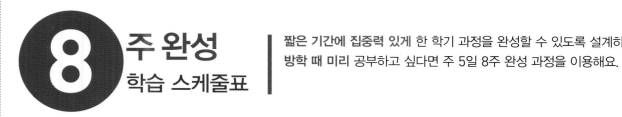

8 주 완성
학습 스케줄표

짧은 기간에 집중력 있게 한 학기 과정을 완성할 수 있도록 설계하였습니다.
방학 때 미리 공부하고 싶다면 주 5일 8주 완성 과정을 이용해요.

공부한 날짜를 쓰고 하루 분량 학습을 마친 후, 부모님께 확인 check ☑를 받으세요.

❶ 곱셈

1주

월 일	월 일	월 일	월 일	월 일	**2주** 월 일	월 일	월
8~9쪽	10~12쪽	13~15쪽	16~18쪽	19~20쪽	21~22쪽	23~25쪽	

❷ 나눗셈
❸ 원

3주

월 일	월 일	월 일	월 일	월 일	**4주** 월 일	월 일	월
37~39쪽	40~41쪽	42~43쪽	44~46쪽	50~51쪽	52~55쪽	56~58쪽	

❹ 분수

5주

월 일	월 일	월 일	월 일	월 일	**6주** 월 일	월 일	월
70~71쪽	72~73쪽	74~75쪽	76~77쪽	78~80쪽	81~83쪽	84~86쪽	

❺ 들이와 무게
❻ 자료의 정리

7주

월 일	월 일	월 일	월 일	월 일	**8주** 월 일	월 일	월
98~100쪽	101~102쪽	103~104쪽	105~107쪽	110~111쪽	112~115쪽	116~118쪽	11

MEMO

효과적인 수학 공부 비법

시켜서 억지로 ✕

내가 스스로 ○

억지로 하는 일과 즐겁게 하는 일은 결과가 달라요.
목표를 가지고 스스로 즐기면 능률이 배가 돼요.

가끔 한꺼번에 ✕

매일매일 꾸준히 ○

급하게 쌓은 실력은 무너지기 쉬워요.
조금씩이라도 매일매일 단단하게 실력을 쌓아가요.

정답을 몰래 ✕

개념을 꼼꼼히 ○

정답

개념

모든 문제는 개념을 바탕으로 출제돼요.
쉽게 풀리지 않을 땐, 개념을 펼쳐 봐요.

채점하면 끝 ✕

틀린 문제는 다시 ○

왜 틀렸는지 알아야 다시 틀리지 않겠죠?
틀린 문제와 어림짐작으로 맞힌 문제는 꼭 다시 풀어 봐요.

디딤돌 초등수학 문제유형 3-2

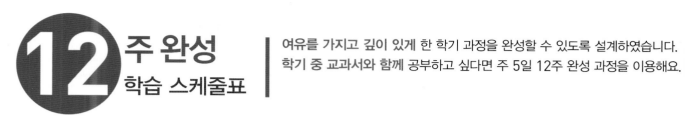

12주 완성 학습 스케줄표

여유를 가지고 깊이 있게 한 학기 과정을 완성할 수 있도록 설계하였습니다.
학기 중 교과서와 함께 공부하고 싶다면 주 5일 12주 완성 과정을 이용해요.

공부한 날짜를 쓰고 하루 분량 학습을 마친 후, 부모님께 확인 check ☑를 받으세요.

① 곱셈

1주					2주	
월 일	월 일	월 일	월 일	월 일	월 일	월 일
8~9쪽	10~11쪽	12~13쪽	14~15쪽	16~17쪽	18~19쪽	20쪽

② 나눗셈

3주					4주	
월 일	월 일	월 일	월 일	월 일	월 일	월 일
28~29쪽	30~31쪽	32~33쪽	34~35쪽	36~37쪽	38~39쪽	40쪽

② 나눗셈 / ③ 원

5주					6주	
월 일	월 일	월 일	월 일	월 일	월 일	월 일
44~46쪽	50~51쪽	52~53쪽	54~55쪽	56~57쪽	58~59쪽	60~61쪽

③ 원 / ④ 분수

7주					8주	
월 일	월 일	월 일	월 일	월 일	월 일	월 일
65~67쪽	70~71쪽	72~73쪽	74~75쪽	76~77쪽	78~79쪽	80쪽

④ 분수 / ⑤ 들이와 무게

9주					10주	
월 일	월 일	월 일	월 일	월 일	월 일	월 일
84~86쪽	90~91쪽	92~93쪽	94~95쪽	96~97쪽	98~99쪽	100~101쪽

⑤ 들이와 무게 / ⑥ 자료의 정리

11주					12주	
월 일	월 일	월 일	월 일	월 일	월 일	월 일
105~107쪽	110~111쪽	112~113쪽	114~115쪽	116~117쪽	118~119쪽	120쪽

효과적인 수학 공부 비법

시켜서 억지로   내가 스스로

억지로 하는 일과 즐겁게 하는 일은 결과가 달라요.
목표를 가지고 스스로 즐기면 능률이 배가 돼요.

가끔 한꺼번에   매일매일 꾸준히

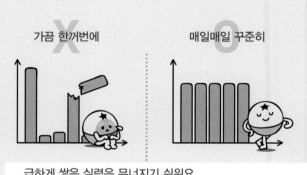

급하게 쌓은 실력은 무너지기 쉬워요.
조금씩이라도 매일매일 단단하게 실력을 쌓아가요.

정답을 몰래   개념을 꼼꼼히

모든 문제는 개념을 바탕으로 출제돼요.
쉽게 풀리지 않을 땐, 개념을 펼쳐 봐요.

채점하면 끝   틀린 문제는 다시

왜 틀렸는지 알아야 다시 틀리지 않겠죠?
틀린 문제와 어림짐작으로 맞힌 문제는 꼭 다시 풀어 봐요.

디딤돌

초등수학
문제유형

상위권 도전, 유형 정복

3-2

단계별로 실력을 높여주는, 문제 유형

1단계 개념 확인

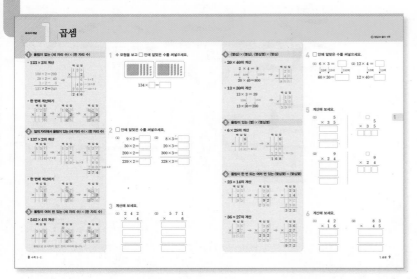

단원의 개념을 한눈에 정리해 보고
잘 알고 있는지 확인해 봅니다.

2단계 기본기 다지기

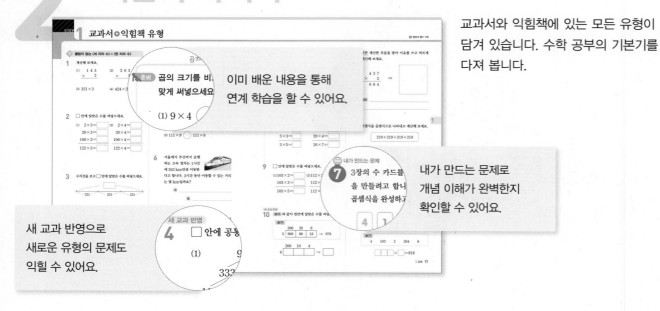

교과서와 익힘책에 있는 모든 유형이
담겨 있습니다. 수학 공부의 기본기를
다져 봅니다.

이미 배운 내용을 통해
연계 학습을 할 수 있어요.

내가 만드는 문제로
개념 이해가 완벽한지
확인할 수 있어요.

새 교과 반영으로
새로운 유형의 문제도
익힐 수 있어요.

3 단계 실력 키우기

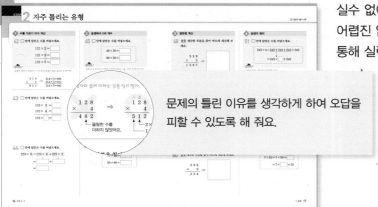

실수 없이 문제를 해결하는 것이 진짜 실력입니다.
어렵진 않지만 실수하기 쉬운 문제를 푸는 연습을
통해 실력을 키워 봅니다.

문제의 틀린 이유를 생각하게 하여 오답을
피할 수 있도록 해 줘요.

4 단계 문제해결력 기르기

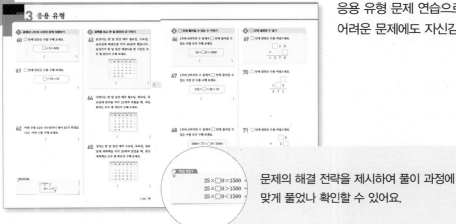

응용 유형 문제 연습으로 수학 실력을 완성하여
어려운 문제에도 자신감이 생길 수 있게 합니다.

문제의 해결 전략을 제시하여 풀이 과정에
맞게 풀었나 확인할 수 있어요.

5 단계 단원 마무리 하기

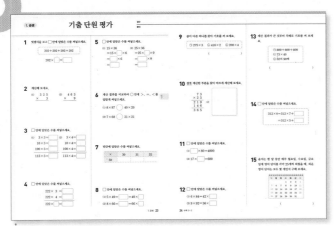

시험에 잘 나오는 유형 문제로 단원의 학습을
마무리 합니다.

이 책의 **차례**

1 곱셈

곱셈에서 올림한 수는 작게 표시하는 거 잊지 않았죠?
수가 아무리 커지고 올림한 수가 많아도 2가지만 기억하면 곱셈왕!

1. 낮은 자리부터 높은 자리 순서로 자리를 맞추어 계산하기
2. 올림한 수는 곱에 더하기

큰 수의 곱셈도 결국은 덧셈을 간단히 한 것!

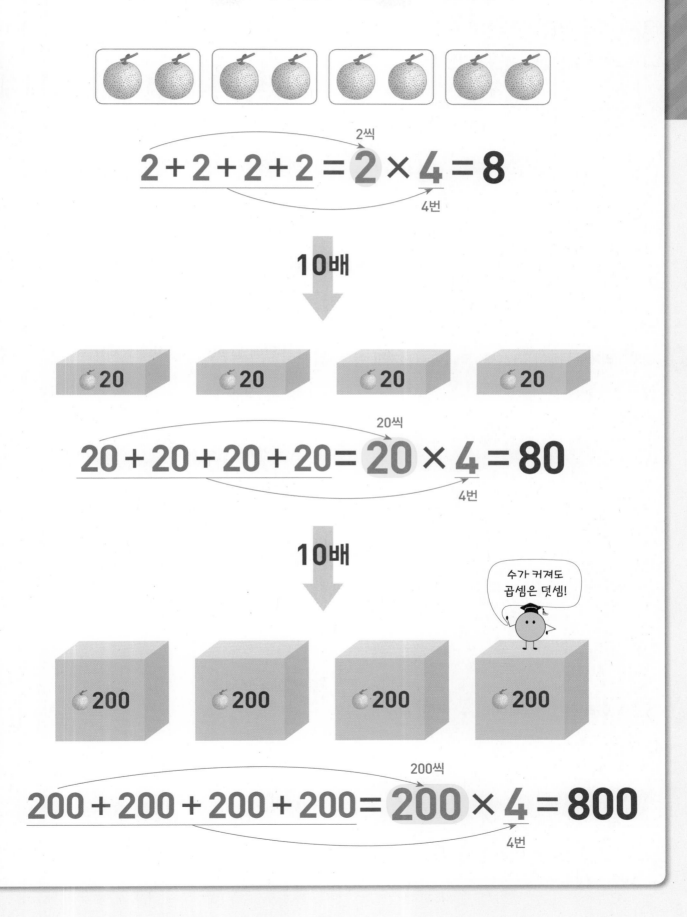

1 곱셈

1 올림이 없는 (세 자리 수) × (한 자리 수)

• 123 × 2의 계산

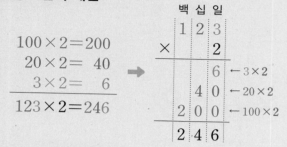

$$100 \times 2 = 200$$
$$20 \times 2 = 40$$
$$3 \times 2 = 6$$
$$123 \times 2 = 246$$

• 한 번에 계산하기

2 일의 자리에서 올림이 있는 (세 자리 수) × (한 자리 수)

• 137 × 2의 계산

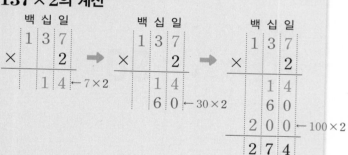

• 한 번에 계산하기

3 올림이 여러 번 있는 (세 자리 수) × (한 자리 수)

• 542 × 4의 계산

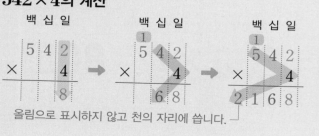

올림으로 표시하지 않고 천의 자리에 씁니다.

---

1 수 모형을 보고 ☐ 안에 알맞은 수를 써넣으세요.

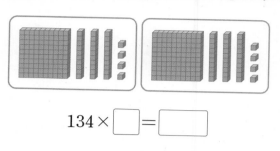

$$134 \times \boxed{} = \boxed{}$$

2 ☐ 안에 알맞은 수를 써넣으세요.

(1)
$$9 \times 2 = \boxed{}$$
$$30 \times 2 = \boxed{}$$
$$200 \times 2 = \boxed{}$$
$$239 \times 2 = \boxed{}$$

(2)
$$8 \times 3 = \boxed{}$$
$$20 \times 3 = \boxed{}$$
$$300 \times 3 = \boxed{}$$
$$328 \times 3 = \boxed{}$$

3 계산해 보세요.

(1)
$$\begin{array}{r} 2\ 4\ 2 \\ \times \quad 4 \\ \hline \end{array}$$

(2)
$$\begin{array}{r} 5\ 7\ 1 \\ \times \quad 6 \\ \hline \end{array}$$

4 (몇십)×(몇십), (몇십몇)×(몇십)

• 20×40의 계산

$$2 \times 4 = 8$$

10배   10배   100배 ➡

$$20 \times 40 = 800$$

백	십	일
	2	0
×	4	0
8	0	0

• 13×30의 계산

$$13 \times 3 = 39$$

10배   10배 ➡

$$13 \times 30 = 390$$

백	십	일
	1	3
×	3	0
3	9	0

5 올림이 있는 (몇)×(몇십몇)

• 6×28의 계산

백	십	일
		6
×	2	8
	4	8	←6×8

➡

백	십	일
		6
×	2	8
	4	8
1	2	0	←6×20
1	6	8

6 올림이 한 번 또는 여러 번 있는 (몇십몇)×(몇십몇)

• 23×14의 계산

백	십	일
	2	3
×	1	4
	9	2

➡

백	십	일
	2	3
×	1	4
	9	2
2	3	0

➡

백	십	일
	2	3
×	1	4
	9	2
2	3	0
3	2	2

• 36×27의 계산

백	십	일
	3	6
×	2	7
2	5	2

➡

백	십	일
	3	6
×	2	7
2	5	2
7	2	0

➡

백	십	일
	3	6
×	2	7
2	5	2
7	2	0
9	7	2

---

4 ☐ 안에 알맞은 수를 써넣으세요.

(1) $6 \times 3 = \boxed{}$ (2) $12 \times 4 = \boxed{}$

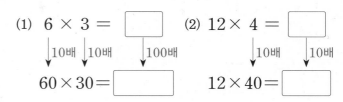

$60 \times 30 = \boxed{}$ $12 \times 40 = \boxed{}$

5 계산해 보세요.

(1)
```
      5
×   3 5
─────────
[      ]
[      ]
[      ]
```
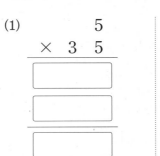

```
        5
×   3 5
─────────
[ ][ ][ ]
```

(2)
```
      9
×   2 4
─────────
[      ]
[      ]
[      ]
```
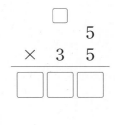

```
        9
×   2 4
─────────
[ ][ ][ ]
```

6 계산해 보세요.

(1)
```
    4 2
×   1 6
─────────
[      ]
[      ]
[      ]
```

(2)
```
    8 3
×   4 5
─────────
[      ]
[      ]
[      ]
```

1 올림이 없는 (세 자리 수)×(한 자리 수)

1 계산해 보세요.

(1)
```
   1 4 3
 ×     2
```

(2)
```
   2 0 3
 ×     3
```

(3) 321×3

(4) 424×2

2 □ 안에 알맞은 수를 써넣으세요.

(1)
2×3=□
20×3=□
100×3=□
122×3=□

(2)
2×4=□
20×4=□
100×4=□
122×4=□

3 수직선을 보고 □ 안에 알맞은 수를 써넣으세요.

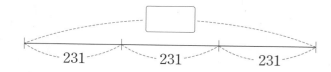

231 231 231

새 교과 반영

4 □ 안에 공통으로 들어가는 수를 구해 보세요.

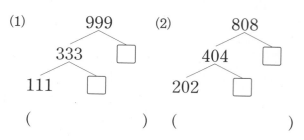

(1)
```
      999
   333   □
 111  □
```

(2)
```
      808
   404   □
 202  □
```

( ) ( )

곱하는 수가 클수록 곱의 크기는 더 커.

준비 곱의 크기를 비교하여 ○ 안에 ＞, ＝, ＜를 알맞게 써넣으세요.

(1) 9×4 ○ 9×3

(2) 30×7 ○ 30×8

5 곱의 크기를 비교하여 ○ 안에 ＞, ＝, ＜를 알맞게 써넣으세요.

(1) 233×2 ○ 233×3

(2) 111×9 ○ 111×6

6 서울에서 부산까지 운행하는 고속 열차는 1시간에 302 km만큼 이동한다고 합니다. 3시간 동안 이동할 수 있는 거리는 몇 km일까요?

식 _____

답 _____

☺ 내가 만드는 문제

7 3장의 수 카드를 한 번씩만 사용하여 곱셈식을 만들려고 합니다. □ 안에 숫자를 써넣어 곱셈식을 완성하고 계산 결과를 구해 보세요.

4 1 3 → □□□ ×2

( )

② 일의 자리에서 올림이 있는 (세 자리 수)×(한 자리 수)

8 계산해 보세요.

(1)
```
  2 1 3
×     4
```

(2)
```
  1 0 8
×     5
```

(3) 116×6

(4) 317×3

올림이 없도록 곱하는 수를 가르기 해.

준비 ☐ 안에 알맞은 수를 써넣으세요.

(1) 3×2=☐
3×3=☐
3×5=☐

(2) 20×3=☐
20×4=☐
20×7=☐

9 ☐ 안에 알맞은 수를 써넣으세요.

(1) 103×2=☐
103×3=☐
103×5=☐

(2) 112×3=☐
112×4=☐
112×7=☐

새 교과 반영
10 보기 와 같이 빈칸에 알맞은 수를 써넣으세요.

보기

	300	20	6	
3	900	60	18	➡ 978

	200	10	4	
4				➡ ☐

서술형
11 잘못 계산한 부분을 찾아 이유를 쓰고 바르게 계산해 보세요.

```
  4 3 7
×     2
─────
  8 6 4
```
➡ ☐

이유 _____

12 덧셈식을 곱셈식으로 나타내고 계산해 보세요.

219+219+219+219

곱셈식 _____

13 오늘 환율로 스웨덴 동전 1크로나는 우리나라 돈으로 137원일 때 2크로나는 우리나라 돈으로 얼마일까요?

식 _____

답 _____

14 보기 에서 두 수를 골라 주어진 식을 완성해 보세요.

보기
4   102   2   204   8

☐☐☐ × ☐ =816

곱셈은 같은 수를 여러 번 더하는 거야.

3 올림이 여러 번 있는 (세 자리 수) × (한 자리 수)

15 계산해 보세요.

(1)
```
    2 8 4
  ×     2
```

(2)
```
    4 7 3
  ×     3
```

(3) 621 × 5

(4) 542 × 8

16 계산 결과를 어림하여 구하려고 합니다. ☐ 안에 알맞은 수를 써넣고, 알맞은 말에 ○표 하세요.

594 × 3은

↓

☐ × 3 = ☐ 보다

(작습니다 , 큽니다).

17 ☐ 안에 알맞은 수를 써넣으세요.

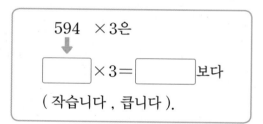

(1) 224 × 6

$= 224 × \boxed{} × 3$

$= \boxed{} × 3$

$= \boxed{}$

(2) 323 × 9

$= 323 × \boxed{} × 3$

$= \boxed{} × 3$

$= \boxed{}$

새 교과 반영

18 조건 을 보고 ☐ 안에 알맞은 수를 써넣으세요.

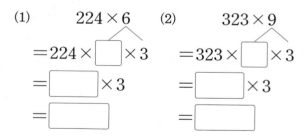

조건
♥ : 4배
★ : 6배
◆ : 8배

142 ➡ ♥ ➡ 568

325 ➡ ♥ ➡ ☐

413 ➡ ★ ➡ ☐

267 ➡ ◆ ➡ ☐

준비 ☐ 안에 알맞은 수를 써넣으세요.

$40 + 40 + 40 + 40 = 40 × \boxed{}$

$= 40 × \boxed{} + 40$

$= 40 × \boxed{} + 40 + 40$

19 ☐ 안에 알맞은 수를 써넣으세요.

(1) $231 × 6 = 231 × 5 + \boxed{}$

(2) $231 × 4 = 231 × 5 - \boxed{}$

20 지구는 하루에 한 바퀴씩 스스로 도는 *자전을 합니다. 1초에 450 m씩 움직일 때, 지구가 7초 동안 움직이는 거리는 몇 m인지 구해 보세요.

*자전: 지구가 스스로 고정된 축을 중심으로 회전하는 현상

(   )

☺ 내가 만드는 문제

21 원하는 색깔의 한 가지 쌓기나무만 이용하여 주어진 모양과 똑같이 쌓으려고 합니다. 쌓은 쌓기나무의 무게를 구해 보세요.

(단, 보이지 않는 쌓기나무는 없습니다.)

⬛ 132 g	⬜ 658 g	▨ 276 g	⬛ 493 g

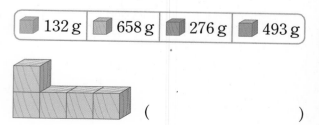

(   )

4 (몇십)×(몇십), (몇십몇)×(몇십)

22 계산해 보세요.

(1)
```
      5 0
  ×   4 0
```

(2)
```
      1 4
  ×   4 0
```

(3) 60×70

(4) 19×20

23 □ 안에 알맞은 수를 써넣으세요.

- $20 \times 40 = $ [ ]
- $20 \times 60 = $ [ ]

$20 \times 40 = $ [ ]

$20 \times 20 = $ [ ]

$20 \times 80 = $ [ ]

$20 \times 80 = $ [ ]

곱셈과 나눗셈의 관계를 생각해 봐.

준비 □ 안에 알맞은 수를 써넣으세요.

$3 \times 6 = $ [ ]

[ ] $\div 6 = 3$

24 □ 안에 알맞은 수를 써넣으세요.

(1) $80 \times 30 = $ [ ]

[ ] $\div 30 = 80$

(2) $70 \times 40 = $ [ ]

[ ] $\div 40 = 70$

25 □ 안에 알맞은 수를 써넣으세요.

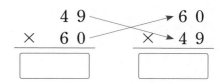

```
    4 9           6 0
 ×  6 0        ×  4 9
```

[ ]   [ ]

새 교과 반영

26 규칙에 따라 빈칸에 알맞은 수를 써넣으세요.

25	750	30
56		40
79		50

27 계산 결과가 같은 것끼리 이어 보세요.

15×40	45×80	35×60

30×70	40×90	20×30

서술형

28 1분은 60초이고 1시간은 60분입니다. 1시간은 몇 초인지 풀이 과정을 쓰고 답을 구해 보세요.

풀이 _____

_____

_____

답 _____

29 계산해 보세요.

(1)
```
        3
   ×  2 6
```

(2)
```
        5
   ×  3 7
```

(3) 4×69

(4) 7×84

30 빈 곳에 알맞은 수를 써넣으세요.

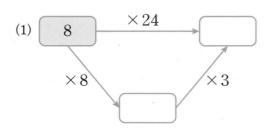

(1)

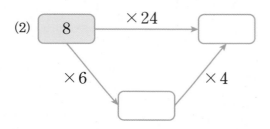

(2)

31 ☐ 안에 알맞은 수를 써넣으세요.

(1) 4×83 = ☐ + ☐

= ☐

(2) 4×38 = ☐ + ☐

= ☐

😊 내가 만드는 문제

32 일주일 동안 원하는 운동을 한 가지 선택해서 매일 꾸준히 운동하려고 합니다. 운동을 정하고, 일주일 동안 운동한 전체 횟수를 구해 보세요.

하루에 해야 하는 운동 횟수

윗몸 말아 올리기 13회 | 아령 들기 28회 | 줄넘기 44회 | 훌라후프 돌리기 52회

(   ), (   )

서술형
33 딸기는 비타민 C가 많이 함유되어 있어서 하루에 6개를 먹으면 비타민 C 하루 권장량을 모두 섭취할 수 있습니다. 3, 4월 두 달 동안 비타민 C의 하루 권장량을 모두 딸기로 섭취한다면 몇 개의 딸기를 먹어야 하는지 풀이 과정을 쓰고 답을 구해 보세요.

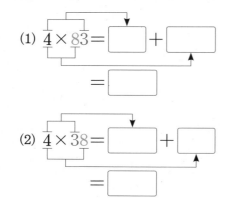

풀이 _____

_____

_____

답 _____

새 교과 반영
34 같은 모양은 같은 수를 나타냅니다. 모양에 알맞은 수를 구해 보세요.

(1) ★+★+★+★=64

★=(   )

(2) ●+●+●+●+●=125

●=(   )

6 올림이 한 번 또는 여러 번 있는 (몇십몇)×(몇십몇)

35 계산해 보세요.

(1)
```
      6 8
  ×   1 3
```

(2)
```
      3 6
  ×   5 4
```

(3) 59×17 (4) 47×28

36 ☐ 안에 알맞은 수를 써넣으세요.

· $84 \times 30 = $ ☐   · $80 \times 39 = $ ☐

  $84 \times 9 = $ ☐ $4 \times 39 = $ ☐

  $84 \times 39 = $ ☐ $84 \times 39 = $ ☐

 순서를 다르게 묶어 곱해도 결과는 같아.

 ☐ 안에 알맞은 수를 써넣으세요.

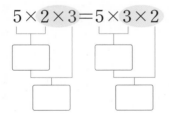
$$5 \times 2 \times 3 = 5 \times 3 \times 2$$

37 ☐ 안에 알맞은 수를 써넣으세요.

(1)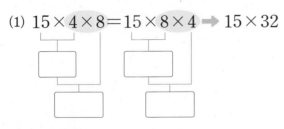
$$15 \times 4 \times 8 = 15 \times 8 \times 4 \rightarrow 15 \times 32$$

(2)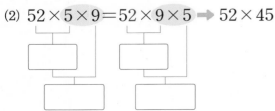
$$52 \times 5 \times 9 = 52 \times 9 \times 5 \rightarrow 52 \times 45$$

38 그림을 보고 물음에 답하세요.

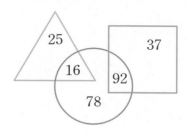

(1) 삼각형 안에 있는 수의 곱을 구해 보세요.

(   )

(2) 사각형 안에 있는 수의 곱을 구해 보세요.

(   )

39 ☐ 안에 알맞은 수를 써넣고 계산 결과를 비교하여 ◯ 안에 >, =, <를 알맞게 써넣으세요.

```
    3 3              6 6
  × 2 8            × 1 4
```
☐ ◯ ☐

40 재채기는 순간적으로 숨을 뿜어내는 행동으로 숨의 빠르기가 1초에 89 m 만큼 이동한다고 합니다. 재채기를 할 때 내뱉는 숨이 14초 동안 이동한 거리는 몇 m일까요?

식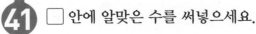

답

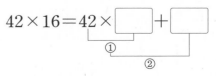 😊 내가 만드는 문제

41 ☐ 안에 알맞은 수를 써넣으세요.

$$42 \times 16 = 42 \times \boxed{} + \boxed{}$$
                      ①   ②

1 수를 가르기 하여 계산

42 ☐ 안에 알맞은 수를 써넣으세요.

$122 \times 2 = \boxed{}$

$122 \times 3 = \boxed{}$

$122 \times 5 = \boxed{}$

올림이 있어서 복잡하고 어려우면 올림이 없는 곱셈으로 바꾸자.

$$\begin{array}{r} \overset{1}{3}\ 1\ 4 \\ \times \quad\ 3 \\ \hline 9\ 4\ 2 \end{array} \rightarrow \begin{array}{l} 314 \times 2 = 628 \\ 314 \times 1 = 314 \\ 314 \times 3 = 942 \end{array}$$

43 ☐ 안에 알맞은 수를 써넣으세요.

$102 \times 3 = \boxed{}$

$102 \times 4 = \boxed{}$

$102 \times \boxed{} = \boxed{}$

44 ☐ 안에 알맞은 수를 써넣으세요.

$223 \times 5 = 223 \times 3 + 223 \times 2$

$= \boxed{} + \boxed{}$

$= \boxed{}$

2 곱셈에서 0의 개수

45 ☐ 안에 알맞은 수를 써넣으세요.

$40 \times 50 = \boxed{}$

$80 \times 50 = \boxed{}$

곱하는 두 수에 0이 2개라고 하여 곱에도 0을 2개만 쓴 건 아니지?

$15 \times 40 = 600$

$25 \times 40 = 1000$

$50 \times 40 = 2000$

46 ☐ 안에 알맞은 수를 써넣으세요.

$45 \times 20 = \boxed{}$

$45 \times 40 = \boxed{}$

47 ☐ 안에 알맞은 수를 써넣으세요.

$75 \times 40 = \boxed{}$

$50 \times 60 = \boxed{}$

③ 잘못된 계산

48 잘못 계산한 부분을 찾아 바르게 계산해 보세요.

$$
\begin{array}{r}
5\ 3\ 9 \\
\times \qquad 3 \\
\hline
1\ 5\ 9\ 7
\end{array}
$$
➡

올림한 수를 윗자리 곱에 더하는 것을 잊지 말자.

$$
\begin{array}{r}
1\ 2\ 8 \\
\times \qquad 4 \\
\hline
4\ 8\ 2
\end{array}
\quad\Rightarrow\quad
\begin{array}{r}
1\ 3 \\
1\ 2\ 8 \\
\times \qquad 4 \\
\hline
5\ 1\ 2
\end{array}
$$

└ 올림한 수를 더하지 않았어요.

└ $2\times4+3=11$
└ $1\times4+1=5$

49 잘못 계산한 부분을 찾아 바르게 계산해 보세요.

$$
\begin{array}{r}
4\ 2\ 7 \\
\times \qquad 6 \\
\hline
2\ 4\ 2\ 2
\end{array}
$$
➡

50 잘못 계산한 부분을 찾아 바르게 계산해 보세요.

$$
\begin{array}{r}
2\ 0\ 6 \\
\times \qquad 9 \\
\hline
2\ 3\ 4
\end{array}
$$
➡

④ 곱셈의 원리

51 ☐ 안에 알맞은 수를 써넣으세요.

$$
\begin{aligned}
243\times4 &= \underline{243+243+243}+243 \\
&= 243\times\boxed{}+243
\end{aligned}
$$

곱셈은 같은 수를 여러 번 더한 거야.

$$
\begin{aligned}
&100+100+100+100+100 \\
&=100\times5 \\
&=100\times4+100 \\
&=100\times3+100+100
\end{aligned}
$$

52 ☐ 안에 알맞은 수를 써넣으세요.

$$
\begin{aligned}
38\times12 &= 38\times11+\boxed{} \\
&= 38\times10+\boxed{}
\end{aligned}
$$

53 ☐ 안에 알맞은 수를 써넣으세요.

$$
\begin{aligned}
7\times53 &= 7\times50+\boxed{} \\
&= 7\times\boxed{}+35
\end{aligned}
$$

5 모르는 수가 있는 계산

54 ☐ 안에 알맞은 수를 써넣으세요.

$$13 \times 60 = 39 \times \boxed{}$$

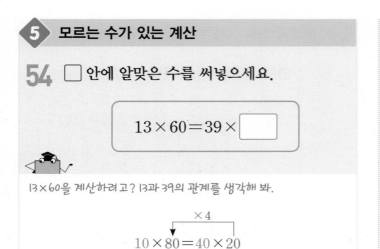

13×60을 계산하려고? 13과 39의 관계를 생각해 봐.

$$10 \times 80 = 40 \times 20$$

55 ☐ 안에 알맞은 수를 써넣으세요.

$$24 \times 32 = 48 \times \boxed{}$$
$$= 12 \times \boxed{}$$

56 ☐ 안에 알맞은 수를 써넣으세요.

$$8 \times 75 = 24 \times \boxed{}$$
$$= 40 \times \boxed{}$$

6 날짜를 활용한 계산

57 세영이는 10월 한 달 동안 매일 45분씩 독서를 했습니다. 세영이가 10월 한 달 동안 독서를 한 시간은 모두 몇 분일까요?

(   )

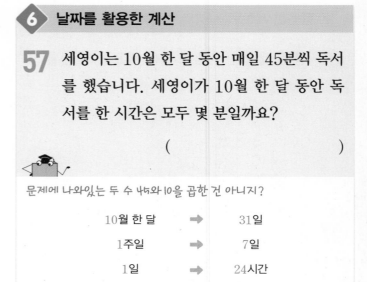

문제에 나와있는 두 수 45와 10을 곱한 건 아니지?

10월 한 달	➡	31일
1주일	➡	7일
1일	➡	24시간

58 윤호는 9월 한 달 동안 매일 56개씩 종이학을 접었습니다. 윤호가 9월 한 달 동안 접은 종이학은 모두 몇 개일까요?

(   )

59 유리는 3주일 동안 매일 38쪽씩 역사책을 읽었습니다. 유리가 3주일 동안 읽은 역사책은 모두 몇 쪽일까요?

(   )

1 곱셈과 나눗셈 사이의 관계 이용하기

60 □ 안에 알맞은 수를 구해 보세요.

$$□ \div 5 = 659$$

(   )

61 □ 안에 알맞은 수를 구해 보세요.

$$□ \div 70 = 37$$

(   )

62 어떤 수를 64로 나누었더니 몫이 82가 되었습니다. 어떤 수를 구해 보세요.

(   )

개념 KEY

$$□ \div ● = ▲$$
$$● × ▲ = □$$

2 달력을 보고 한 달 동안의 양 구하기

63 윤성이는 한 달 동안 매주 월요일, 수요일, 금요일에 태권도를 각각 40분씩 했습니다. 윤성이가 한 달 동안 태권도를 한 시간은 모두 몇 분인지 구해 보세요.

일	월	화	수	목	금	토
		1	2	3	4	5
6	7	8	9	10	11	12
13	14	15	16	17	18	19
20	21	22	23	24	25	26
27	28	29	30			

(   )

64 아영이는 한 달 동안 매주 월요일, 화요일, 목요일에 한자를 각각 18개씩 외웠을 때, 외운 한자는 모두 몇 개인지 구해 보세요.

일	월	화	수	목	금	토
	1	2	3	4	5	6
7	8	9	10	11	12	13
14	15	16	17	18	19	20
21	22	23	24	25	26	27
28	29	30				

(   )

65 성아는 한 달 동안 매주 수요일, 토요일, 일요일에 과학책을 각각 35쪽씩 읽었을 때, 읽은 과학책은 모두 몇 쪽인지 구해 보세요.

일	월	화	수	목	금	토
				1	2	3
4	5	6	7	8	9	10
11	12	13	14	15	16	17
18	19	20	21	22	23	24
25	26	27	28	29	30	31

(   )

66 1부터 9까지의 수 중에서 □ 안에 들어갈 수 있는 수를 모두 구해 보세요.

$$24 \times \square 0 > 1800$$

(   )

67 1부터 9까지의 수 중에서 □ 안에 들어갈 수 있는 가장 큰 수를 구해 보세요.

$$125 \times \square < 36 \times 19$$

(   )

68 1부터 9까지의 수 중에서 □ 안에 들어갈 수 있는 수를 모두 구해 보세요.

$$3000 < 77 \times \square 0 < 5000$$

(   )

69 □ 안에 알맞은 수를 써넣으세요.

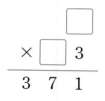

```
    □ 1 3
×       □
─────────
  1 2 7 8
```

70 □ 안에 알맞은 수를 써넣으세요.

```
        □
×     □ 3
─────────
    3 7 1
```

71 □ 안에 알맞은 수를 써넣으세요.

```
        □ 4
×     2 □
─────────
    5 1 2
  1 2 □ 0
─────────
  1 □ 9 2
```

🔑 **개념 KEY**

$25 \times \square 0 = 1500 \ \Rightarrow \ \square = 6$

$25 \times \square 0 > 1500 \ \Rightarrow \ \square > 6$

$25 \times \square 0 < 1500 \ \Rightarrow \ \square < 6$

5 색칠한 칸의 개수 구하기

72 색칠한 칸의 개수를 구해 보세요.

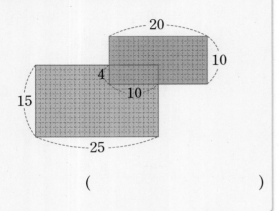

( )

73 색칠한 칸의 개수를 구해 보세요.

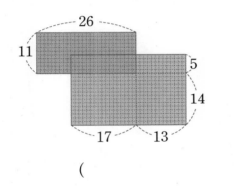

( )

74 색칠한 칸의 개수를 구해 보세요.

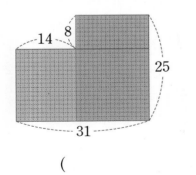

( )

6 통나무를 자르는 데 걸리는 시간 구하기

75 통나무를 한 번 자르는 데 20분이 걸립니다. 11도막으로 자르는 데 걸리는 시간은 몇 시간 몇 분일까요?

( )

76 통나무를 한 번 자르는 데 16분이 걸립니다. 20도막으로 자르는 데 걸리는 시간은 몇 시간 몇 분일까요?

( )

77 통나무를 세 번 자르는 데 36분이 걸립니다. 25도막으로 자르는 데 걸리는 시간은 몇 시간 몇 분일까요?

( )

개념 KEY

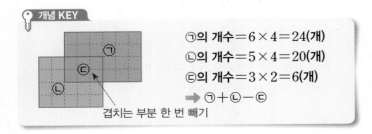

⊙의 개수=6×4=24(개)
ⓒ의 개수=5×4=20(개)
ⓔ의 개수=3×2=6(개)
➡ ⊙+ⓒ−ⓔ
겹치는 부분 한 번 빼기

개념 KEY

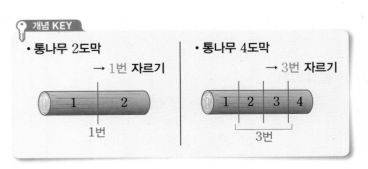

• 통나무 2도막
→ 1번 자르기

• 통나무 4도막
→ 3번 자르기

7 기호의 약속에 따라 계산하기

78 □♥○를 보기 와 같이 약속할 때 157♥3의 값을 구해 보세요.

보기
$$□♥○=□×○×○$$

(   )

79 □♣○를 보기 와 같이 약속할 때 28♣41의 값을 구해 보세요.

보기
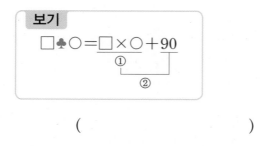

(   )

80 ㉠★㉡을 보기 와 같이 약속할 때 63★30의 값을 구해 보세요.

보기
㉠+㉡=㉢, ㉠−㉡=㉣일 때
㉠★㉡=㉢×㉣입니다.

(   )

🔑 **개념 KEY**

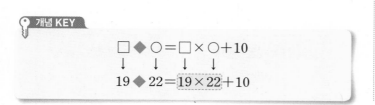

8 수 카드로 곱셈식 만들기

81 4장의 수 카드를 한 번씩만 사용하여 곱이 가장 큰 (두 자리 수)×(두 자리 수)의 곱셈식을 만들어 계산해 보세요.

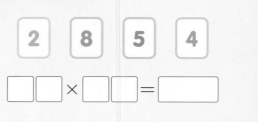

82 4장의 수 카드를 한 번씩만 사용하여 곱이 가장 작은 (두 자리 수)×(두 자리 수)의 곱셈식을 만들어 계산해 보세요.

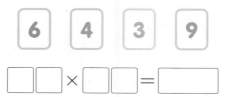

83 5장의 수 카드 중 4장을 뽑아 (두 자리 수)×(두 자리 수)를 만들려고 합니다. 곱이 가장 큰 경우와 가장 작은 경우의 곱셈식을 각각 만들어 계산해 보세요.

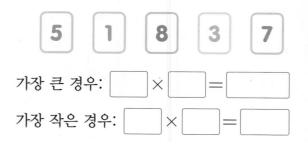

가장 큰 경우: ☐☐×☐☐=☐☐

가장 작은 경우: ☐☐×☐☐=☐☐

🔑 **개념 KEY**

· 곱이 가장 큰 (두 자리 수)×(두 자리 수) 만들기

㉠>㉡>㉢>㉣ ➡ ㉠ ㉣
×㉡ ㉢

· 곱이 가장 작은 (두 자리 수)×(두 자리 수) 만들기

㉣<㉢<㉡<㉠ ➡ ㉣ ㉡
×㉢ ㉠

기출 단원 평가

1 덧셈식을 보고 ☐ 안에 알맞은 수를 써넣으세요.

$$202+202+202+202$$

$$202 \times \boxed{} = \boxed{}$$

2 계산해 보세요.

(1)
$$\begin{array}{r} 3\ 2\ 5 \\ \times \qquad 3 \\ \hline \end{array}$$

(2)
$$\begin{array}{r} 4\ 6\ 3 \\ \times \qquad 9 \\ \hline \end{array}$$

3 ☐ 안에 알맞은 수를 써넣으세요.

(1)
$3 \times 3 = \boxed{}$
$10 \times 3 = \boxed{}$
$100 \times 3 = \boxed{}$
$113 \times 3 = \boxed{}$

(2)
$3 \times 4 = \boxed{}$
$10 \times 4 = \boxed{}$
$100 \times 4 = \boxed{}$
$113 \times 4 = \boxed{}$

4 ☐ 안에 알맞은 수를 써넣으세요.

$$222 \times 3 = \boxed{}$$
$$222 \times 4 = \boxed{}$$
$$222 \times \boxed{} = \boxed{}$$

5 ☐ 안에 알맞은 수를 써넣으세요.

(1)
15×36
$= 15 \times \boxed{} \times 6$
$= \boxed{} \times 6$
$= \boxed{}$

(2)
25×36
$= 25 \times \boxed{} \times 9$
$= \boxed{} \times 9$
$= \boxed{}$

6 계산 결과를 비교하여 ◯ 안에 >, =, <를 알맞게 써넣으세요.

(1) $8 \times 97 \bigcirc 40 \times 20$

(2) $7 \times 68 \bigcirc 21 \times 21$

7 빈칸에 알맞은 수를 써넣으세요.

×	30	31	32
50			

8 ☐ 안에 알맞은 수를 써넣으세요.

(1) $5 \times 49 = \boxed{} = 49 \times \boxed{}$

(2) $8 \times 66 = \boxed{} = 66 \times \boxed{}$

9 곱이 다른 하나를 찾아 기호를 써 보세요.

$$㉠ 275 \times 3 \quad ㉡ 416 \times 2 \quad ㉢ 208 \times 4$$

(   )

10 잘못 계산한 부분을 찾아 바르게 계산해 보세요.

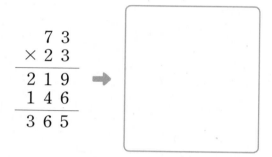

$$\begin{array}{r} 7\ 3 \\ \times\ 2\ 3 \\ \hline 2\ 1\ 9 \\ 1\ 4\ 6 \\ \hline 3\ 6\ 5 \end{array}$$

11 ☐ 안에 알맞은 수를 써넣으세요.

(1) ☐ $\times 80 = 4800$

(2) $17 \times$ ☐ $= 680$

12 ☐ 안에 알맞은 수를 써넣으세요.

(1) $6 \times 84 = 42 \times$ ☐

(2) $9 \times 92 = 36 \times$ ☐

13 계산 결과가 큰 것부터 차례로 기호를 써 보세요.

$$\begin{array}{l} ㉠ 809 + 809 + 809 \\ ㉡ 73 \times 40 \\ ㉢ 32의 90배 \end{array}$$

(   )

14 ☐ 안에 알맞은 수를 써넣으세요.

$$312 \times 8 = 312 \times 7 + \boxed{}$$
$$= 312 \times 5 + \boxed{}$$

15 윤지는 한 달 동안 매주 월요일, 수요일, 금요일에 영어 단어를 각각 25개씩 외웠을 때, 외운 영어 단어는 모두 몇 개인지 구해 보세요.

일	월	화	수	목	금	토
				1	2	3	4
5	6	7	8	9	10	11
12	13	14	15	16	17	18
19	20	21	22	23	24	25
26	27	28	29	30	31	

(   )

16 ☐ 안에 알맞은 수를 써넣으세요.

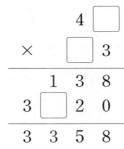

$$
\begin{array}{r}
4\,\square \\
\times\ \ \square\,3 \\
\hline
1\ 3\ 8 \\
3\,\square\ 2\ 0\ \\
\hline
3\ 3\ 5\ 8
\end{array}
$$

17 ☐◆○를 보기 와 같이 약속할 때 29◆7의 값을 구해 보세요.

> **보기**
>
> ☐◆○=☐×☐×○

(   )

18 1부터 9까지의 수 중에서 ☐ 안에 들어갈 수 있는 수를 모두 구해 보세요.

$$52 \times 34 > 418 \times \square$$

(   )

19 케이크 한 조각의 열량이 417 *kcal일 때 케이크 4조각의 열량은 모두 몇 kcal인지 풀이 과정을 쓰고 답을 구해 보세요.

*kcal: 과자나 라면의 영양정보표에서 찾을 수 있습니다.

풀이 _____

_____

_____

답 _____

20 4장의 수 카드를 한 번씩만 사용하여 곱이 가장 큰 (두 자리 수)×(두 자리 수)의 곱셈식을 만들고 그 곱을 구하려고 합니다. 풀이 과정을 쓰고 답을 구해 보세요.

| 7 | 1 | 9 | 3 |

풀이 _____

_____

_____

_____

답 _____

2 나눗셈

이미 곱셈구구를 이용하여 몫이 한 자리 수인 나눗셈을 하는 방법을 배웠죠?
수가 아무리 커져도 나눗셈을 하는 방법은 같아요.
곱셈을 이용하여 몫을 찾고, 계산이 맞았는지 확인해 볼 수도 있어요.
이처럼 곱셈과 나눗셈은 하나라는 것을 잊지 말고 나눗셈에 대해 공부해 봐요.

뺄셈을 하고 남은 것이 나머지야!

16개를 5군데로 똑같이 나누면 3개씩 놓이게 되고 1개가 남습니다.

몫   나머지

$$16 \div 5 = 3 \cdots 1$$

16개를 5개씩 덜어 내면 3묶음이 되고 1개가 남습니다.

$$16 - 5 - 5 - 5 - 1 = 0$$

5씩 ↓   3번

$$\rightarrow 16 \div 5 = 3 \cdots 1$$

2 나눗셈

1 (몇십)÷(몇)

- 내림이 없는 (몇십)÷(몇)

$$6 \div 3 = 2$$

↓10배   ↓10배

$$60 \div 3 = 20$$

나누는 수 $\begin{array}{r} 2\ 0 \leftarrow \text{몫} \\ 3\overline{)6\ 0} \leftarrow \text{나누어지는 수} \end{array}$

나누는 수가 같을 때 나누어지는 수가 10배가 되면 몫도 10배가 됩니다.

- 내림이 있는 (몇십)÷(몇)

$$\begin{array}{r} 1 \\ 4\overline{)6\ 0} \\ \underline{4\ 0} \leftarrow 4 \times 10 \\ 2\ 0 \end{array} \quad \Rightarrow \quad \begin{array}{r} 1\ 5 \\ 4\overline{)6\ 0} \\ \underline{4\ 0} \\ 2\ 0 \\ \underline{2\ 0} \leftarrow 4 \times 5 \\ 0 \end{array}$$

$$60 \div 4 = 15 \quad \Rightarrow \quad \boxed{\text{확인}} \quad 4 \times 15 = 60$$

(나누는 수)×(몫)=(나누어지는 수)

↳계산을 맞게 했는지 확인하는 방법입니다.

2 내림이 없는 (몇십몇)÷(몇)

$$\begin{array}{r} 1 \\ 2\overline{)2\ 4} \\ \underline{2\ 0} \leftarrow 2 \times 10 \\ 4 \end{array} \quad \Rightarrow \quad \begin{array}{r} 1\ 2 \\ 2\overline{)2\ 4} \\ \underline{2\ 0} \\ 4 \\ \underline{4} \leftarrow 2 \times 2 \\ 0 \end{array}$$

$$24 \div 2 = 12 \quad \Rightarrow \quad \boxed{\text{확인}} \quad 2 \times 12 = 24$$

3 내림이 있는 (몇십몇)÷(몇)

$$\begin{array}{r} 1 \\ 3\overline{)4\ 8} \\ \underline{3\ 0} \leftarrow 3 \times 10 \\ 1\ 8 \end{array} \quad \Rightarrow \quad \begin{array}{r} 1\ 6 \\ 3\overline{)4\ 8} \\ \underline{3\ 0} \\ 1\ 8 \\ \underline{1\ 8} \leftarrow 3 \times 6 \\ 0 \end{array}$$

$$48 \div 3 = 16 \quad \Rightarrow \quad \boxed{\text{확인}} \quad 3 \times 16 = 48$$

1 그림을 보고 ☐ 안에 알맞은 수를 써넣으세요.

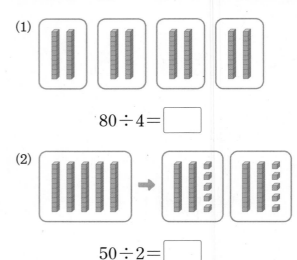

(1) $80 \div 4 = \boxed{}$

(2) $50 \div 2 = \boxed{}$

2 ☐ 안에 알맞은 수를 써넣으세요.

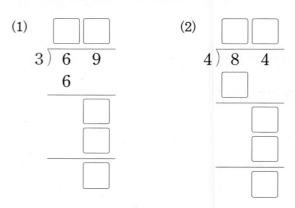

(1)
$$3\overline{)6\ 9}$$

(2)
$$4\overline{)8\ 4}$$

3 ☐ 안에 알맞은 수를 써넣으세요.

(1) $20 \div 2 = \boxed{}$

$16 \div 2 = \boxed{}$

$36 \div 2 = \boxed{}$

(2) $50 \div 5 = \boxed{}$

$15 \div 5 = \boxed{}$

$65 \div 5 = \boxed{}$

4 내림이 없고 나머지가 있는 (몇십몇)÷(몇)

몫 나머지

• $26 \div 3 = 8 \cdots 2$

26을 3으로 나누면 몫은 8이고
2가 남습니다.

$$3 \overline{)2\ 6} \quad 8 \leftarrow 몫$$
$$\underline{2\ 4}$$
$$2 \leftarrow 나머지$$

• $24 \div 3 = 8 \cdots 0$

나누어떨어진다: 나머지가 0일 때

$$3 \overline{)2\ 4} \quad 8$$
$$\underline{2\ 4}$$
$$0$$

5 내림이 있고 나머지가 있는 (몇십몇)÷(몇)

$$4 \overline{)5\ 9} \quad 1$$
$$\underline{4\ 0} \leftarrow 4 \times 10$$
$$1\ 9$$

➡

$$4 \overline{)5\ 9} \quad 1\ 4$$
$$\underline{4\ 0}$$
$$1\ 9$$
$$\underline{1\ 6} \leftarrow 4 \times 4$$
$$3$$

확인 $4 \times 14 = 56, 56 + 3 = 59$

나누는 수와 몫의 곱에 나머지를 더하면 나누어지는
수가 되어야 합니다.

6 (세 자리 수)÷(한 자리 수)

• 나머지가 없는 (세 자리 수)÷(한 자리 수)

$$3 \overline{)5\ 7\ 0} \quad 1$$
$$\underline{3}$$
$$2$$

➡

$$3 \overline{)5\ 7\ 0} \quad 1\ 9$$
$$\underline{3}$$
$$2\ 7$$
$$\underline{2\ 7}$$
$$0$$

➡

$$3 \overline{)5\ 7\ 0} \quad 1\ 9\ 0$$
$$\underline{3}$$
$$2\ 7$$
$$\underline{2\ 7}$$
$$0$$

확인 $3 \times 190 = 570$

• 나머지가 있는 (세 자리 수)÷(한 자리 수)

$$5 \overline{)1\ 8\ 4}$$
백의 자리에서
나눌 수 없습
니다.

➡

$$5 \overline{)1\ 8\ 4} \quad 3$$
$$\underline{1\ 5}$$
$$3\ 4$$

➡

$$5 \overline{)1\ 8\ 4} \quad 3\ 6$$
$$\underline{1\ 5}$$
$$3\ 4$$
$$\underline{3\ 0}$$
$$4$$

확인 $5 \times 36 = 180, 180 + 4 = 184$

---

4 나눗셈식을 보고 ☐ 안에 알맞은 수를 써넣으세요.

$$35 \div 8 = \boxed{} \cdots \boxed{}$$

35를 8로 나누면 몫은 $\boxed{}$이고 $\boxed{}$이/가 남습니다.

이때 $\boxed{}$을/를 35÷8의 나머지라고 합니다.

5 계산을 하고 계산이 맞는지 확인해 보세요.

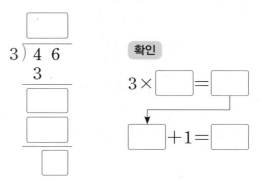

6 ☐ 안에 알맞은 수를 써넣으세요.

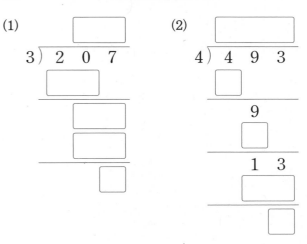

교과서 ⊕ 익힘책 유형

1 (몇십)÷(몇)

1 ☐ 안에 알맞은 수를 써넣으세요.

(1) $8 \div 2 = \boxed{}$ ➡ $80 \div 2 = \boxed{}$

(2) $9 \div 3 = \boxed{}$ ➡ $90 \div 3 = \boxed{}$

2 계산해 보세요.

(1) $5 \overline{)5\,0}$ (2) $5 \overline{)6\,0}$

곱셈과 나눗셈의 관계를 이용해.

준비 ☐ 안에 알맞은 수를 써넣으세요.

$30 \div 5 = \boxed{}$

$5 \times \boxed{} = 30$

3 ☐ 안에 알맞은 수를 써넣으세요.

$70 \div 2 = \boxed{}$

$2 \times \boxed{} = 70$

4 그림을 보고 ☐ 안에 알맞은 수를 써넣으세요.

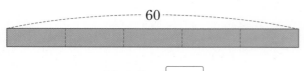

$60 \div 5 = \boxed{}$

5 ☐ 안에 알맞은 수를 써넣으세요.

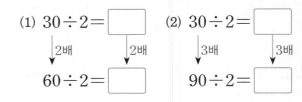

(1) $30 \div 2 = \boxed{}$ (2) $30 \div 2 = \boxed{}$

     ↓2배   ↓2배   ↓3배   ↓3배

$60 \div 2 = \boxed{}$ $90 \div 2 = \boxed{}$

6 몫이 다른 하나를 찾아 기호를 써 보세요.

> ㉠ $60 \div 4$ ㉡ $90 \div 6$ ㉢ $80 \div 5$

(   )

7 진호가 모은 네잎클로버의 잎의 수를 세어 보니 모두 40장입니다. 진호가 모은 네잎클로버는 모두 몇 개인지 구해 보세요.

식 ....

답 ....

😊 내가 만드는 문제

8 몫이 다음과 같이 되는 (몇십)÷(몇)을 만들어 보세요.

(1) $\boxed{}\boxed{} \div \boxed{} = 20$

(2) $\boxed{}\boxed{} \div \boxed{} = 30$

2 **내림이 없는 (몇십몇)÷(몇)**

9 계산해 보세요.

(1)
$$3\overline{)6\ 3}$$

(2)
$$4\overline{)4\ 8}$$

10 □ 안에 알맞은 수를 써넣으세요.

(1)
$2÷2=\boxed{}$
$60÷2=\boxed{}$
―――――――
$62÷2=\boxed{}$

(2)
$6÷3=\boxed{}$
$30÷3=\boxed{}$
―――――――
$36÷3=\boxed{}$

11 □ 안에 알맞은 수를 써넣으세요.

(1)
$66÷2=\boxed{}$
$66÷3=\boxed{}$
$66÷6=\boxed{}$

(2)
$24÷2=\boxed{}$
$44÷2=\boxed{}$
$64÷2=\boxed{}$

12 규칙에 따라 빈칸에 알맞은 수를 써넣으세요.

48	24		6	

13 □ 안에 알맞은 수를 써넣으세요.

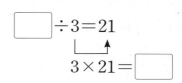

14 나머지가 없도록 □ 안에 알맞은 수를 [보기]에서 찾아 써 보세요.

보기

2	4	5	7

(1) $55÷\boxed{}$ (   )

(2) $26÷\boxed{}$ (   )

새 교과 반영

15 점이 일정한 간격으로 놓여 있습니다. 선을 이은 전체 길이가 84 cm일 때 점과 점 사이의 거리는 몇 cm일까요?

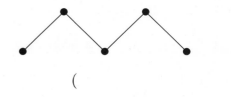

(   )

서술형

16 ●=10, ◆=5, ♥=1을 나타낼 때, 다음을 계산한 몫은 얼마인지 풀이 과정을 쓰고 답을 구해 보세요.

풀이 ―――――――――――――――――――――
―――――――――――――――――――――
―――――――――――――――――――――

답 ―――――――――――――――――

17 계산해 보세요.

(1)
$$4\,)\,\overline{5\,2}$$

(2)
$$4\,)\,\overline{5\,6}$$

18 몫을 찾아 이어 보세요.

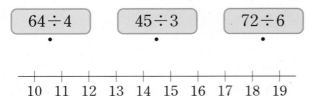

| 64÷4 | 45÷3 | 72÷6 |

```
10  11  12  13  14  15  16  17  18  19
```

나누는 수를 가르기 하여 계산할 수 있어.

준비 ☐ 안에 알맞은 수를 써넣으세요.

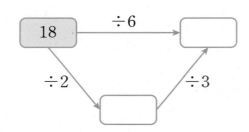

```
18 ──÷6──→ ☐
  ÷2 ↘    ↗ ÷3
       ☐
```

19 ☐ 안에 알맞은 수를 써넣으세요.

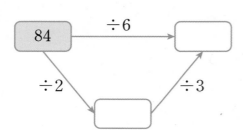

```
84 ──÷6──→ ☐
  ÷2 ↘    ↗ ÷3
       ☐
```

20 '='의 양쪽이 같게 되도록 ☐ 안에 알맞은 수를 써넣으세요.

(1) $68÷4 = 34÷\boxed{}$

(2) $45÷3 = 90÷\boxed{}$

새 교과 반영

21 화살표의 규칙대로 계산할 때 다음을 계산한 값을 구해 보세요.

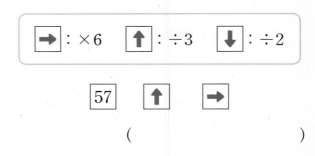

| ➡ : ×6 | ⬆ : ÷3 | ⬇ : ÷2 |

```
57   ⬆   ➡
```

(   )

22 전체 무게가 79 g이고 🔵의 무게가 4 g일 때, 🔵 한 개의 무게는 몇 g인지 구해 보세요.

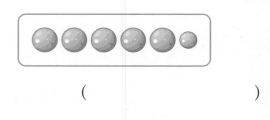

(   )

23 ☐ 안에 알맞은 수를 써넣으세요.

(1)
```
      2   4
4 ) 9 ☐
    8
    ☐ 6
    ☐ ☐
      0
```

(2)
```
      1   5
5 ) 7 ☐
    5
    ☐ 5
    ☐ ☐
      0
```

4 내림이 없고 나머지가 있는 (몇십몇)÷(몇)

24 계산해 보세요.

(1) $5 \overline{)2\ 3}$　　　(2) $6 \overline{)2\ 3}$

25 어떤 수를 7로 나누었을 때 나머지가 될 수 없는 수를 모두 찾아 ×표 하세요.

| 5 | 7 | 1 | 2 | 8 |

26 ☐ 안에 알맞은 수를 써넣으세요.

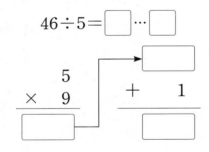

$$46 \div 5 = \boxed{} \cdots \boxed{}$$

27 나눗셈 $69 \div 6$에 대하여 바르게 설명한 사람의 이름을 써 보세요.

미라: 나누어떨어지는 나눗셈이야.
준수: 몫은 10보다 작아.
지윤: 나머지가 3이야.

(　　　　　　　)

28 모양을 수로 생각하여 다음을 계산해 보세요.

| ★=57　♥=76　●=5　▲=8 |

(1) ♥ ÷ ▲

몫 (　　　　　), 나머지 (　　　　　)

(2) ★ ÷ ●

몫 (　　　　　), 나머지 (　　　　　)

29 보기 와 같이 $52 \div 9$를 나눗셈식과 뺄셈식으로 나타내어 보세요.

보기

나눗셈식　$27 \div 8 = 3 \cdots 3$

뺄셈식　$27 - 8 - 8 - 8 = 3$

나눗셈식 _____

뺄셈식 _____

서술형
30 44에서 ■씩 7번 뺐더니 2가 남았습니다. ■에 알맞은 수를 구하는 풀이 과정을 쓰고 답을 구해 보세요.

풀이 _____

_____

_____

답 _____

31 계산해 보세요.

(1)
$$3 \overline{)77}$$

(2)
$$3 \overline{)79}$$

32 나눗셈을 하여 □ 안에는 몫을, ○ 안에는 나머지를 써넣으세요.

(1) $30 \div 3 = \boxed{}$

$17 \div 3 = \boxed{} \cdots \bigcirc$

$47 \div 3 = \boxed{} \cdots \bigcirc$

(2) $60 \div 2 = \boxed{}$

$15 \div 2 = \boxed{} \cdots \bigcirc$

$75 \div 2 = \boxed{} \cdots \bigcirc$

33 나눗셈을 하여 선을 따라 만나는 곳에 알맞은 수를 써넣으세요.

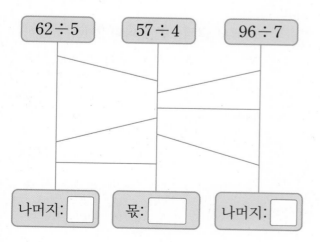

| 62÷5 | 57÷4 | 96÷7 |

나머지: □   몫: □   나머지: □

34 수 카드를 한 번씩만 사용하여 (몇십몇)÷(몇)을 자유롭게 만들고 계산해 보세요.

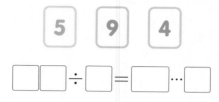

| 5 | 9 | 4 |

$\boxed{}\boxed{} \div \boxed{} = \boxed{} \cdots \boxed{}$

35 (몇십몇)÷(몇)을 계산하고 맞게 계산했는지 확인한 식입니다. 계산한 나눗셈식을 써 보세요.

확인 $3 \times 19 = 57, 57 + 2 = 59$

나눗셈식 _____

정사각형은 네 변의 길이가 같은 사각형이야.

준비 정사각형을 찾아 ○표 하세요.

(   ) (   ) (   )

36 65 cm의 철사로 가장 큰 정사각형을 만들려고 합니다. 정사각형의 한 변의 길이는 몇 cm 이고 남는 철사는 몇 cm인지 구해 보세요.

(   ), (   )

6 (세 자리 수)÷(한 자리 수)

37 계산해 보세요.

(1)
$$7\overline{)784}$$

(2)
$$9\overline{)784}$$

38 계산하지 않고 몫의 크기를 비교하여 ◯ 안에 >, =, <를 알맞게 써넣으세요.

(1) $126 \div 2$ ◯ $126 \div 6$

(2) $150 \div 5$ ◯ $175 \div 5$

39 세 수를 이용하여 나눗셈식으로 나타내어 보세요.

┌────┐ ┌───┐ ┌─────┐
│ 32 │ │ 4 │ │ 128 │
└────┘ └───┘ └─────┘

나눗셈식

40 빈칸에 알맞은 수를 써넣으세요.

÷4	124	208		260	×4
	31		38		

41 보기와 같이 수를 가르기 하여 나눗셈을 해 보세요.

보기

$$120 \div 5$$
        ╱   ╲
    100 20

$$100 \div 5 = 20$$
$$20 \div 5 = 4$$
$$120 \div 5 = 24$$

$$318 \div 6$$

☺ 내가 만드는 문제

42 수직선에서 한 수를 고르고 그 수를 4로 나눈 몫과 나머지를 구해 보세요.

├──┼──┼──┼──┼──┼──┼──┼──┼──┼──┼──┼──┤
120   130   140

몫 (   ), 나머지 (   )

43 나눗셈 $164 \div$ ♥가 나누어떨어지도록 ♥에 알맞은 수를 모두 찾아 ◯표 하세요.

┌─────────────────────────┐
│ 2   3   4   5   6 │
└─────────────────────────┘

44 박쥐는 주로 동굴에 살고 있고 다리가 4개인 포유류입니다. 어떤 동굴에서 살고 있는 박쥐의 다리 수를 세었더니 모두 140개였습니다. 박쥐는 모두 몇 마리인지 구해 보세요.

(   )

45 '＝'의 양쪽이 같게 되도록 ☐ 안에 알맞은 수를 써넣으세요.

(1) $120 \div 2 \;=\; \boxed{} \div 4$

(2) $264 \div 4 \;=\; \boxed{} \div 8$

새 교과 반영
46 양말 114켤레를 남김없이 서랍장의 각 칸에 똑같이 나누어 넣으려고 합니다. ㉮와 ㉯ 중 어느 서랍장에 넣어야 할까요?

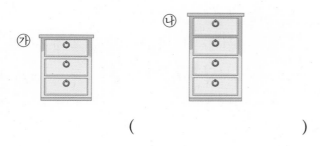

( )

 나누어지는 수가 같을 때에는 나누는 수를 비교해.

준비 **몫이 가장 큰 나눗셈에 ○표 하세요.**

| $36 \div 4$ | $36 \div 6$ | $36 \div 9$ |

47 나눗셈 $256 \div \boxed{}$의 ☐ 안에 다음 수를 넣었을 때 몫을 가장 크게 하는 수를 찾아 기호를 써 보세요.

| ㉠ 2 | ㉡ 4 | ㉢ 5 | ㉣ 7 |

( )

48 ☐ 안에 알맞은 수를 써넣으세요.

(1) $576 \div 8 = 70 + \boxed{}$

(2) $576 \div 6 = 100 - \boxed{}$

49 색 테이프를 똑같이 5로 나눈 것입니다. ☐ 안에 알맞은 수를 써넣으세요.

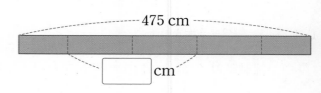

$\boxed{}$ cm

서술형
50 ☐ 안에 알맞은 수는 얼마인지 풀이 과정을 쓰고 답을 구해 보세요.

$$\boxed{} \div 7 = 25 \cdots 6$$

풀이 _____

_____

답 _____

51 ☐ 안에 들어갈 수 있는 가장 큰 자연수를 구해 보세요.

$$130 > \boxed{} \times 4$$

( )

1 나머지가 될 수 있는 수

52 어떤 수를 6으로 나누었을 때 나머지가 될 수 있는 수를 모두 찾아 ○표 하세요.

| 4 | 6 | 7 | 2 |

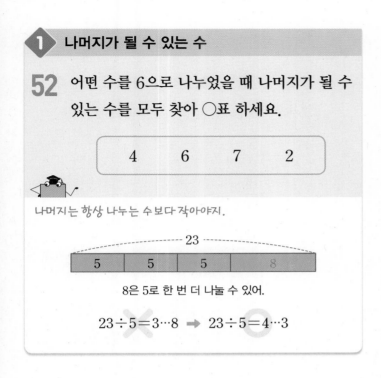

나머지는 항상 나누는 수보다 작아야지.

23

| 5 | 5 | 5 | 8 |

8은 5로 한 번 더 나눌 수 있어.

$23 \div 5 = 3 \cdots 8$ ➡ $23 \div 5 = 4 \cdots 3$

53 나머지가 5가 될 수 있는 식을 모두 찾아 기호를 써 보세요.

| ㉠ □÷6 | ㉡ □÷4 |
| ㉢ □÷8 | ㉣ □÷3 |

(   )

54 어떤 수를 9로 나눌 때 나올 수 있는 나머지 중에서 가장 큰 자연수는 얼마일까요?

(   )

2 나누어떨어지는 나눗셈

55 나누어떨어지는 나눗셈을 찾아 기호를 써 보세요.

| ㉠ 68÷4 | ㉡ 78÷4 |

(   )

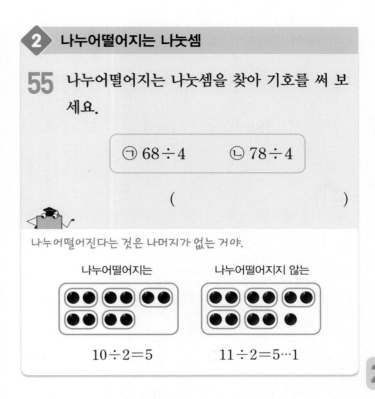

나누어떨어진다는 것은 나머지가 없는 거야.

나누어떨어지는   나누어떨어지지 않는

$10 \div 2 = 5$ $11 \div 2 = 5 \cdots 1$

56 나누어떨어지는 나눗셈을 찾아 기호를 써 보세요.

| ㉠ 46÷6 | ㉡ 141÷9 | ㉢ 98÷7 |

(   )

57 7로 나누어떨어지는 수를 모두 찾아 써 보세요.

| 172 | 84 | 198 | 336 |

(   )

58 몫이 15보다 큰 것을 찾아 기호를 써 보세요.

$$\bigcirc\ 88\div6 \qquad \bigcirc\ 81\div5 \qquad \bigcirc\ 115\div8$$

(   )

●보다 큰 수와 ●보다 작은 수에는 ●가 포함되지 않아.

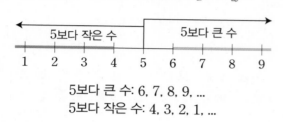

5보다 작은 수   5보다 큰 수

1 2 3 4 5 6 7 8 9

5보다 큰 수: 6, 7, 8, 9, …
5보다 작은 수: 4, 3, 2, 1, …

59 몫이 20보다 작은 것을 찾아 기호를 써 보세요.

$$\bigcirc\ 89\div4 \qquad \bigcirc\ 150\div7 \qquad \bigcirc\ 112\div6$$

(   )

60 나머지가 5보다 큰 것을 찾아 기호를 써 보세요.

$$\bigcirc\ 77\div9 \qquad\qquad \bigcirc\ 92\div8$$
$$\bigcirc\ 502\div8 \qquad\qquad \textcircled{e}\ 325\div7$$

(   )

61 잘못 계산한 부분을 찾아 바르게 계산해 보세요.

```
      5
8 ) 5 2
    4 0
    1 2
```

빼 수 없으면 몫을 1 작게 하고 나머지가 커서 한 번 더 나눌 수 있으면 몫을 1 크게 하자.

```
      9              8              7
4 ) 3 5        4 ) 3 5        4 ) 3 5
    3 6            3 2            2 8
                     3              7
```

(빼 수 없음)   (나머지 > 나누는 수)

62 잘못 계산한 부분을 찾아 바르게 계산해 보세요.

```
      2 2
2 ) 5 4
    4
    4
    4
    0
```

63 잘못 계산한 부분을 찾아 이유를 쓰고 바르게 계산해 보세요.

```
      1 6
5 ) 8 8
    5
    3 8
    3 0
      8
```

이유

5 □ 안에 알맞은 수

64 □ 안에 알맞은 수를 구해 보세요.

$$\square \div 6 = 24$$

( )

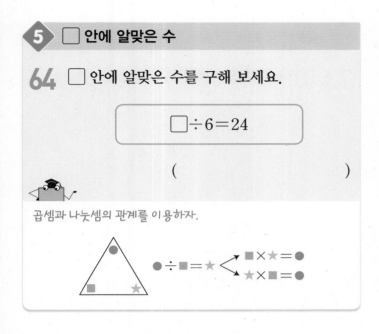

곱셈과 나눗셈의 관계를 이용하자.

65 □ 안에 알맞은 수를 구해 보세요.

$$\square \div 4 = 23 \cdots 2$$

( )

66 어떤 수를 9로 나누었더니 몫이 22이고 나머지가 6이었습니다. 어떤 수는 얼마일까요?

( )

6 나머지를 이용한 나눗셈의 활용

67 귤 77개를 한 봉지에 6개씩 담아서 팔려고 합니다. 팔 수 있는 귤은 몇 봉지일까요?

( )

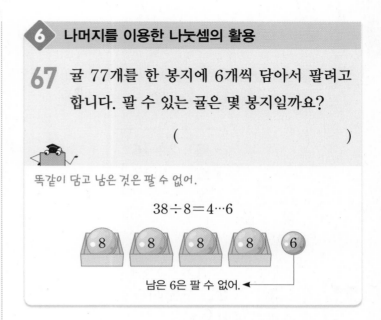

똑같이 담고 남은 것은 팔 수 없어.

$$38 \div 8 = 4 \cdots 6$$

남은 6은 팔 수 없어. ◀

68 호박 95개를 한 상자에 8개씩 담아서 팔려고 합니다. 팔 수 있는 호박은 몇 상자일까요?

( )

69 민아는 전체 쪽수가 192쪽인 동화책을 모두 읽으려고 합니다. 하루에 9쪽씩 읽는다면 동화책을 다 읽는 데 며칠이 걸릴까요?

( )

1 모양에 알맞은 수 구하기

70 같은 모양은 같은 수를 나타낼 때 ♥에 알맞은 수를 구해 보세요.

- ■÷3=16
- ■÷4=♥

(   )

71 같은 모양은 같은 수를 나타낼 때 ■에 알맞은 수를 구해 보세요.

- ●÷5=14
- ●÷2=■

(   )

72 같은 모양은 같은 수를 나타낼 때 ★에 알맞은 수를 구해 보세요.

- ■÷5=24⋯3
- ■÷4=●⋯★

(   )

2 나눗셈식 완성하기

73 □ 안에 알맞은 수를 써넣으세요.

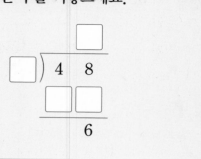

74 □ 안에 알맞은 수를 써넣으세요.

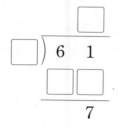

75 □ 안에 알맞은 수를 써넣으세요.

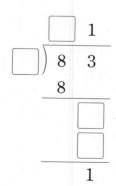

→ 정답과 풀이 13쪽

3 나누어지는 수 구하기

76 다음 나눗셈이 나누어떨어지게 하려고 합니다. 0부터 9까지의 수 중에서 □ 안에 들어갈 수 있는 수를 모두 구해 보세요.

$$3 \overline{\smash{)}7\square}$$

( )

77 다음 나눗셈이 나누어떨어지게 하려고 합니다. 0부터 9까지의 수 중에서 □ 안에 들어갈 수 있는 수는 모두 몇 개일까요?

$$5 \overline{\smash{)}6\square}$$

( )

78 다음 나눗셈에서 나머지는 1입니다. 0부터 9까지의 수 중에서 □ 안에 들어갈 수 있는 수를 모두 구해 보세요.

$$5 \overline{\smash{)}8\square}$$

( )

4 나무의 수 구하기 (단, 나무의 두께는 생각하지 않습니다.)

79 길이가 75 m인 도로의 한쪽에 5 m 간격으로 나무를 심으려고 합니다. 도로의 처음과 끝에도 나무를 심는다면 필요한 나무는 몇 그루일까요?

( )

80 호수 둘레에 6 m 간격으로 나무를 심으려고 합니다. 호수의 둘레가 108 m일 때 필요한 나무는 몇 그루일까요?

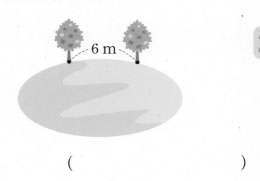

( )

81 길이가 256 m인 도로의 양쪽에 8 m 간격으로 나무를 심으려고 합니다. 도로의 처음과 끝에도 나무를 심는다면 필요한 나무는 모두 몇 그루일까요?

( )

🔑 개념 KEY

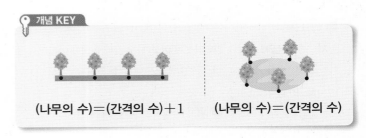

(나무의 수)=(간격의 수)+1   (나무의 수)=(간격의 수)

5 ■번째 숫자 구하기

82 숫자를 일정한 규칙에 따라 늘어놓은 것입니다. 31번째 오는 숫자는 무엇일까요?

| 2 4 5 2 4 5 2 4 5 2 4 5 |

( )

83 숫자를 일정한 규칙에 따라 늘어놓은 것입니다. 42번째 오는 숫자는 무엇일까요?

| 1 3 3 2 1 3 3 2 1 3 3 2 |

( )

84 숫자를 일정한 규칙에 따라 늘어놓은 것입니다. 100번째 오는 숫자는 무엇일까요?

| 1 2 5 4 6 8 1 2 5 4 6 8 1 2 5 4 6 8 |

( )

6 연속한 자연수 구하기

85 연속한 세 자연수의 합이 66일 때 가운데 수를 구해 보세요.

( )

86 연속한 세 자연수의 합이 84일 때 가운데 수를 구해 보세요.

( )

87 연속한 세 자연수의 합이 126일 때 가장 큰 수를 구해 보세요.

( )

🔑 개념 KEY

순서	첫째 둘째 셋째	넷째 다섯째 여섯째	일곱째 여덟째 아홉째
	1 0 2	1 0 2	1 0 2

17번째: 17÷3＝5 … 2
　　　 1 0 2 가 5번 반복되고 2번째 오는 숫자이므로 0

🔑 개념 KEY

연속한 세 자연수는 1씩 차이가 나!

	가장 작은 수	가운데 수	가장 큰 수
	□−1	□	□＋1
	□	□＋1	□＋2

7 수 카드로 나눗셈식 만들기

88 수 카드를 한 번씩만 사용하여 몫이 가장 큰 (두 자리 수)÷(한 자리 수)를 만들려고 합니다. 만든 나눗셈식의 몫과 나머지를 구해 보세요.

| 3 | 9 | 4 |

몫 (   ), 나머지 (   )

89 수 카드를 한 번씩만 사용하여 몫이 가장 작은 (두 자리 수)÷(한 자리 수)를 만들려고 합니다. 만든 나눗셈식의 몫과 나머지를 구해 보세요.

| 2 | 7 | 5 |

몫 (   ), 나머지 (   )

90 수 카드를 한 번씩만 사용하여 몫이 가장 큰 (세 자리 수)÷(한 자리 수)를 만들었습니다. 만든 나눗셈식의 몫과 나머지를 구해 보세요.

| 5 | 8 | 9 | 4 |

몫 (   ), 나머지 (   )

🔑 **개념 KEY**

몫이 가장 크려면 ➡ (가장 큰 수)÷(가장 작은 수)
몫이 가장 작으려면 ➡ (가장 작은 수)÷(가장 큰 수)

8 조건에 알맞은 수 구하기

91 주어진 조건을 만족하는 수를 모두 구해 보세요.

- 50보다 크고 65보다 작은 수입니다.
- 7로 나누었을 때 나머지가 3입니다.

(   )

92 주어진 조건을 만족하는 수를 모두 구해 보세요.

- 60보다 크고 75보다 작은 수입니다.
- 9로 나누었을 때 나머지가 7입니다.

(   )

93 주어진 조건을 만족하는 수를 모두 구해 보세요.

- 45보다 크고 60보다 작은 수입니다.
- 8로 나누었을 때 나머지가 6입니다.

(   )

기출 단원 평가

1 □ 안에 알맞은 수를 써넣으세요.

(1) $6 \div 2 = \boxed{}$ ➡ $60 \div 2 = \boxed{}$

(2) $8 \div 4 = \boxed{}$ ➡ $80 \div 4 = \boxed{}$

2 □ 안에 알맞은 수를 써넣으세요.

(1) $3 \div 3 = \boxed{}$

$60 \div 3 = \boxed{}$

$\overline{63 \div 3 = \boxed{}}$

(2) $12 \div 4 = \boxed{}$

$40 \div 4 = \boxed{}$

$\overline{52 \div 4 = \boxed{}}$

3 계산해 보세요.

(1)

$4 \overline{)\, 6\ 8}$

(2)

$5 \overline{)\, 1\ 8\ 0}$

4 □ 안에 알맞은 수를 써넣으세요.

$67 \div 5 = \boxed{} \cdots \boxed{}$

확인 $5 \times \boxed{} = \boxed{}$,

$\boxed{} + \boxed{} = \boxed{}$

5 □ 안에 알맞은 수를 써넣으세요.

$36 \div 3 = \boxed{}$

↓2배 ↓2배

$72 \div 3 = \boxed{}$

6 나머지가 5가 될 수 없는 식을 찾아 기호를 써 보세요.

| ㉠ $\boxed{} \div 7$ ㉡ $\boxed{} \div 6$ ㉢ $\boxed{} \div 4$ |

(   )

7 나눗셈의 몫을 찾아 이어 보세요.

$78 \div 6$ •		• 14
$48 \div 4$ •		• 13
$70 \div 5$ •		• 12

8 나머지의 크기를 비교하여 ○ 안에 >, =, <를 알맞게 써넣으세요.

(1) $78 \div 5$ ○ $92 \div 6$

(2) $74 \div 4$ ○ $125 \div 7$

9 와 같이 44÷8을 나눗셈식과 뺄셈식으로 나타내어 보세요.

> **보기**
>
> **나눗셈식** $31 \div 7 = 4 \cdots 3$
>
> **뺄셈식** $31 - 7 - 7 - 7 - 7 = 3$

나눗셈식 _____

뺄셈식 _____

10 구슬의 무게가 모두 같을 때 구슬 한 개의 무게는 몇 g인지 구해 보세요.

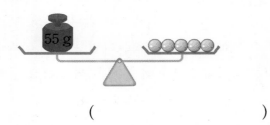

(   )

11 ☐ 안에 알맞은 수를 써넣으세요.

(1) ☐ $\div 8 = 17$

      $8 \times 17 =$ ☐

(2) ☐ $\div 6 = 28$

      $6 \times 28 =$ ☐

12 오늘부터 45일 후는 미라의 생일입니다. 미라의 생일은 오늘부터 몇 주일과 며칠 후일까요?

☐ 주일과 ☐ 일 후

13 감자를 한 상자에 7개씩 담았더니 24상자가 되고 5개가 남았습니다. 처음에 있던 감자는 몇 개일까요?

(   )

14 ☐ 안에 알맞은 수를 구해 보세요.

> ☐ $\div 7 = 12 \cdots 5$

(   )

15 같은 모양은 같은 수를 나타낼 때 ■에 알맞은 수를 구해 보세요.

> · ● $\div 6 = 15$
>
> · ● $\div 2 =$ ■

(   )

16 다음 나눗셈이 나누어떨어지게 하려고 합니다. 0부터 9까지의 수 중에서 ☐ 안에 들어갈 수 있는 수를 구해 보세요.

$$8\overline{)9\square}$$

( )

17 ☐ 안에 알맞은 수를 써넣으세요.

$$\begin{array}{r} \square\ 4 \\ 4{\overline{\smash{\big)}\,9\ \square}} \\ \square \\ \hline \square\ \square \\ 1\ \square \\ \hline 2 \end{array}$$

18 수 카드를 한 번씩만 사용하여 몫이 가장 큰 (세 자리 수)÷(한 자리 수)를 만들었습니다. 만든 나눗셈식의 몫과 나머지를 구해 보세요.

┌─┐ ┌─┐ ┌─┐ ┌─┐
│4│ │8│ │7│ │3│
└─┘ └─┘ └─┘ └─┘

몫 ( ), 나머지 ( )

19 한 봉지에 18개씩 들어 있는 귤이 4봉지 있습니다. 이 귤을 6개의 상자에 똑같이 나누어 담으려면 한 상자에 몇 개씩 담으면 되는지 풀이 과정을 쓰고 답을 구해 보세요.

풀이 _____

_____

_____

답 _____

20 길이가 162 m인 도로의 양쪽에 6 m 간격으로 나무를 심으려고 합니다. 도로의 처음과 끝에도 나무를 심는다면 필요한 나무는 모두 몇 그루인지 풀이 과정을 쓰고 답을 구해 보세요.
(단, 나무의 두께는 생각하지 않습니다.)

풀이 _____

_____

_____

_____

답 _____

사고력이 반짝

● 규칙을 찾아 ㉠에 알맞은 수를 구해 보세요.

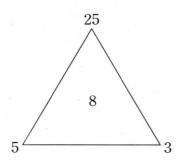

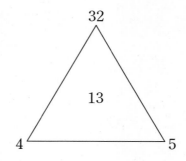

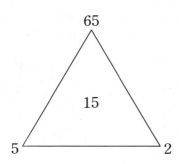

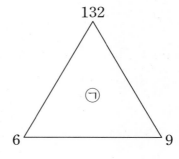

3 원

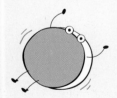

대부분의 맨홀 뚜껑과 바퀴는 모두 ○ 모양이에요.
왜 원 모양으로 만들었을까요?
원은 원의 중심으로부터 원 위의 한 점을 이은 선분인
반지름이 모두 같은 도형이에요.
그렇기 때문에 맨홀 뚜껑은 아무 방향으로나 편리하게 넣을 수 있고,
바퀴는 굴곡없이 부드럽게 굴러갈 수 있기에 원 모양이랍니다.
이 밖에도 우리 생활 속에 어떤 원 모양이 있는지 찾아볼까요?

한 점에서 같은 거리의 점들로 이루어진 곡선!

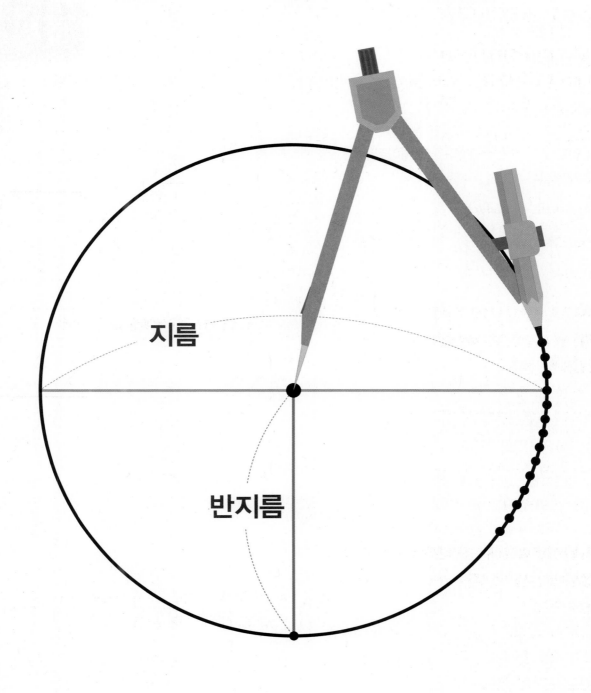

지름과 반지름은
셀 수 없이 많아!

교과서 개념 **3 원**

① 원의 중심, 반지름, 지름

• 점을 찍어 원 그리기

빨간 점에서 같은 거리에 있는 점의 수가 많아질수록 원 모양에 가까워집니다.

• 누름 못과 띠 종이로 원 그리기

누름 못이 꽂힌 점에서 원 위의 한 점까지의 길이는 모두 같습니다.

• 원의 중심, 반지름, 지름

- 원의 중심: 원을 그릴 때에 누름 못이 꽂혔던 점 ㅇ
- 원의 반지름: 원의 중심과 원 위의 한 점을 이은
  선분 → 선분 ㅇㄱ과 선분 ㅇㄴ
- 원의 지름: 원의 중심을 지나도록 원 위의 두 점
  을 이은 선분 → 선분 ㄱㄴ

② 원의 성질

• 원의 지름과 반지름의 관계

$$\boxed{\begin{aligned}(지름)&=(반지름)\times 2\\(반지름)&=(지름)\div 2\end{aligned}}$$

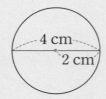

• 원의 지름의 성질

- 한 원에서 지름은 모두 같습니다.
- 한 원에서 지름은 무수히 많습니다.
- 원 위의 두 점을 이은 선분 중 가장 긴 선분입니다.

1 원의 중심, 반지름, 지름을 찾아 알맞게 써 보세요.

(1) 원의 중심

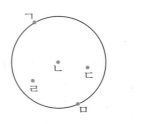

(   )

(2) 원의 반지름

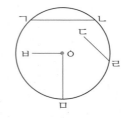

(   )

(3) 원의 지름

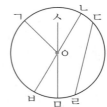

(   )

2 그림을 보고 ☐ 안에 알맞은 수를 써넣으세요.

(1)

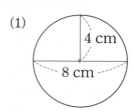

┌ 지름: ☐ cm
└ 반지름: ☐ cm

(2)

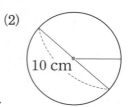

┌ 지름: ☐ cm
└ 반지름: ☐ cm

➡ 한 원에서 지름은 반지름의 ☐ 배입니다.

3 컴퍼스를 이용하여 원 그리기

• **컴퍼스를 이용하여 반지름이 2 cm인 원 그리기**

 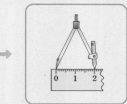

원의 중심이 되는   컴퍼스를 원의 반지름
점 ○을 정하기   2 cm만큼 벌리기

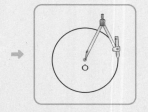 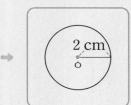

컴퍼스의 침을 점 ○에
꽂고 원 그리기

4 원을 이용하여 여러 가지 모양 그리기

• **과 똑같이 그리기**

① 반지름이 모눈 2칸인 원을 그
립니다.

② 큰 원의 반지름을 지름으로
하는 작은 원의 오른쪽 일부
분을 그립니다.

③ 아래쪽에도 작은 원의 왼쪽
일부분을 그립니다.

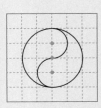

---

3 컴퍼스를 이용하여 원을 그리려고 합니다. 관계있는
것끼리 이어 보세요.

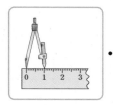 •   • 반지름 3 cm인 원

  •   • 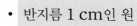반지름 1 cm인 원

 •   • 반지름 2 cm인 원

4 그림을 보고 물음에 답하세요.

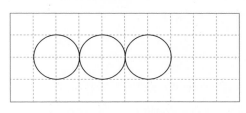

(1) 위와 같은 모양을 그리기 위하여 컴퍼스의 침을
꽂아야 할 곳에 모두 표시해 보세요.

(2) 모양의 규칙을 바르게 설명한 사람은 누구인지 써
보세요.

> 시영: 원의 중심을 같게 하여 반지름이 모눈 1칸씩
> 늘어나게 그렸어.
> 수애: 반지름이 모눈 1칸인 원을 원의 중심을 옮겨
> 가며 그렸어.

(   )

(3) 규칙에 따라 원을 1개 더 그려 보세요.

1 원의 중심, 반지름, 지름

○ 모양 도형의 이름은?

준비 오른쪽 그림은 동전을 이용하여 어떤 도형을 그리는 것일까요?

(   )

1 본을 뜨지 않고 원을 한 번에 그려 보세요.

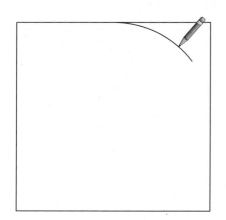

2 누름 못과 띠 종이를 이용하여 원을 그렸습니다. ☐ 안에 알맞은 말을 써넣으세요.

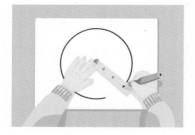

누름 못과 띠 종이로 원을 그릴 때 누름 못이 꽂혔던 곳을 원의 ☐ 이라고 하고, 그 점과 원 위의 한 점을 이은 선분을 원의 ☐ 이라고 합니다.

3 점을 연결하여 원을 그려 보세요.

(1)

(2)

4 누름 못과 띠 종이를 이용하여 원을 그리려고 합니다. 알맞은 기호를 찾아 ◯표 하세요.

(1) 가장 큰 원을 그릴 수 있는 구멍은 (㉠, ㉡, ㉢, ㉣)입니다.

(2) 가장 작은 원을 그릴 수 있는 구멍은 (㉠, ㉡, ㉢, ㉣)입니다.

5 원에 3개의 지름을 그었습니다. ☐ 안에 알맞은 말을 써넣으세요.

원에 지름을 그었을 때, 지름이 만나는 점은 원의 ☐ 입니다.

😊 내가 만드는 문제

6 여러 가지 크기의 원을 3개 그려 보세요.

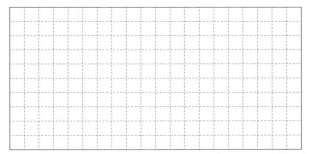

7 점 ㅇ은 원의 중심입니다. 지름 1개를 그어 보고, 그 길이를 재어 보세요.

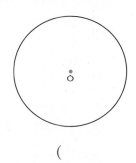

( )

새 교과 반영

8 시계에서 원의 중심과 반지름을 찾아 표시해 보세요.

9 원의 반지름을 모두 찾아 써 보세요.

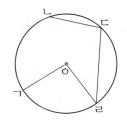

( )

10 원의 지름은 몇 cm인지 구해 보세요.

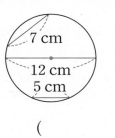

( )

11 지름과 반지름에 맞게 원을 그려 보세요.

(1) 지름 2 cm   (2) 반지름 1 cm

12 자를 이용하여 원의 중심에서부터 2 cm가 되는 곳에 점을 찍어 원을 그려 보세요.

원의 중심

13 원의 일부분입니다. 원의 반지름은 몇 cm인지 구해 보세요.

(1)   (2)

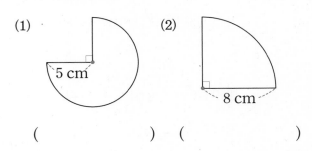

( ) ( )

3

14 그림을 보고 물음에 답하세요.

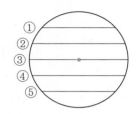

(1) 가장 긴 선분을 찾아 번호를 써 보세요.

(   )

(2) 위 (1)번의 선분을 무엇이라고 할까요?

(   )

15 선분의 길이를 재어 보고 ☐ 안에 알맞은 수를 써넣으세요.

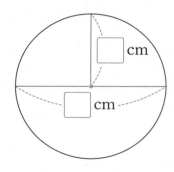

16 원의 반지름과 지름을 각각 구해 보세요.

(1)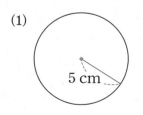

(2)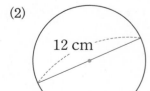

반지름: ☐ cm   반지름: ☐ cm

지름: ☐ cm   지름: ☐ cm

17 ☐ 안에 알맞은 수를 써넣으세요.

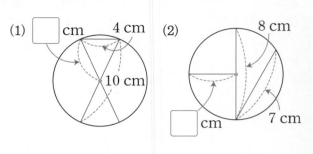

18 원의 반지름과 지름에 대한 설명으로 옳은 것을 모두 찾아 기호를 써 보세요.

> ㉠ 한 원에서 반지름은 서로 다릅니다.
> ㉡ 한 원에서 지름은 무수히 많습니다.
> ㉢ 한 원에서 반지름은 지름의 2배입니다.
> ㉣ 원의 지름은 원 위의 두 점을 이은 선분 중 가장 깁니다.

(   )

서술형
19 크기가 더 큰 원을 찾아 기호를 쓰려고 합니다. 풀이 과정을 쓰고 답을 구해 보세요.

가	나
반지름이 3 cm인 원	지름이 5 cm인 원

풀이 ....

....

....

답 ....

☺ 내가 만드는 문제

20 반지름을 자유롭게 정하여 지름을 구해 보세요.

반지름	지름
cm	cm
cm	cm
cm	cm

21 반지름이 50 cm인 원의 지름은 몇 m인지 구해 보세요.

( )

22 점 ㄱ, 점 ㄴ은 원의 중심입니다. 선분 ㄴㄷ의 길이가 5 cm일 때 큰 원의 지름은 몇 cm인지 구해 보세요.

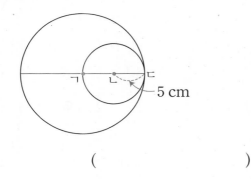

( )

23 점 ㅇ은 원의 중심입니다. 큰 원의 지름이 14 cm일 때 작은 원의 반지름은 몇 cm인지 구해 보세요.

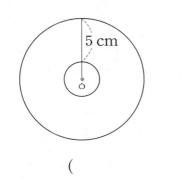

( )

새 교과 반영

24 통조림의 높이는 통조림 뚜껑 지름의 2배입니다. 통조림의 높이는 몇 cm인지 구해 보세요.

(1) [통조림 뚜껑의 반지름: 4 cm]

( )

(2) [통조림 뚜껑의 반지름: 6 cm]

( )

25 그림을 보고 물음에 답하세요.

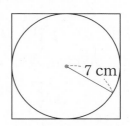

(1) 원의 지름은 몇 cm일까요?

( )

(2) 정사각형의 한 변의 길이는 몇 cm일까요?

( )

(3) 정사각형의 네 변의 길이의 합은 몇 cm일까요?

( )

26 그림과 같이 2 cm마다 구멍이 난 띠 종이를 이용하여 지름이 8 cm인 원을 그리려고 합니다. 연필심을 넣어야 할 구멍을 찾아 기호를 써 보세요.

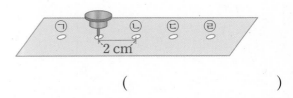

( )

3 컴퍼스를 이용하여 원 그리기

27 컴퍼스를 이용하여 반지름이 3 cm인 원을 그리려고 합니다. 그리는 순서대로 ( ) 안에 번호를 써 보세요.

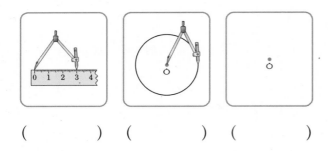

(   ) (   ) (   )

28 반지름이 2 cm인 원을 그릴 수 있도록 컴퍼스를 바르게 벌린 것을 찾아 ○표 하세요.

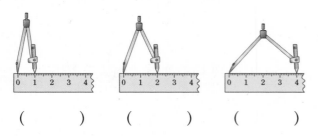

(   ) (   ) (   )

29 순서에 따라 반지름이 1 cm인 원을 그려 보세요.

> ① 컴퍼스의 침과 연필심 사이를 1 cm가 되도록 벌립니다.
> ② 컴퍼스의 침을 점 ㅇ에 꽂고 한쪽 방향으로 돌려 원을 그립니다.

30 그림과 같이 컴퍼스를 벌려 그린 원의 지름은 몇 cm일까요?

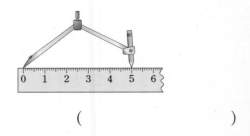

(   )

새 교과 반영

31 컴퍼스를 이용하여 자전거 바퀴의 원을 그려 보세요.

원은 뾰족한 부분이 없는 모양이야.

🧩 준비 모양 블록을 본 뜬 일부분입니다. 보이지 않는 부분에 선을 그어 모양을 완성해 보세요.

32 컴퍼스를 이용하여 반지름이 서로 다른 원 2개를 그려 보세요.

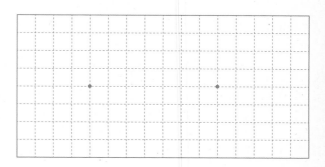

33 주어진 선분을 반지름으로 하는 원을 그려 보세요.

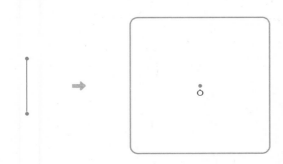

34 컴퍼스를 이용하여 주어진 원과 크기가 같은 원을 그려 보세요.

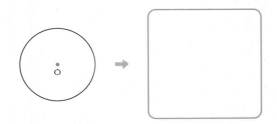

35 점 ㅇ을 원의 중심으로 하는 반지름이 1 cm, 2 cm인 원을 각각 그려 보세요.

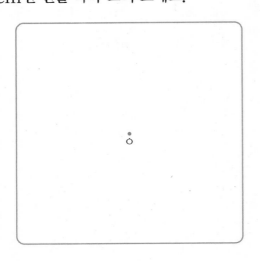

4 원을 이용하여 여러 가지 모양 그리기

36 원의 중심은 같고 반지름을 다르게 그린 것의 기호를 써 보세요.

(   )

첫 번째, 두 번째 모양의 차이점을 찾아 봐.

준비 규칙에 따라 빈칸에 알맞게 색칠해 보세요.

37 규칙을 찾아 (   ) 안에 알맞게 ○표 하세요.

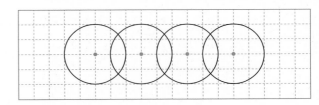

원의 반지름은 (같고 , 다르고) 원의 중심이 한 선분 위에서 모눈 (2 , 3 , 6)칸씩 오른쪽으로 옮겨 갔습니다.

38 올림픽을 상징하는 깃발인 오륜기는 *다섯 대륙을 나타냅니다. 오륜기의 각 원마다 원의 중심을 나타내어 보세요.

*다섯 대륙: 유럽, 아프리카, 아메리카, 아시아, 오세아니아

39 그림과 같은 모양을 그리기 위하여 컴퍼스의 침을 꽂아야 할 곳에 모두 표시해 보세요.

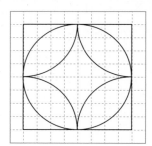

40 주어진 모양과 똑같이 그려 보세요.

(1)
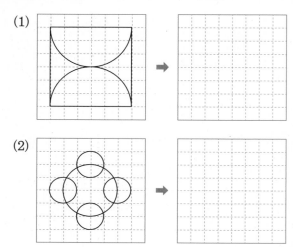

(2)

41 그림과 같이 원이 맞닿도록 지름을 모눈 2칸 늘려 원을 1개 더 그려 보세요.

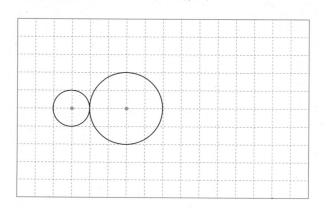

42 어떤 규칙이 있는지 설명하고 규칙에 따라 원을 1개 더 그려 보세요.

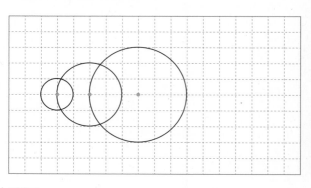

규칙 ....

43 설명하는 모양을 그려 보세요.

- 모든 원의 중심은 같습니다.
- 원의 반지름은 1 cm, 2 cm, 3 cm입니다.

1 cm
1 cm

😊 내가 만드는 문제
44 원을 이용하여 나만의 모양을 그려 보고 그린 방법을 설명해 보세요.

방법 ....

1 컴퍼스로 그린 원

45 그림과 같이 컴퍼스를 벌려 그린 원의 지름은 몇 cm일까요?

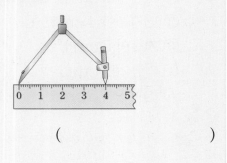

(   )

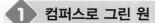

컴퍼스로 원을 그릴 때 컴퍼스의 침이 꽂혔던 점은 원의 중심, 벌린 길이는 원의 반지름이야.

반지름

46 컴퍼스를 이용하여 반지름이 5 cm인 원을 그리려고 합니다. 컴퍼스를 몇 cm만큼 벌려야 할까요?

(   )

47 작은 원부터 차례로 ☐ 안에 순서를 써넣으세요.

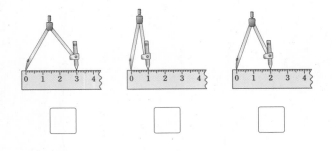

☐   ☐   ☐

2 가장 긴 선분

48 점 ㅇ은 원의 중심입니다. 길이가 가장 긴 선분은 어느 것일까요?

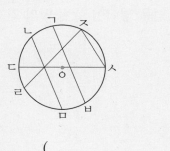

(   )

선분의 길이를 모두 잰 건 아니지? 원 위의 두 점을 이은 선분 중에서 가장 긴 선분을 생각해 봐.

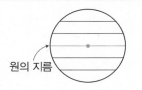

원의 지름

49 점 ㅇ은 원의 중심입니다. 길이가 가장 긴 선분은 어느 것일까요?

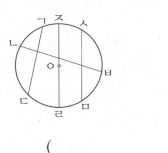

(   )

50 점 ㅇ은 원의 중심입니다. 길이가 가장 긴 선분의 길이는 몇 cm일까요?

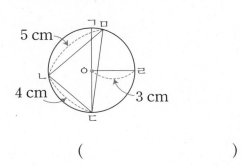

(   )

3 누름 못과 띠 종이로 그린 원

51 누름 못과 띠 종이를 이용하여 원을 그리려고 합니다. 더 큰 원을 그리려고 할 때 연필심을 넣어야 할 구멍의 기호를 써 보세요.

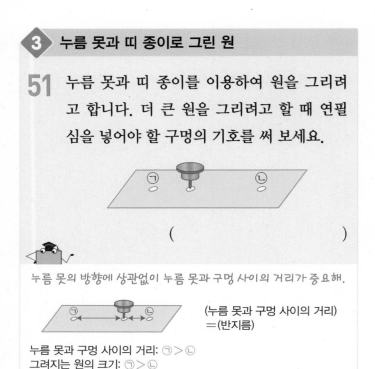

( )

누름 못의 방향에 상관없이 누름 못과 구멍 사이의 거리가 중요해.

(누름 못과 구멍 사이의 거리)
=(반지름)

누름 못과 구멍 사이의 거리: ㉠>㉡
그려지는 원의 크기: ㉠>㉡

52 누름 못과 띠 종이를 이용하여 원을 그리려고 합니다. 가장 작은 원을 그리려고 할 때 연필심을 넣어야 할 구멍의 기호를 써 보세요.

( )

53 같은 간격으로 구멍이 뚫린 띠 종이에 그림과 같이 누름 못을 꽂았습니다. 가장 큰 원을 그리려고 할 때 연필심을 넣어야 할 구멍의 기호를 써 보세요.

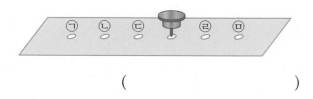

( )

4 원의 크기 비교

54 가장 큰 원은 어느 것일까요? ( )

① 지름이 3 cm인 원
② 반지름이 4 cm인 원
③ 지름이 5 cm인 원
④ 지름이 9 cm인 원
⑤ 반지름이 5 cm인 원

반지름이나 지름으로 같게 나타내어 크기를 비교하자.

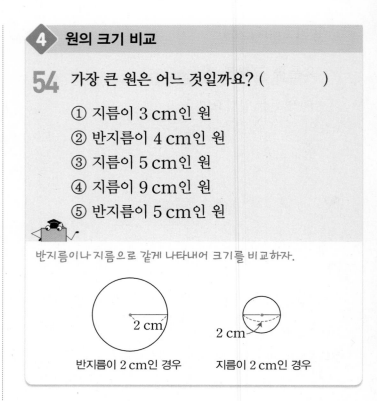

반지름이 2 cm인 경우   지름이 2 cm인 경우

55 크기가 큰 원부터 차례로 기호를 써 보세요.

㉠ 지름이 14 cm인 원
㉡ 반지름이 5 cm인 원
㉢ 반지름이 8 cm인 원
㉣ 지름이 7 cm인 원

( )

56 크기가 같은 원끼리 이어 보세요.

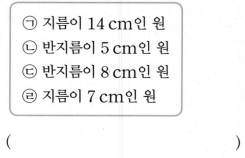
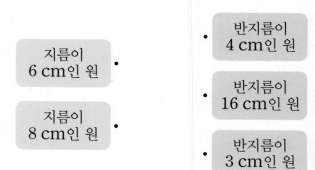

5 원의 중심의 개수

57 오른쪽 그림과 같은 모양을 그릴 때 원의 중심이 되는 점은 모두 몇 개일까요?

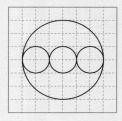

( )

(원의 개수)=(원의 중심의 개수)라고 생각한 건 아니지?
같은 원의 중심으로 반지름을 다르게 그릴 수도 있음에 주의하자.

원의 중심이 모두 다른 경우   원의 중심이 모두 같은 경우

58 오른쪽 그림과 같은 모양을 그릴 때 원의 중심이 되는 점은 모두 몇 개일까요?

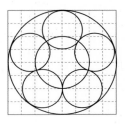

( )

59 원의 중심이 3개인 모양을 찾아 기호를 써 보세요.

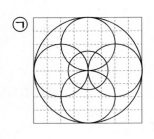 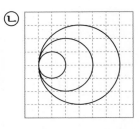

( )

6 도형의 모든 변의 길이의 합

60 직사각형 안에 크기가 같은 원 2개를 이어 붙여서 그린 것입니다. 직사각형의 가로의 길이는 몇 cm일까요?

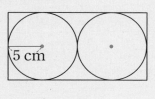

( )

원의 지름을 위, 아래로 옮긴다고 생각해 봐.
어때? 직사각형의 한 변이 되지?

61 직사각형 안에 크기가 같은 원 3개를 이어 붙여서 그린 것입니다. 직사각형의 네 변의 길이의 합은 몇 cm일까요?

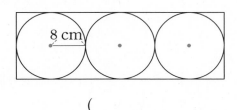

( )

62 크기가 같은 원 3개를 이어 붙여서 그린 것입니다. 원의 중심을 이어 만든 삼각형 ㄱㄴㄷ의 세 변의 길이의 합은 몇 cm일까요?

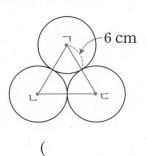

( )

1 원이 겹쳐 있을 때 작은 원의 반지름 구하기

63 큰 원의 지름이 20 cm일 때 작은 원의 반지름은 몇 cm일까요?

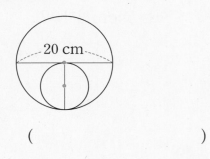

20 cm

( )

64 큰 원의 지름이 36 cm일 때 작은 원의 반지름은 몇 cm일까요?

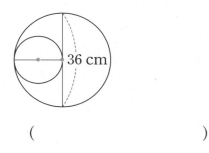

36 cm

( )

65 가장 큰 원의 지름이 56 cm일 때 가장 작은 원의 반지름은 몇 cm일까요?

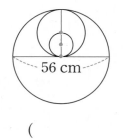

56 cm

( )

개념 KEY

(큰 원의 반지름)
＝(작은 원의 지름)

2 원의 중심을 이은 선분의 길이 구하기

66 점 ㄴ과 점 ㄹ은 원의 중심입니다. 선분 ㄱㅁ의 길이는 몇 cm일까요?

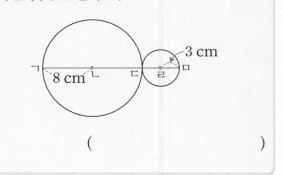

3 cm
ㄱ 8 cm ㄴ ㄷ ㄹ ㅁ

( )

67 점 ㄱ과 점 ㄴ은 원의 중심입니다. 선분 ㄱㄴ의 길이는 몇 cm일까요?

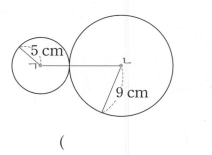

5 cm
ㄱ ㄴ
9 cm

( )

68 점 ㄱ, 점 ㄷ, 점 ㅁ은 원의 중심입니다. 선분 ㄱㅁ의 길이는 몇 cm일까요?

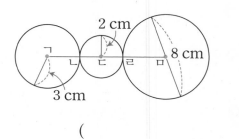

2 cm
ㄱ ㄴ ㄷ ㄹ ㅁ 8 cm
3 cm

( )

개념 KEY

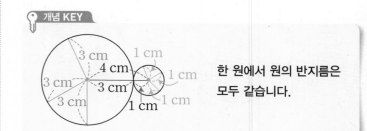

3 cm 1 cm
4 cm 1 cm
3 cm 3 cm
3 cm 1 cm 1 cm

한 원에서 원의 반지름은 모두 같습니다.

3 규칙을 이용하여 원의 지름 구하기

69 원의 중심은 같고 반지름을 가장 작은 원의 2배, 3배씩 늘려 가며 원을 그렸습니다. 가장 큰 원의 지름은 몇 cm일까요?

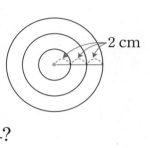

6 cm

(   )

70 원의 중심은 같고 반지름이 2 cm씩 커지는 규칙으로 원을 5개 그렸을 때 가장 큰 원의 지름은 몇 cm일까요?

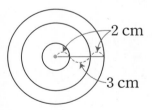

2 cm

(   )

71 원의 중심은 같고 반지름이 3 cm, 2 cm씩 번갈아 가며 커지는 규칙으로 원이 8개가 되도록 그렸을 때 가장 큰 원의 지름은 몇 cm일까요?

2 cm

3 cm

(   )

4 직사각형 안에 그릴 수 있는 원의 개수 구하기

72 직사각형 안에 그림과 같이 겹치지 않게 원을 그린다면 몇 개까지 그릴 수 있을까요?

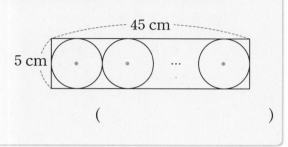

45 cm

5 cm

(   )

73 직사각형 안에 그림과 같이 겹치지 않게 원을 그린다면 몇 개까지 그릴 수 있을까요?

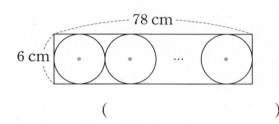

78 cm

6 cm

(   )

74 직사각형 안에 그림과 같이 원의 중심을 지나도록 원을 그린다면 몇 개까지 그릴 수 있을까요?

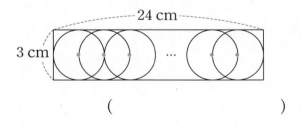

24 cm

3 cm

(   )

🔑 개념 KEY

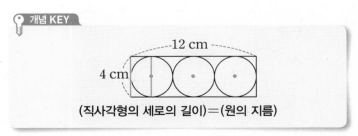

12 cm

4 cm

(직사각형의 세로의 길이)＝(원의 지름)

5 겹쳐진 원 안의 선분의 길이 구하기

75 크기가 같은 원 3개를 서로 원의 중심이 지나
도록 겹쳐서 그린 것입니다. 선분 ㄱㄴ의 길
이는 몇 cm일까요?

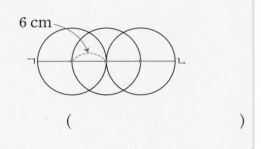

( )

6 원 안의 도형의 변의 길이의 합 구하기

78 점 ㄱ, 점 ㄴ은 원의 중심입니다. 삼각형 ㄱㄴㄷ
의 세 변의 길이의 합은 몇 cm일까요?

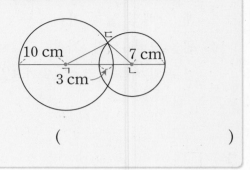

( )

76 크기가 같은 원 5개를 서로 원의 중심이 지나
도록 겹쳐서 그린 것입니다. 선분 ㄱㄴ의 길이
는 몇 cm일까요?

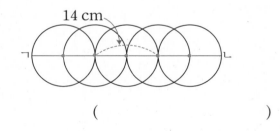

( )

79 점 ㄱ, 점 ㄴ은 원의 중심입니다. 삼각형 ㄱㄴㄷ
의 세 변의 길이의 합은 몇 cm일까요?

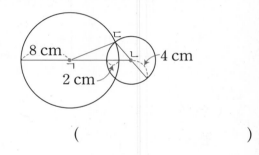

( )

77 크기가 같은 원 7개를 서로 원의 중심이 지나
도록 겹쳐서 그린 것입니다. 한 원의 지름은
몇 cm일까요?

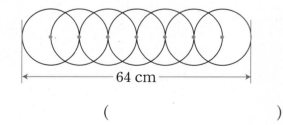

( )

80 점 ㄱ, 점 ㄴ은 원의 중심입니다. 삼각형 ㄱㄴㄷ
의 세 변의 길이의 합은 몇 cm일까요?

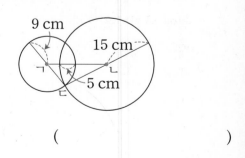

( )

🔑 개념 KEY

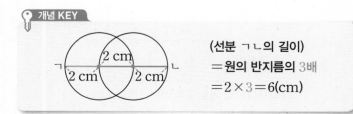

(선분 ㄱㄴ의 길이)
=원의 반지름의 3배
=2×3=6(cm)

기출 단원 평가

1 원의 중심을 찾아 써 보세요.

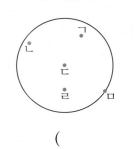

( )

2 ☐ 안에 알맞은 말을 써넣으세요.

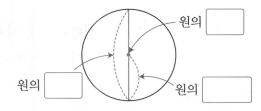

원의 ☐

원의 ☐

원의 ☐

3 누름 못이 꽂힌 곳을 원의 중심으로 하여 가장 큰 원을 그리려면 연필심을 어떤 구멍에 넣어야 할까요? ( )

4 원에 반지름을 3개 그어 보고 반지름의 길이를 재어 보세요.

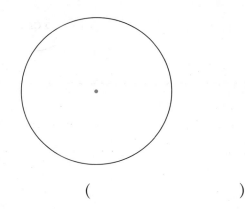

( )

5 선분 ㄱㄴ과 길이가 같은 선분을 찾아 써 보세요.

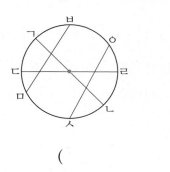

( )

6 ☐ 안에 알맞은 수를 써넣으세요.

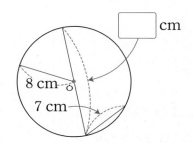

☐ cm

8 cm

7 cm

7 컴퍼스를 이용하여 점 ㄱ과 점 ㄴ을 원의 중심으로 하는 반지름이 1 cm, 지름이 2 cm인 원을 각각 그려 보세요.

8 반지름이 4 cm인 원을 그릴 수 있도록 컴퍼스를 바르게 벌린 것을 찾아 기호를 써 보세요.

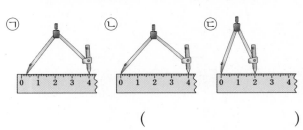

( )

9 가장 큰 원은 어느 것일까요? (   )

① 반지름이 6 cm인 원
② 지름이 15 cm인 원
③ 반지름이 9 cm인 원
④ 지름이 14 cm인 원
⑤ 컴퍼스를 8 cm만큼 벌려서 그린 원

10 길이가 7 cm인 초바늘을 그림과 같이 시계에 달았습니다. 초바늘이 시계를 한 바퀴 돌면서 만들어지는 원의 지름은 몇 cm일까요?

(   )

11 원의 중심도 다르고 반지름도 다르게 그린 것은 어느 것일까요? (   )

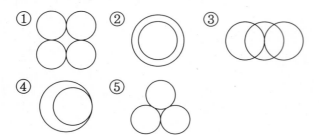

12 오른쪽과 같은 모양을 컴퍼스를 이용하여 그릴 때 원의 중심이 되는 점은 모두 몇 개일까요?

(   )

13 규칙에 따라 원을 2개 더 그려 보세요.

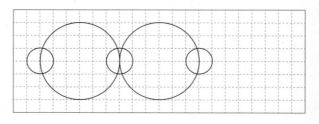

14 크기가 같은 원 3개의 중심을 이어 세 변의 길이가 같은 삼각형을 만들었습니다. 삼각형의 세 변의 길이의 합이 54 cm일 때 한 원의 반지름은 몇 cm일까요?

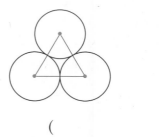

(   )

15 큰 원의 지름이 32 cm일 때 작은 원의 반지름은 몇 cm일까요?

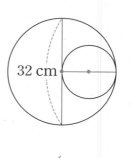

(   )

16 점 ㄱ, 점 ㄴ, 점 ㄷ은 원의 중심입니다. 선분 ㄱㄷ의 길이는 몇 cm일까요?

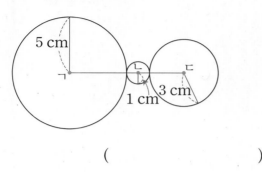

( )

17 크기가 같은 원 6개를 서로 원의 중심이 지나도록 겹쳐서 그린 것입니다. 선분 ㄱㄴ의 길이는 몇 cm일까요?

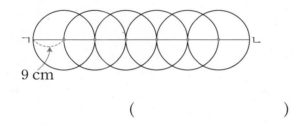

( )

18 점 ㄱ, 점 ㄷ은 원의 중심입니다. 사각형 ㄱㄴㄷㄹ의 네 변의 길이의 합은 몇 cm일까요?

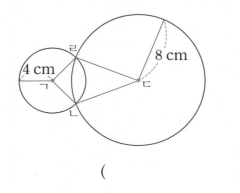

( )

19 한 변이 14 cm인 정사각형 안에 가장 큰 원을 그렸습니다. 이 원의 반지름은 몇 cm인지 풀이 과정을 쓰고 답을 구해 보세요.

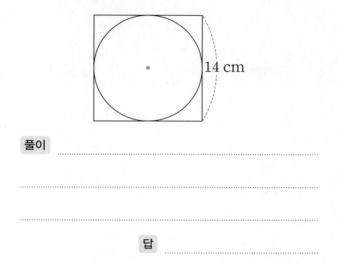

풀이 ....

....

....

답 ....

20 직사각형 안에 그림과 같이 원의 중심을 지나도록 원을 그린다면 몇 개까지 그릴 수 있는지 풀이 과정을 쓰고 답을 구해 보세요.

풀이 ....

....

....

....

답 ....

4 분수

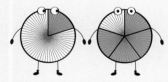

시영이의 몸무게는 60 kg이고 은정이의 몸무게는 60 kg의 $\frac{4}{5}$ 예요.

은정이의 몸무게는 몇 kg일까요?

분수의 개념만 잘 이해하고 있으면 복잡해 보이는 분수의 계산도 쉽게 할 수 있어요.

60의 $\frac{1}{5}$ ──4배──▶ 60의 $\frac{4}{5}$

1보다 큰 분수도 있어!

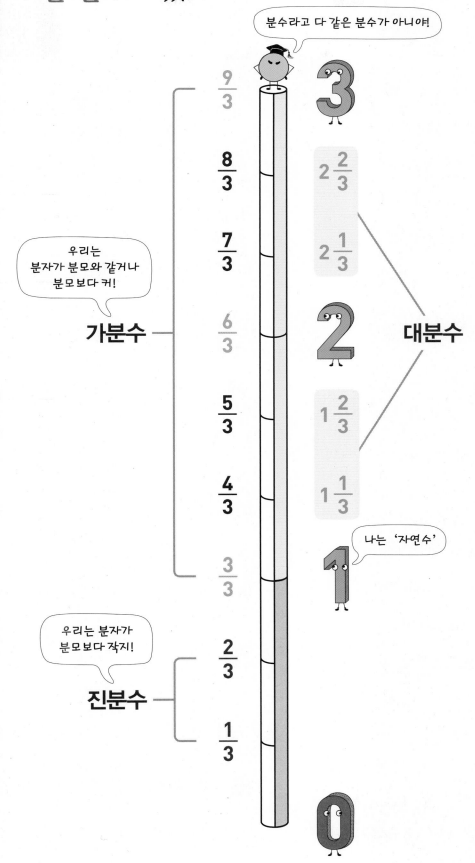

① 분수로 나타내기

• 8을 똑같이 나누기

8을 1씩 묶으면 1은 8의 $\dfrac{1}{8}$ 입니다. ← 부분 묶음 수
← 전체 묶음 수

8을 2씩 묶으면 2는 8의 $\dfrac{1}{4}$ 입니다.

8을 4씩 묶으면 4는 8의 $\dfrac{1}{2}$ 입니다.

② 분수만큼은 얼마인지 알아보기 (1)

• 12를 똑같이 3묶음으로 나누기

• 12의 $\dfrac{1}{3}$: 12를 똑같이 **3묶음**으로 나눈 것 중의

　1묶음 ➡ 4

• 12의 $\dfrac{2}{3}$: 12를 똑같이 **3묶음**으로 나눈 것 중의

　2묶음 ➡ 8

③ 분수만큼은 얼마인지 알아보기 (2)

• 10 cm를 똑같이 5부분으로 나누기

• 10 cm의 $\dfrac{1}{5}$: 10 cm를 똑같이 **5부분**으로 나눈

　것 중의 **1부분** ➡ 2 cm

• 10 cm의 $\dfrac{2}{5}$: 10 cm를 똑같이 **5부분**으로 나눈

　것 중의 **2부분** ➡ 4 cm

• 10 cm의 $\dfrac{3}{5}$: 10 cm를 똑같이 **5부분**으로 나눈

　것 중의 **3부분** ➡ 6 cm

---

1 사과를 3개씩 묶은 것을 보고 ☐ 안에 알맞은 수를 써넣으세요.

(1) 15를 3씩 묶으면 ☐ 묶음이 됩니다.

(2) 3은 15의 $\dfrac{\boxed{}}{\boxed{}}$ 입니다.

2 그림을 보고 ☐ 안에 알맞은 수를 써넣으세요.

(1) 16의 $\dfrac{1}{4}$: 16을 똑같이 4묶음으로 나눈 것 중의

　☐ 묶음 ➡ ☐

(2) 16의 $\dfrac{2}{4}$: 16을 똑같이 4묶음으로 나눈 것 중의

　☐ 묶음 ➡ ☐

3 그림을 보고 ☐ 안에 알맞은 수를 써넣으세요.

(1) 28 cm의 $\dfrac{1}{7}$ 은 ☐ cm입니다.

(2) 28 cm의 $\dfrac{2}{7}$ 는 ☐ cm입니다.

4 여러 가지 분수 알아보기

- 진분수: 분자가 분모보다 작은 분수
- 가분수: 분자가 분모와 같거나 분모보다 큰 분수
- 자연수: 1, 2, 3과 같은 수
- 대분수: 자연수와 진분수로 이루어진 분수

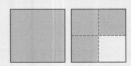

쓰기 $1\frac{3}{4}$

읽기 1과 4분의 3

5 대분수와 가분수로 나타내기

- 색칠한 부분을 대분수와 가분수로 나타내기

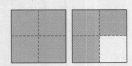

$$\frac{7}{4}=1\frac{3}{4}$$

- $\frac{1}{4}$이 7개이므로 $\frac{7}{4}$입니다.

- 1과 $\frac{3}{4}$이므로 $1\frac{3}{4}$입니다.

6 분모가 같은 분수의 크기 비교

- $\frac{6}{5}<\frac{9}{5}$ ➡ 분자가 클수록 더 큽니다.

- $2\frac{3}{4}<3\frac{1}{4}$ ➡ 자연수가 클수록, 분자가 클수록 더 큽니다.
  $1\frac{1}{3}<1\frac{2}{3}$

- $2\frac{1}{2}<\frac{7}{2}$
  - 가분수 ➡ 대분수 $2\frac{1}{2}<3\frac{1}{2}\left(=\frac{7}{2}\right)$
  - 대분수 ➡ 가분수 $\frac{5}{2}\left(=2\frac{1}{2}\right)<\frac{7}{2}$

➡ 가분수 또는 대분수로 같게 나타낸 후 크기를 비교합니다.

4 진분수는 ○표, 가분수는 △표, 대분수는 □표 하세요.

$$\frac{5}{4} \qquad \frac{2}{7} \qquad 3\frac{4}{8} \qquad \frac{8}{3}$$

$$2\frac{3}{5} \qquad \frac{6}{6} \qquad \frac{1}{5} \qquad \frac{7}{9}$$

5 그림을 보고 □ 안에 알맞은 수를 써넣으세요.

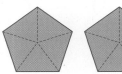

대분수 $2\frac{2}{5}$는 $\frac{1}{5}$이 □개이므로

가분수로 나타내면 $2\frac{2}{5}=\dfrac{\square}{\square}$입니다.

6 두 수의 크기를 비교하여 ○ 안에 >, =, <를 알맞게 써넣으세요.

(1) $10 \bigcirc 7$ ➡ $\dfrac{10}{7} \bigcirc \dfrac{7}{7}$

(2) $1 \bigcirc 4$ ➡ $3\frac{1}{6} \bigcirc 3\frac{4}{6}$

(3) $2\frac{3}{5} \bigcirc \dfrac{13}{5}$ ➡ $\dfrac{14}{5} \bigcirc 2\frac{3}{5}$

교과서 ➕ 익힘책 유형

1 **분수로 나타내기**

1 ☐ 안에 알맞은 수를 써넣으세요.

(1) 6은 18의 $\dfrac{\square}{3}$ 입니다.

↓ ×2   ↓ ×2

(2) 12는 18의 $\dfrac{\square}{3}$ 입니다.

전체를 똑같이 ■로 나눈 것 중의 ▲는 $\dfrac{\blacktriangle}{\blacksquare}$ 야.

준비 색칠한 부분을 분수로 나타내어 보세요.

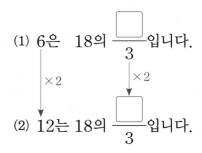

(1) → $\dfrac{\square}{\square}$ (2) → $\dfrac{\square}{\square}$

2 색칠한 부분을 분수로 나타내어 보세요.

(1) 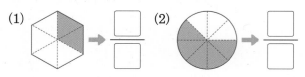 → $\dfrac{\square}{\square}$

(2) → $\dfrac{\square}{\square}$

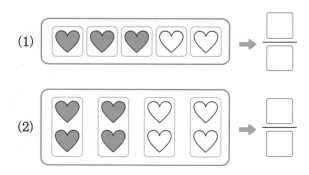

3 ☐ 안에 알맞은 수를 써넣으세요.

(1) 20을 4씩 묶으면 8은 20의 $\dfrac{\square}{\square}$ 입니다.

(2) 20을 5씩 묶으면 15는 20의 $\dfrac{\square}{\square}$ 입니다.

4 사탕 24개를 똑같이 나눌 수 있는 방법을 잘못 말한 학생은 누구일까요?

> • 유정: 6개씩 나눌 수 있어.
> • 나연: 8개씩 나눌 수 있어.
> • 지수: 5개씩 나눌 수 있어.
> • 다현: 4개씩 나눌 수 있어.

(   )

5 '*조삼모사'의 유래에서 원숭이 한 마리는 도토리를 아침에 4개, 저녁에 3개로 모두 7개를 받습니다. 도토리 7개 중 원숭이가 아침에 받는 양과 저녁에 받는 양을 각각 분수로 나타내어 보세요.

*조삼모사: 눈앞에 보이는 차이만 알고 결과가 같은 것을 모르는 어리석음.

아침: ☐   저녁: ☐

서술형

6 10은 45의 $\dfrac{2}{9}$ 입니다. 같은 개수만큼 묶을 때 30은 45의 몇 분의 몇인지 풀이 과정을 쓰고 답을 구해 보세요.

풀이

_____

_____

_____

_____

답

2 분수만큼은 얼마인지 알아보기(1)

7 그림을 보고 ☐ 안에 알맞은 수를 써넣으세요.

(1) 18의 $\frac{1}{3}$은 ☐입니다.

(2) 18의 $\frac{1}{6}$은 ☐입니다.

8 보기 와 같이 ☐ 안에 알맞은 식과 수를 써넣으세요.

> **보기**
>
> 15의 $\frac{2}{5}$는 15÷5의 2배입니다.

(1) 32의 $\frac{3}{8}$은 ☐의 ☐배입니다.

(2) 27의 $\frac{5}{9}$는 ☐의 ☐배입니다.

새 교과 반영

9 전체의 공 중에서 $\frac{4}{6}$는 초록색 공입니다. 초록색 공의 개수만큼 초록색으로 색칠해 보세요.

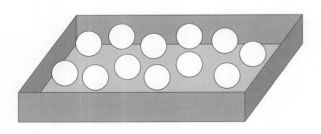

10 조건에 맞게 타일을 색칠해 보세요.

> • 분홍색: 10의 $\frac{3}{5}$ • 파란색: 10의 $\frac{2}{5}$

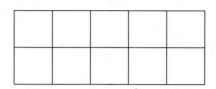

(1) 분홍색 타일은 몇 장일까요?

( )

(2) 파란색 타일은 몇 장일까요?

( )

(3) 더 많은 타일은 어떤 색일까요?

( )

4

11 무선이와 수애가 각각 가진 구슬의 수를 구해 보세요.

> • 시영: 나는 구슬을 20개 가지고 있어.
>
> • 무선: 나는 시영이의 $\frac{4}{5}$만큼 가지고 있어.
>
> • 수애: 나는 무선이의 $\frac{3}{8}$만큼 가지고 있어.

무선 ( ), 수애 ( )

12 ☐ 안에 알맞은 수를 써넣으세요.

(1) ☐의 $\frac{1}{6}$은 9입니다.

(2) ☐의 $\frac{3}{5}$은 21입니다.

똑같은 크기와 모양으로 나누면 돼.

준비 주어진 수만큼 똑같이 나누어 보세요.

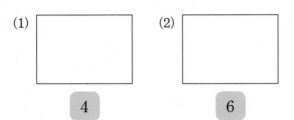

(1)

(2)

4

6

13 12 cm의 $\frac{1}{6}$만큼 색칠하고 ☐ 안에 알맞은 수를 써넣으세요.

0 1 2 3 4 5 6 7 8 9 10 11 12(cm)

(1) 12 cm의 $\frac{1}{6}$은 ☐ cm입니다.

(2) 12 cm의 $\frac{5}{6}$는 ☐ cm입니다.

14 그림을 보고 ☐ 안에 알맞은 수를 써넣으세요.

0   2(m)

0 20 40 60 80 100 120 140 160 180 200(cm)

(1) 2 m의 $\frac{1}{2}$은 ☐ cm입니다.

(2) 2 m의 $\frac{4}{5}$는 ☐ cm입니다.

15 두 길이를 비교하여 ○ 안에 >, =, <를 알맞게 써넣으세요.

15 cm의 $\frac{2}{3}$ ◯ 15 cm의 $\frac{4}{5}$

16 설명이 맞으면 ○표, **틀리면** ×표 하세요.

(1) 1시간의 $\frac{1}{4}$은 25분입니다. (   )

(2) 2시간의 $\frac{2}{3}$는 80분입니다. (   )

17 72 cm인 모형 밀로의 비너스 조각상은 상체와 하체가 *황금 비율입니다. 하체는 키의 $\frac{5}{8}$일 때, 조각상의 하체의 길이는 몇 cm일까요?

*황금 비율: 시각적으로 가장 아름답다고 여겨지는 비율

$\frac{3}{8}$

$\frac{5}{8}$

(   )

18 잠을 가장 많이 잔 친구는 누구일까요?

하루 24시간의 $\frac{1}{4}$만큼 잤어.

난 12시간의 $\frac{2}{3}$만큼 잤어.

나는 하루의 $\frac{3}{8}$만큼 잤어.

율희   영우   현정

(   )

19 모든 변의 길이가 같은 쌓기나무 6개의 긴 쪽의 길이가 48 cm일 때, ☐ 안에 알맞은 길이를 구해 보세요.

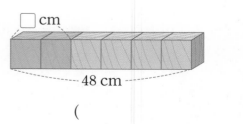

☐ cm

48 cm

(   )

4 여러 가지 분수 알아보기

20 주어진 분수만큼 색칠하고 진분수는 '진', 가분수는 '가'를 써넣으세요.

(1) $\frac{3}{2}$ (　　)

(2) $\frac{2}{3}$ (　　)

분모부터 읽고 분자를 읽으면 돼.

준비 색칠한 부분과 관계있는 것끼리 이어 보세요.

6분의 2　　5분의 4　　4분의 1

21 그림을 보고 대분수로 나타내고 읽어 보세요.

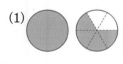

쓰기　　쓰기

읽기　　읽기

새 교과 반영

22 그림을 보고 자연수를 분수로 나타내어 보세요.

$2 = \dfrac{\ }{\ }$　　$3 = \dfrac{\ }{\ }$

23 분수를 분류해 보세요.

$$\frac{5}{9} \quad 1\frac{4}{6} \quad \frac{11}{3} \quad \frac{7}{7} \quad \frac{3}{8} \quad 5\frac{1}{2} \quad \frac{6}{5}$$

진분수	가분수	대분수

24 색칠된 부분을 분수와 소수로 나타내어 보세요.

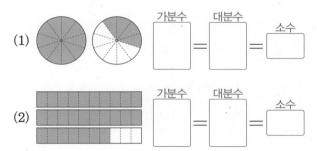

(1) 가분수 = 대분수 = 소수

(2) 가분수 = 대분수 = 소수

25 분모가 3인 분수를 만들어 보세요.

(1) 분모가 3인 진분수를 모두 써 보세요.
(　　　　　)

(2) 분모가 3인 가분수를 5개 써 보세요.
(　　　　　)

(3) 자연수 부분은 4이고 분모가 3인 대분수를 모두 써 보세요.
(　　　　　)

😊 **내가 만드는 문제**

26 □ 안에 1부터 5까지의 숫자를 써넣어 진분수, 가분수, 대분수를 각각 만들어 보세요.

진분수　　가분수　　대분수

5 대분수와 가분수로 나타내기

27 그림을 보고 대분수를 가분수로 나타내어 보세요.

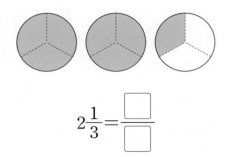

$$2\frac{1}{3} = \frac{\square}{\square}$$

28 수직선을 보고 가분수를 대분수로 나타내어 보세요.

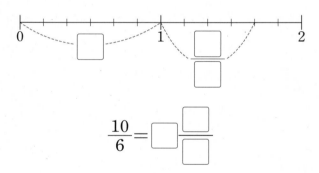

$$\frac{10}{6} = \square \frac{\square}{\square}$$

29 보기 와 같이 □ 안에 알맞은 수를 써넣고 대분수를 가분수로 나타내어 보세요.

보기
$$8\frac{2}{3} = \frac{8 \times 3 + 2}{3} = \frac{26}{3}$$

(1) $5\dfrac{1}{2} = \dfrac{\square \times 2 + \square}{2} = \dfrac{\square}{2}$

(2) $6\dfrac{3}{4} = \dfrac{\square \times 4 + \square}{4} = \dfrac{\square}{4}$

30 □ 안에 알맞은 수를 써넣고 가분수를 대분수로 나타내어 보세요.

(1) $\dfrac{17}{2} = 17 \div 2 = \square \cdots \square \Rightarrow \square\dfrac{\square}{2}$

(2) $\dfrac{41}{9} = 41 \div 9 = \square \cdots \square \Rightarrow \square\dfrac{\square}{9}$

31 □ 안에 대분수는 가분수로, 가분수는 대분수로 나타내어 보세요.

(1) $4\dfrac{1}{3} = \boxed{}$ (2) $2\dfrac{5}{8} = \boxed{}$

(3) $\dfrac{18}{5} = \boxed{}$ (4) $\dfrac{20}{7} = \boxed{}$

32 그림을 보고 알맞지 <u>않은</u> 것에 모두 ○표 하세요.

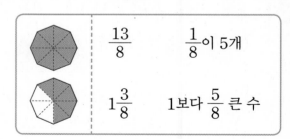

$\dfrac{13}{8}$ $\dfrac{1}{8}$이 5개

$1\dfrac{3}{8}$ 1보다 $\dfrac{5}{8}$ 큰 수

서술형
33 자연수 부분이 9이고 분모가 2인 대분수를 가분수로 나타내려고 합니다. 풀이 과정을 쓰고 답을 구해 보세요.

풀이 ....

....

....

답 ....

6 분모가 같은 분수의 크기 비교

똑같이 나눈 후 색칠한 칸수가 많을수록 더 큰 수야.

준비 주어진 분수만큼 색칠하고 크기를 비교하여 ○ 안에 >, =, <를 알맞게 써넣으세요.

(1)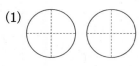

$$\frac{1}{4} \bigcirc \frac{3}{4}$$

(2)

$$\frac{5}{6} \bigcirc \frac{2}{6}$$

34 주어진 분수만큼 색칠하고 크기를 비교하여 ○ 안에 >, =, <를 알맞게 써넣으세요.

 $\frac{2}{6} \bigcirc \frac{1}{3}$

35 주어진 분수를 수직선에 ↑로 나타내고 ○ 안에 >, =, <를 알맞게 써넣으세요.

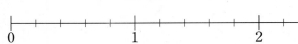

$$1\frac{4}{5} \bigcirc \frac{7}{5}$$

36 두 분수의 크기를 비교하여 ○ 안에 >, =, <를 알맞게 써넣으세요.

(1) $\frac{13}{8} \bigcirc \frac{9}{8}$ (2) $2\frac{5}{6} \bigcirc 3\frac{2}{6}$

(3) $5\frac{4}{9} \bigcirc 5\frac{7}{9}$ (4) $\frac{23}{3} \bigcirc 7\frac{1}{3}$

37 □ 안에 알맞은 수를 찾아 모두 ○표 하세요.

(1) $\frac{\square}{6} < \frac{5}{6}$ (1 , 2 , 3 , 4 , 5 , 6)

(2) $3\frac{\square}{6} > 3\frac{2}{6}$ (1 , 2 , 3 , 4 , 5 , 6)

38 분모가 8인 분수 중 $\frac{10}{8}$보다 크고 $1\frac{7}{8}$보다 작은 가분수를 모두 써 보세요.

( )

서술형
39 분수의 크기를 비교하여 가장 큰 분수의 기호를 쓰려고 합니다. 풀이 과정을 쓰고 답을 구해 보세요.

㉠ $\frac{17}{9}$	㉡ $\frac{1}{9}$이 13개인 수
㉢ $1\frac{5}{9}$	㉣ $\frac{9}{9}$

풀이 _____

_____

_____

답 _____

😊 **내가 만드는 문제**
40 □ 안에 알맞은 수를 자유롭게 써넣고 크기를 비교해 보세요.

$$4\frac{\square}{5} < \frac{\square}{5}$$

1 대분수

41 대분수를 모두 찾아 ○표 하세요.

$$3\frac{2}{4} \qquad \frac{6}{6} \qquad 1\frac{4}{3} \qquad 5\frac{6}{7} \qquad 2\frac{8}{5}$$

무조건 자연수와 분수로 이루어진 것을 고른 건 아니지?
대분수는 자연수와 진분수로 이루어진 분수야.

$2\frac{5}{4}$ ✕ $2\frac{3}{4}$ ○ ← 대분수의 분자는 분모보다 작습니다.

42 대분수는 모두 몇 개인지 구해 보세요.

$$2\frac{5}{9} \quad 5\frac{4}{4} \quad 6\frac{1}{3} \quad \frac{8}{5} \quad 7\frac{3}{2} \quad 1\frac{7}{8} \quad \frac{4}{7}$$

( )

43 자연수 부분이 3이고 분모가 6인 대분수는 모두 몇 개인지 구해 보세요.

( )

2 수직선에 나타낸 분수

44 ↓가 나타내는 분수는 몇 분의 몇인지 구해 보세요.

작은 눈금 한 칸의 크기가 몇 분의 몇인지부터 구하자.

➡ 똑같이 3으로 나눈 것 중의 1
➡ $\frac{1}{3}$

45 ↓가 나타내는 분수를 대분수로 나타내어 보세요.

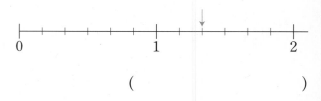

( )

46 주어진 분수를 각각 수직선에 ↓로 나타내어 보세요.

㉠ $1\frac{3}{5}$ ㉡ $\frac{12}{5}$

3 중간에 빠진 분수

47 분수를 순서대로 나열하려고 합니다. 중간에 빠진 분수를 구해 보세요.

$$\frac{5}{6} \qquad \frac{3}{6} \qquad \frac{7}{6} \qquad \frac{4}{6}$$

( )

나열된 순서로는 찾을 수 없어. 분수의 크기 순서대로 놓아야지.

→ 분자의 크기 6<7<8<9

$$\frac{7}{7} \quad \frac{9}{7} \quad \frac{6}{7} \quad \Rightarrow \quad \frac{6}{7} \quad \frac{7}{7} \quad \frac{8}{7} \quad \frac{9}{7}$$
② ③ ①

48 분수를 순서대로 나열하려고 합니다. 중간에 빠진 분수를 구해 보세요.

$$\frac{11}{9} \qquad \frac{15}{9} \qquad \frac{12}{9} \qquad \frac{10}{9} \qquad \frac{14}{9}$$

( )

49 분수를 순서대로 나열하려고 합니다. 중간에 빠진 분수를 구해 보세요.

$$2\frac{8}{10} \quad 2\frac{6}{10} \quad 2\frac{3}{10} \quad 2\frac{7}{10} \quad 2\frac{4}{10}$$

( )

4 전체의 $\frac{■}{▲}$

50 전체의 $\frac{3}{7}$은 빨간색, 전체의 $\frac{4}{7}$는 파란색으로 색칠해 보세요.

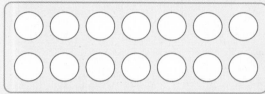

전체의 $\frac{▲}{■}$는 먼저 똑같이 ■묶음으로 나누고 ▲묶음만큼 색칠하자.

전체의 $\frac{3}{4}$

→ 전체를 똑같이 4묶음으로 나눈 것 중의 3묶음

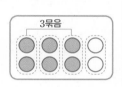

51 전체의 $\frac{6}{8}$은 보라색, 전체의 $\frac{2}{8}$는 노란색으로 색칠해 보세요.

52 전체의 $\frac{2}{3}$는 주황색, 전체의 $\frac{1}{3}$은 초록색으로 규칙을 만들어 색칠해 보세요.

5 분수의 크기 비교

53 두 분수의 크기를 비교하여 ○ 안에 >,
=, <를 알맞게 써넣으세요.

$$4\frac{2}{5} \bigcirc \frac{24}{5}$$

자연수 또는 분자만 보고 분수의 크기를 비교한 건 아니지?
가분수 또는 대분수로 같게 나타내야지.

| $\frac{5}{3}$ | $2\frac{1}{3}$ | $\frac{5}{3}$ | $2\frac{1}{3}$ |

가분수로 ➡ $\frac{5}{3} < \frac{7}{3}$ 대분수로 ➡ $1\frac{2}{3} < 2\frac{1}{3}$

54 두 분수의 크기를 비교하여 ○ 안에 >, =,
<를 알맞게 써넣으세요.

(1) $2\frac{4}{7} \bigcirc \frac{17}{7}$

(2) $\frac{30}{8} \bigcirc 3\frac{6}{8}$

55 분수의 크기가 가장 큰 것에 ○표 하세요.

$$5\frac{5}{6} \qquad \frac{33}{6} \qquad 5\frac{2}{6}$$

(   )   (   )   (   )

6 크기 순서대로 나열

56 수직선의 ☐ 안에 알맞은 분수를 각각 써넣
으세요.

$$\frac{16}{4} \qquad \frac{18}{4} \qquad \frac{13}{4}$$

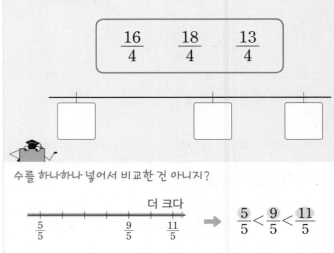

수를 하나하나 넣어서 비교한 건 아니지?

더 크다 ➡ $\frac{5}{5} < \frac{9}{5} < \frac{11}{5}$

57 수직선의 ☐ 안에 알맞은 분수를 각각 써넣으
세요.

$$4\frac{8}{9} \qquad 5\frac{1}{9} \qquad 5\frac{4}{9} \qquad 4\frac{5}{9}$$

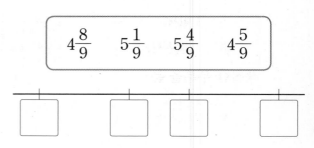

58 수직선의 ☐ 안에 알맞은 분수를 각각 써넣으
세요.

$$3\frac{3}{7} \qquad \frac{15}{7} \qquad 2\frac{5}{7} \qquad \frac{21}{7}$$

1 색칠한 부분을 분수로 나타내기

59 색칠한 부분을 분수로 나타내어 보세요.

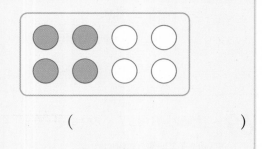

( )

60 색칠한 부분을 분수로 나타내어 보세요.

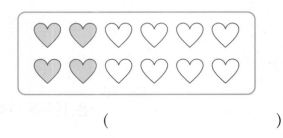

( )

61 색칠한 부분을 분수로 나타내어 보세요.

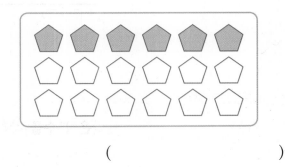

( )

2 수 카드로 분수 만들기

62 수 카드 5 , 2 , 9 , 6 중 2장을 사용하여 만들 수 있는 진분수를 모두 써 보세요.

( )

63 수 카드 3 , 8 , 5 , 4 중 2장을 사용하여 만들 수 있는 가분수를 모두 써 보세요.

( )

64 수 카드 7 , 2 , 9 를 한 번씩만 사용하여 만들 수 있는 가장 큰 대분수를 가분수로 나타내어 보세요.

( )

4

🔑 개념 KEY

$$\frac{2}{6} = \frac{1}{3}$$

🔑 개념 KEY

진분수   가분수   대분수

3 □ 안에 들어갈 수 있는 수 구하기

65 □ 안에 들어갈 수 있는 자연수를 모두 구해 보세요.

$$\frac{\square}{6} < 1\frac{1}{6}$$

( )

66 □ 안에 들어갈 수 있는 자연수는 모두 몇 개인지 구해 보세요.

$$\frac{23}{9} > 2\frac{\square}{9}$$

( )

67 □ 안에 들어갈 수 있는 자연수를 모두 구해 보세요.

$$4\frac{5}{8} < \frac{\square}{8} < \frac{41}{8}$$

( )

🔑 개념 KEY

$$\frac{\square}{3} < 1\frac{1}{3} \;\Rightarrow\; \frac{\square}{3} < \frac{4}{3} \;\Rightarrow\; \square < 4$$

대분수를 가분수로 바꾸기

4 조건에 맞는 분수 찾기

68 분모가 14이고 분자가 10보다 큰 진분수를 모두 구해 보세요.

( )

69 분모가 6이고 분자는 한 자리 수인 가분수를 모두 구해 보세요.

( )

70 분자가 21인 분수 중에서 분모가 15보다 크고 25보다 작은 가분수는 모두 몇 개인지 구해 보세요.

( )

🔑 개념 KEY

$$\blacksquare > \clubsuit \;\Rightarrow\; \begin{cases} \text{진분수:} \dfrac{\clubsuit}{\blacksquare} \\[2mm] \text{가분수:} \dfrac{\clubsuit}{\clubsuit} \text{ 또는 } \dfrac{\blacksquare}{\clubsuit} \end{cases}$$

5 어떤 수의 분수만큼은 얼마인지 구하기

71 어떤 수의 $\frac{1}{3}$은 8입니다. 어떤 수의 $\frac{1}{4}$은 얼마인지 구해 보세요.

( )

72 어떤 수의 $\frac{3}{5}$은 18입니다. 어떤 수의 $\frac{2}{6}$는 얼마인지 구해 보세요.

( )

73 어떤 수의 $\frac{7}{12}$은 21입니다. 어떤 수의 $\frac{8}{9}$은 얼마인지 구해 보세요.

( )

6 조건을 만족하는 분수 구하기

74 조건을 만족하는 진분수를 구해 보세요.

> • 분모와 분자의 합은 12입니다.
> • 분모와 분자의 차는 4입니다.

( )

75 조건을 만족하는 가분수를 구해 보세요.

> • 분모와 분자의 합은 26입니다.
> • 분모와 분자의 차는 8입니다.

( )

76 조건을 만족하는 대분수를 구해 보세요.

> • 3보다 크고 4보다 작은 수입니다.
> • 분모와 분자의 합은 17입니다.
> • 분모와 분자의 차는 5입니다.

( )

개념 KEY

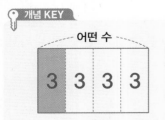

어떤 수의 $\frac{1}{4}$은 3
➡ 어떤 수는 $3 \times 4 = 12$

기출 단원 평가

1 그림을 보고 ☐ 안에 알맞은 수를 써넣으세요.

(1) 20의 $\frac{1}{5}$은 ☐ 입니다.

(2) 20의 $\frac{4}{5}$는 ☐ 입니다.

2 사탕을 2개씩 묶고 ☐ 안에 알맞은 수를 써넣으세요.

18을 2씩 묶으면 10은 18의 $\frac{☐}{☐}$ 입니다.

3 색칠한 부분을 가분수와 대분수로 각각 나타내어 보세요.

가분수 (   )

대분수 (   )

4 ☐ 안에 알맞은 수를 써넣으세요.

(1) 21 cm의 $\frac{2}{3}$는 ☐ cm입니다.

(2) 21 cm의 $\frac{6}{7}$은 ☐ cm입니다.

5 가분수는 모두 몇 개인지 구해 보세요.

$$\frac{10}{9} \quad 2\frac{4}{8} \quad \frac{11}{14} \quad \frac{5}{5} \quad \frac{8}{3} \quad \frac{6}{7}$$

(   )

6 자연수를 분수로 나타낸 것입니다. 잘못 나타낸 것은 어느 것일까요? (   )

① $4=\frac{16}{4}$ ② $3=\frac{21}{7}$ ③ $5=\frac{5}{5}$

④ $9=\frac{27}{3}$ ⑤ $8=\frac{16}{2}$

7 가분수는 대분수로, 대분수는 가분수로 나타내어 보세요.

(1) $\frac{35}{8}$ (2) $3\frac{4}{9}$

8 $\dfrac{\square}{11}$ 가 진분수일 때 □ 안에 들어갈 수 있는 가장 큰 자연수를 구해 보세요.

(   )

9 두 분수의 크기를 비교하여 ○ 안에 >, =, <를 알맞게 써넣으세요.

(1) $3\dfrac{2}{7}$ ◯ $2\dfrac{5}{7}$

(2) $\dfrac{26}{4}$ ◯ $6\dfrac{3}{4}$

10 나타내는 수가 가장 큰 것을 찾아 기호를 써 보세요.

| ㉠ 16의 $\dfrac{6}{8}$ ㉡ 25의 $\dfrac{3}{5}$ ㉢ 42의 $\dfrac{2}{6}$ |

(   )

11 지호가 독서를 한 시간은 몇 분일까요?

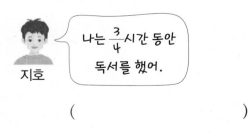

지호   나는 $\dfrac{3}{4}$ 시간 동안 독서를 했어.

(   )

12 자연수 부분이 5이고 분모가 8인 대분수는 모두 몇 개인지 구해 보세요.

(   )

13 대분수를 가분수로 나타내었을 때 분자가 가장 큰 대분수를 써 보세요.

| $3\dfrac{2}{4}$ $4\dfrac{1}{6}$ $5\dfrac{2}{3}$ $2\dfrac{8}{9}$ |

(   )

14 ◆에 알맞은 수를 구해 보세요.

$$\dfrac{16}{\blacklozenge} = 2\dfrac{4}{\blacklozenge}$$

(   )

15 □ 안에 알맞은 수를 써넣으세요.

(1) $\square$ 의 $\dfrac{4}{6}$ 는 28입니다.

(2) $\square$ 의 $\dfrac{5}{9}$ 는 40입니다.

16 수 카드 중에서 2장을 사용하여 만들 수 있는 진분수를 모두 써 보세요.

$$\boxed{7} \quad \boxed{3} \quad \boxed{1} \quad \boxed{6}$$

(   )

17 ☐ 안에 들어갈 수 있는 가장 큰 자연수를 구해 보세요.

$$\boxed{\dfrac{\square}{7} < 6\dfrac{4}{7}}$$

(   )

18 어떤 수의 $\dfrac{5}{8}$는 45입니다. 어떤 수의 $\dfrac{3}{9}$은 얼마인지 구해 보세요.

(   )

19 딸기가 32개 있습니다. 지민이가 전체의 $\dfrac{3}{8}$만큼 먹었다면 지민이가 먹은 딸기는 몇 개인지 풀이 과정을 쓰고 답을 구해 보세요.

풀이 _____

_____

_____

_____

답 _____

20 조건을 만족하는 대분수를 구하려고 합니다. 풀이 과정을 쓰고 답을 구해 보세요.

> • 5보다 크고 6보다 작은 수입니다.
> • 분모와 분자의 합은 22입니다.
> • 분모와 분자의 차는 6입니다.

풀이 _____

_____

_____

_____

_____

답 _____

사고력이 반짝

● 왼쪽 모형을 본뜬 그림이 <u>아닌</u> 것을 찾아 ○표 하세요.

(1)

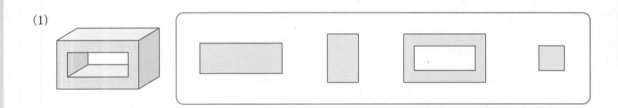

(2)

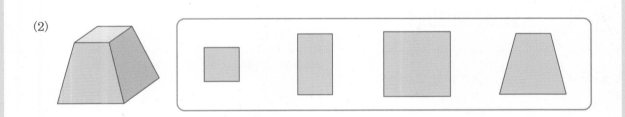

(3)

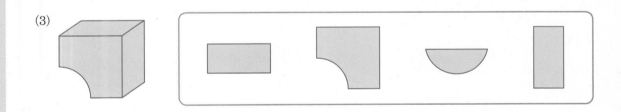

5 들이와 무게

"한 뼘의 길이는 12 cm예요." 여기서 cm는 길이를 나타내는 단위죠.
이 단원에서는 들이와 무게를 나타내는 단위에 대해 배울 거예요.
길이를 나타내는 단위가 mm, cm, m, km가 있듯이
들이를 나타내는 단위는 mL, L, 무게를 나타내는 단위는 g, kg, t이 있어요.
길이 못지않게 들이, 무게를 나타내는 단위도 자주 사용되니
열심히 공부하여 실생활에 활용해 봐요.

들이와 무게에 따라 알맞은 단위가 필요해!

들이	무게
1 mL	1 g
1 L 	1 kg
	1 t

1L=1000mL,
1kg=1000g이고
1t=1000kg이야.

5 들이와 무게

1 들이 비교하기

방법 1 물을 직접 옮겨 담기

주스병   우유병   우유병에 물이 다 들어갑니다.

방법 2 모양과 크기가 같은 큰 그릇에 옮겨 담기

물의 높이가 더 높은 쪽이 들이가 더 많습니다.

방법 3 모양과 크기가 같은 컵에 옮겨 담기

└→ 3컵   └→ 4컵

➡ 주스병과 우유병 중 들이가 더 많은 것은 우유병입니다.

2 들이의 단위와 들이 어림하기

• 1 L: 1 리터   1 mL: 1 밀리리터

$$1\,L = 1000\,mL$$

• 1 L보다 500 mL 더 많은 들이

쓰기 1 L 500 mL   읽기 1 리터 500 밀리리터

$$1\,L\;500\,mL = 1500\,mL$$

1 L 500 mL = 1 L + 500 mL
= 1000 mL + 500 mL = 1500 mL

• 들이 어림하기

들이를 어림하여 말할 때는 약 ☐ L 또는
약 ☐ mL라고 합니다.

3 들이의 덧셈과 뺄셈

L 단위의 수끼리, mL 단위의 수끼리 계산합니다.

```
  2 L 500 mL        2 L 500 mL
+ 1 L 300 mL      − 1 L 300 mL
-----------       -----------
  3 L 800 mL        1 L 200 mL
```

1 우유갑에 물을 가득 채운 후 음료수병에 모두 옮겨 담았더니 그림과 같이 물이 채워졌습니다. 알맞은 말에 ○표 하세요.

우유갑

음료수병

들이가 더 많은 것은 (우유갑 , 음료수병)입니다.

2 ☐ 안에 알맞은 수를 써넣으세요.

(1) 1 L 300 mL = ☐ L + 300 mL

= ☐ mL + 300 mL

= ☐ mL

(2) 3500 mL = ☐ mL + 500 mL

= ☐ L + 500 mL

= ☐ L ☐ mL

3 ☐ 안에 알맞은 수를 써넣으세요.

(1)
```
    3 L  300 mL
+   1 L  400 mL
---------------
  ☐ L  ☐ mL
```

(2)
```
    5 L  800 mL
−   2 L  300 mL
---------------
  ☐ L  ☐ mL
```

④ 무게 비교하기

방법 1

직접 들어서 비교합니다.

방법 2 사과   귤

저울이 아래로 내려간 쪽이 더 무겁습니다.

방법 3 사과   100원짜리 동전 10개   귤   100원짜리 동전 5개

➡ 사과와 귤 중 더 무거운 것은 사과입니다.

⑤ 무게의 단위와 무게 어림하기

• **1 kg**: 1 킬로그램   **1 g**: 1 그램

$$1\,kg = 1000\,g$$

• **1 kg보다 500 g 더 무거운 무게**

쓰기 1 kg 500 g   **읽기** 1 킬로그램 500 그램

$$1\,kg\,500\,g = 1500\,g$$

1 kg 500 g = 1 kg + 500 g = 1000 g + 500 g = 1500 g

• **1t**: 1 톤

$$1\,t = 1000\,kg$$

• **무게 어림하기**

무게를 어림하여 말할 때는 약 ☐ kg 또는 약 ☐ g 이라고 합니다.

⑥ 무게의 덧셈과 뺄셈

kg 단위의 수끼리, g 단위의 수끼리 계산합니다.

	4 kg	400 g
+	2 kg	300 g
	6 kg	700 g

	4 kg	400 g
−	2 kg	300 g
	2 kg	100 g

---

4 저울과 바둑돌로 가위와 풀의 무게를 비교하려고 합니다. ☐ 안에 알맞은 수를 써넣으세요.

가위   바둑돌 8개   풀   바둑돌 5개

(1) 가위의 무게는 바둑돌 ☐ 개의 무게와 같습니다.

(2) 풀의 무게는 바둑돌 ☐ 개의 무게와 같습니다.

(3) 가위는 풀보다 바둑돌 ☐ 개만큼 더 무겁습니다.

5 알맞은 단위에 ○표 하세요.

(1)

수박의 무게는 약 7 (g , kg , t)입니다.

(2)

트럭의 무게는 약 3 (g , kg , t)입니다.

6 ☐ 안에 알맞은 수를 써넣으세요.

(1)

	2 kg	200 g
+	1 kg	500 g
	☐ kg	☐ g

(2)

	6 kg	700 g
−	4 kg	300 g
	☐ kg	☐ g

1 들이 비교하기

1 주스병에 물을 가득 채운 후 컵에 옮겨 담았더니 그림과 같이 물이 넘쳤습니다. 들이가 더 적은 것은 어느 것일까요?

주스병

컵

( )

그릇의 모양과 크기가 같으면 물의 높이를 비교해.

준비 담긴 물의 양이 가장 많은 것에 ○표 하세요.

( ) ( ) ( )

2 각 그릇에 물을 가득 채운 후 모양과 크기가 같은 그릇에 옮겨 담았습니다. 그림과 같이 물이 채워졌을 때 들이가 많은 것부터 차례로 기호를 써 보세요.

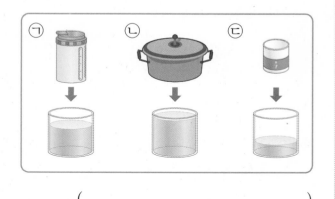

( )

서술형
3 가 그릇과 나 그릇에 물을 가득 채운 후 모양과 크기가 같은 컵에 모두 옮겨 담았습니다. 어느 그릇이 컵 몇 개만큼 들이가 더 많은지 풀이 과정을 쓰고 답을 구해 보세요.

풀이 _____

_____

답 _____

4 주전자와 물병에 물을 가득 채운 후 모양과 크기가 같은 컵에 모두 옮겨 담았습니다. 주전자의 들이는 물병의 들이의 몇 배일까요?

주전자 물병

( )

😊 내가 만드는 문제
5 나 그릇에 물의 양을 자유롭게 그리고 두 그릇의 들이를 비교해 보세요.

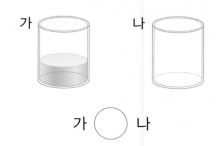

가 나

가 ◯ 나

2 들이의 단위와 들이 어림하기

6 어떤 단위를 사용하면 편리할지 빈칸에 알맞은 기호를 써넣으세요.

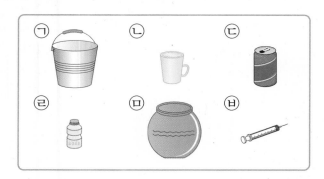

L	mL

7 물의 양은 얼마인지 ☐ 안에 알맞은 수를 써넣으세요.

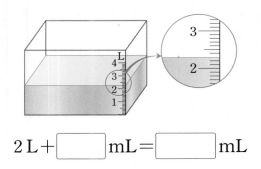

$2\,\text{L} +$ ☐ $\text{mL} =$ ☐ mL

8 들이를 비교하여 ◯ 안에 >, =, <를 알맞게 써넣으세요.

⑴ $3400\,\text{mL}$ ◯ $4\,\text{L}$

⑵ $7060\,\text{mL}$ ◯ $7\,\text{L}\ 600\,\text{mL}$

서술형
9 들이의 단위를 잘못 사용한 사람의 이름을 쓰고 바르게 고쳐 보세요.

> 은주: 주사기의 들이는 약 10 mL야.
> 서아: 내 컵의 들이는 300 L정도 돼.
> 유리: 어항의 들이는 약 5 L야.

( )

바르게 고치기

_____

새 교과 반영
10 6 L들이의 물통에 가득 들어 있던 물을 가 그릇에 똑같이 나누어 가득 담고 가 그릇에 들어 있는 물을 나 그릇에 똑같이 가득 나누어 담은 것입니다. 물음에 답하세요.

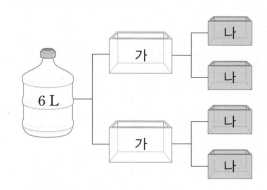

⑴ 가의 들이는 약 몇 L일까요?

약 ( )

⑵ 나의 들이는 약 몇 L 몇 mL일까요?

약 ( )

11 들이가 250 mL인 컵으로 1 L들이의 물병을 가득 채우려면 몇 번 부어야 할까요?

( )

5

같은 자리끼리 자리를 맞추어 계산해.

준비 **계산해 보세요.**

(1)   2 m 70 cm
   + 3 m 50 cm

(2)   5 m 30 cm
   − 1 m 80 cm

12 계산해 보세요.

(1)   2 L 700 mL
   + 3 L 500 mL

(2)   5 L 300 mL
   − 1 L 800 mL

13 ☐ 안에 알맞은 수를 써넣으세요.

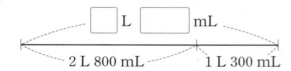

☐ L ☐ mL

2 L 800 mL   1 L 300 mL

14 그릇에 그림과 같이 물이 담겨 있을 때 들이의 합을 계산을 해 보세요.

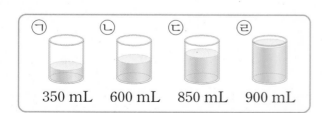

㉠   ㉡   ㉢   ㉣
350 mL   600 mL   850 mL   900 mL

(1) ㉠＋㉢ ➡ (   )

(2) ㉠＋㉡＋㉣ ➡ (   )

15 *자격루의 원통에 물이 700 mL 흘러 들어갈 때마다 종이 한 번씩 울린다면, 종이 3번 울렸을 때 원통에 들어 있는 물은 모두 몇 L 몇 mL가 흘러 들어간 것일까요?

출처: 국립고궁박물관

*자격루: 위에 있는 항아리에 물을 부은 후, 물이 아래쪽 원통으로 일정하게 흘러 들어가는 원리를 이용한 물시계

(   )

16 들이가 가장 많은 것과 가장 적은 것의 들이의 차는 몇 L 몇 mL일까요?

8 L 40 mL   4 L 800 mL   8400 mL

(   )

😊 내가 만드는 문제

17 ☐ 안에 수를 자유롭게 써넣고 계산해 보세요.

7 L 500 mL

☐ mL만큼
더 많은 들이

☐ mL만큼
더 적은 들이

새 교과 반영

18 3000원으로 더 많은 양을 살 수 있는 주스는 어느 것일까요?

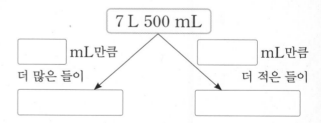

주스	사과주스	오렌지주스
1병의 가격	1500원	1000원
1병의 양	1 L 400 mL	900 mL

(   )

4 무게 비교하기

저울이 기울어지지 않았으므로 양쪽의 무게가 같아.

준비 사탕의 무게가 15 g일 때 빈 곳에 알맞은 무게는 몇 g일까요?

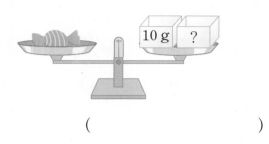

10 g   ?

(   )

19 저울과 바둑돌로 물건의 무게를 비교하려고 합니다. □ 안에 알맞게 써넣으세요.

사탕   바둑돌 4개   초콜릿   바둑돌 7개

┌─────────────────────────────────┐
│ □이 □보다 바둑돌 □개만큼 │
│ 더 무겁습니다. │
└─────────────────────────────────┘

☺ 내가 만드는 문제

20 그림을 보고 빈 곳에 들어갈 물건을 자유롭게 써 보세요.

?

(   )

서술형
21 은주는 우유와 빵의 무게를 비교하였습니다. 잘못 설명한 부분을 찾아 이유를 써 보세요.

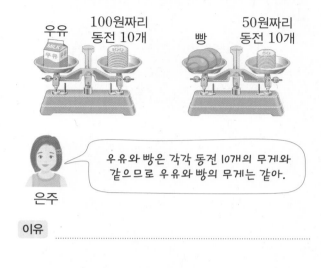

우유   100원짜리 동전 10개   빵   50원짜리 동전 10개

> 우유와 빵은 각각 동전 10개의 무게와 같으므로 우유와 빵의 무게는 같아.

은주

이유 _____

22 저울로 사과, 참외, 귤의 무게를 비교하였습니다. 가장 무거운 과일을 써 보세요.

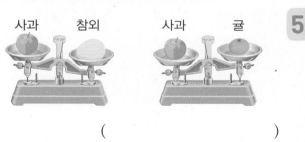

사과   참외   사과   귤

(   )

23 구슬을 사용하여 같은 당근의 무게를 비교하였습니다. 파란색 구슬과 빨간색 구슬 중에서 한 개의 무게가 더 무거운 것은 어느 것일까요?
같은 색 구슬의 무게는 같습니다.

 10개   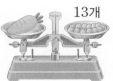 13개

(   )

24 ☐ 안에 알맞은 수를 써넣으세요.

(1) 3 kg 500 g = ☐ g

(2) 5600 g = ☐ kg ☐ g

(3) 8000 kg = ☐ t

25 무의 무게는 몇 kg 몇 g일까요?

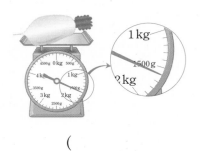

( )

26 보기 에서 알맞은 물건을 찾아 ☐ 안에 써넣으세요.

보기

트럭   농구공   세탁기

(1) ☐ 의 무게는 약 600 g입니다.

(2) ☐ 의 무게는 약 2 t입니다.

새 교과 반영
27 추의 무게는 500 g입니다. 가에 알맞은 것을 찾아 ○표 하세요.

클립 1개
연필 1자루
멜론 1통
귤 1개

28 무게가 2 kg인 상자 안에 1 kg짜리 추를 넣을 때 무게가 같아지려면 오른쪽에는 어떤 추 하나를 올려야 하는지 기호를 써 보세요.

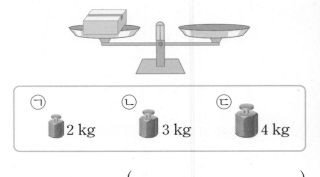

㉠ 2 kg   ㉡ 3 kg   ㉢ 4 kg

( )

29 무게가 무거운 것부터 차례로 기호를 써 보세요.

㉠ 소설책 1 kg 200 g   ㉡ 2200 g   ㉢ 1 kg 500 g

( )

m $\xrightarrow{1000배}$ km, g $\xrightarrow{1000배}$ kg과 같이 길이와 무게 단위 사이의 관계를 생각해.

준비 ☐ 안에 알맞은 수를 써넣으세요.

(1) 2 cm 5 mm = ☐ cm

(2) 2.5 km = ☐ m

30 ☐ 안에 알맞은 수를 써넣으세요.

(1) 2.2 kg = ☐ g

(2) $2\frac{1}{2}$ kg = ☐ g

6 무게의 덧셈과 뺄셈

31 계산해 보세요.

(1)
```
    4 kg  500 g
  + 3 kg  700 g
```
(2)
```
    6 kg  100 g
  - 2 kg  800 g
```

32 양쪽의 무게가 같을 때 파란색 구슬의 무게는 몇 kg 몇 g인지 빈 곳에 써넣으세요.

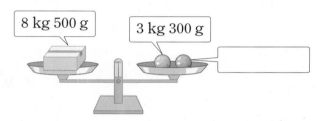

8 kg 500 g   3 kg 300 g

33 설탕 한 봉지의 무게가 다음과 같습니다. 설탕 2봉지의 무게는 몇 kg 몇 g일까요?

(   )

34 트럭에 2 t까지 물건을 실을 수 있습니다. 다음과 같은 상자를 실었다면 트럭에 더 실을 수 있는 무게는 몇 kg일까요?

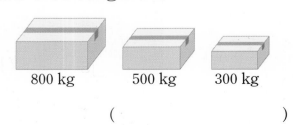

800 kg   500 kg   300 kg

(   )

☺ 내가 만드는 문제

35 좋아하는 두 동물을 고르고 무게의 합을 구해 보세요.

3 kg 400 g   8 kg 200 g   2 kg 300 g

650 g   5 kg 600 g   60 g

(   )

새 교과 반영

36 그림을 보고 주어진 구슬의 무게를 구해 보세요.

| 5 kg | ○ ○ ○ ○ ○ |
| 2 kg | ○ ○ ○ |

○ ○ ○ ○

(   )

서술형
37 고기 한 근은 600 g을 말하고, 채소 한 관은 3 kg 750 g을 말합니다. 소고기 2근과 양파 1관을 샀을 때 무게는 모두 몇 kg 몇 g인지 풀이 과정을 쓰고 답을 구해 보세요.

풀이

답

1 들이의 단위

38 ☐ 안에 알맞은 수를 써넣으세요.

(1) 4 L 300 mL = ☐ mL

(2) 4 L 30 mL = ☐ mL

(3) 4 L 3 mL = ☐ mL

●L ★mL를 무조건 ●★ mL라고 쓴 건 아니지?

$\underset{=1000\,mL+20\,mL}{1\,L\,20\,mL}$ ➡ 1200 mL ✗   1020 mL ○

39 ☐ 안에 알맞은 수를 써넣으세요.

(1) 7500 mL = ☐ L ☐ mL

(2) 7050 mL = ☐ L ☐ mL

(3) 7005 mL = ☐ L ☐ mL

40 관계있는 것끼리 이어 보세요.

6 L 38 mL •   • 6003 mL

6 L 30 mL •   • 6038 mL

6 L 3 mL •   • 6030 mL

2 무게 비교

41 무게를 비교하여 ○ 안에 >, =, <를 알맞게 써넣으세요.

(1) 5 kg 400 g ○ 4500 g

(2) 3 t ○ 3300 kg

단위를 같게 해서 무게를 비교해야지.

$\underset{}{1\,kg\,500\,g} < 1200\,g$ ✗ ➡ $\underset{=1500\,g}{1\,kg\,500\,g} > 1200\,g$ ○

42 무게가 가장 무거운 것의 기호를 써 보세요.

㉠ 8900 kg   ㉡ 9 kg 800 g   ㉢ 8 t

(   )

43 무게가 가벼운 것부터 차례로 기호를 써 보세요.

㉠ 5 kg 350 g   ㉡ 5030 g
㉢ 5 kg 500 g   ㉣ 5300 g

(   )

③ 알맞은 단위

44 무게의 단위로 kg을 사용하기에 적당한 것을 찾아 ○표 하세요.

볼링공   솜사탕

(   )   (   )

크기만 비교한 건 아니지? 작다고 항상 더 가벼운 건 아니야.

물건		
무게의 단위	g	kg

45 무게의 단위를 알맞게 사용한 것의 기호를 써 보세요.

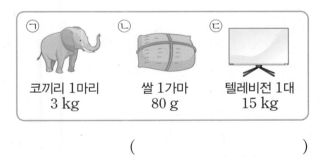

ⓐ 코끼리 1마리 3 kg   ⓑ 쌀 1가마 80 g   ⓒ 텔레비전 1대 15 kg

(   )

46 무게의 단위를 잘못 사용한 사람의 이름을 써 보세요.

> 무선: 토마토 한 개의 무게는 250 g이야.
> 은지: 내 몸무게는 35 kg이야.
> 진호: 방에 있는 의자의 무게는 4 t이야.

(   )

④ 어림을 더 잘한 사람

47 실제 무게가 1 kg인 멜론의 무게를 어림하였습니다. 멜론의 무게를 실제 무게에 더 가깝게 어림한 사람의 이름을 써 보세요.

준서	영진
1 kg 300 g	850 g

(   )

실제 무게와의 차가 적을수록 더 잘 어림한 거야.

수애   시영
⟶ 수애가 어림을 더 잘한 거야.
실제 무게

48 진우는 호박과 오이의 무게를 어림해 보고 저울에 재어 보았습니다. 호박과 오이 중에서 실제 무게에 더 가깝게 어림한 것은 어느 것일까요?

	어림한 무게	저울에 잰 무게
호박	300 g	450 g
오이	200 g	150 g

(   )

49 실제 무게가 3 kg인 상자의 무게를 어림하였습니다. 상자의 무게를 실제 무게에 가장 가깝게 어림한 사람의 이름을 써 보세요.

지아	민주	은미
2800 g	3 kg 150 g	3300 g

(   )

5 저울을 이용한 무게의 계산

50 바나나만의 무게는 몇 kg 몇 g일까요?

( )

(바나나의 무게)+(그릇의 무게)=(바나나가 담긴 그릇의 무게)

🟠 = 🥣 − 🍽

🍽 = 🥣 − 🟠

51 빈 그릇의 무게는 몇 kg 몇 g일까요?

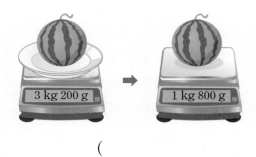

( )

52 빈 상자의 무게는 몇 kg 몇 g일까요?

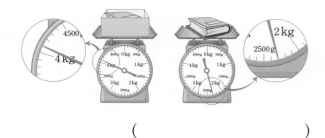

( )

6 ☐ 안에 알맞은 수

53 ☐ 안에 알맞은 수를 써넣으세요.

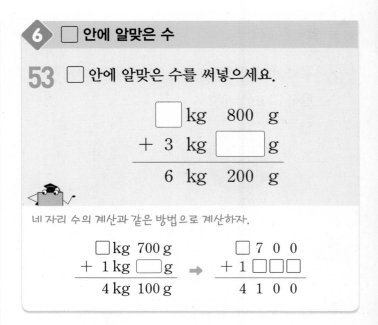

$$\begin{array}{r} \boxed{}\ \text{kg}\quad 800\ \ \text{g} \\ +\ 3\ \ \text{kg}\ \boxed{}\ \text{g} \\ \hline 6\ \ \text{kg}\quad 200\ \ \text{g} \end{array}$$

네 자리 수의 계산과 같은 방법으로 계산하자.

$$\begin{array}{r} \boxed{}\text{kg}\ 700\,\text{g} \\ +\ 1\,\text{kg}\ \boxed{}\text{g} \\ \hline 4\,\text{kg}\ 100\,\text{g} \end{array} \ \Rightarrow \ \begin{array}{r} \boxed{}\ 7\ 0\ 0 \\ +\ 1\ \boxed{}\boxed{}\boxed{} \\ \hline 4\ 1\ 0\ 0 \end{array}$$

54 ☐ 안에 알맞은 수를 써넣으세요.

$$\begin{array}{r} 6\ \ \text{L}\ \boxed{}\ \text{mL} \\ -\ \boxed{}\ \text{L}\quad 850\ \ \text{mL} \\ \hline 2\ \ \text{L}\quad 450\ \ \text{mL} \end{array}$$

55 ☐ 안에 알맞은 수를 써넣으세요.

$$\begin{array}{r} \boxed{}\ \text{kg}\quad 180\ \ \text{g} \\ -\ 4\ \ \text{kg}\ \boxed{}\ \text{g} \\ \hline 3\ \ \text{kg}\quad 730\ \ \text{g} \end{array}$$

1 들이가 많은 컵 구하기

56 같은 양동이에 물을 가득 채우려면 가, 나, 다, 라 컵으로 각각 다음과 같이 부어야 합니다. 들이가 가장 많은 컵의 기호를 써 보세요.

컵	가	나	다	라
부은 횟수(번)	4	3	6	8

( )

57 같은 어항에 물을 가득 채우려면 가, 나, 다, 라 컵으로 각각 다음과 같이 부어야 합니다. 들이가 많은 컵부터 차례로 기호를 써 보세요.

컵	가	나	다	라
부은 횟수(번)	5	4	7	9

( )

58 각자의 컵으로 같은 수조에 가득 채워진 물을 모두 덜어 낸 횟수입니다. 들이가 적은 컵을 가진 사람부터 차례로 이름을 써 보세요.

이름	소진	지윤	다현	현주
덜어 낸 횟수(번)	7	5	10	8

( )

2 저울을 보고 무게 구하기

59 배 1개의 무게가 600 g일 때, 귤 1개의 무게는 몇 g일까요? (단, 같은 종류의 과일끼리는 무게가 각각 같습니다.)

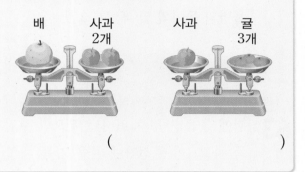

( )

60 가지 1개의 무게가 160 g일 때, 양파 1개의 무게는 몇 g일까요? (단, 같은 종류의 채소끼리는 무게가 각각 같습니다.)

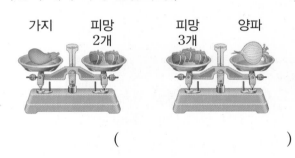

( )

61 호박 1개의 무게가 900 g일 때, 오이 1개의 무게는 몇 g일까요? (단, 같은 종류의 채소끼리는 무게가 각각 같습니다.)

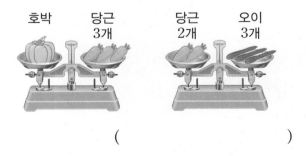

( )

62 물병에 물을 가득 채워 6번 부으면 수조가 가득 차고, 이 수조에 물을 가득 채워 4번 부으면 물탱크가 가득 찹니다. 물탱크의 들이는 물병의 들이의 몇 배일까요?

( )

63 컵에 물을 가득 채워 4번 부으면 주전자가 가득 차고, 이 주전자에 물을 가득 채워 5번 부으면 항아리가 가득 찹니다. 항아리의 들이는 컵의 들이의 몇 배일까요?

( )

64 가 그릇에 물을 가득 채우려면 나 그릇에 물을 가득 담아 3번 부어야 하고, 다 그릇에 물을 가득 채우려면 가 그릇에 물을 가득 담아 5번 부어야 합니다. 다 그릇의 들이는 나 그릇의 들이의 몇 배일까요?

( )

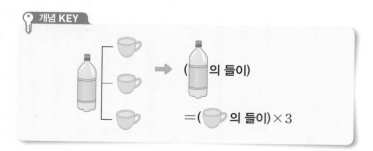

(◻️의 들이)
=(☕의 들이)×3

65 가 컵과 나 컵의 들이를 나타낸 표입니다. 두 컵을 모두 이용하여 물통에 물 2 L 100 mL를 담는 방법을 써 보세요.

가 컵	나 컵
500 mL	600 mL

방법

66 가 그릇과 나 그릇을 모두 이용하여 물통에 물 6 L 200 mL를 담는 방법을 써 보세요.

가 그릇	나 그릇
1 L 200 mL	2 L 500 mL

방법

67 가 그릇과 나 그릇을 모두 이용하여 물통에 물 3 L 800 mL를 담는 방법을 써 보세요.

가 　　　나

2 L 600 mL　　　1 L 400 mL

방법

5 필요한 트럭의 수 구하기

68 한 상자에 20 kg인 옥수수 350상자를 트럭에 실으려고 합니다. 트럭 한 대에 2 t까지 실을 수 있다면 트럭은 적어도 몇 대 필요할까요?

(   )

69 한 상자에 15 kg인 사과 600상자를 트럭에 실으려고 합니다. 트럭 한 대에 2 t까지 실을 수 있다면 트럭은 적어도 몇 대 필요할까요?

(   )

70 한 포대에 10 kg인 밀가루 500포대와 한 포대에 20 kg인 쌀 300포대를 트럭에 실으려고 합니다. 트럭 한 대에 3 t까지 실을 수 있다면 트럭은 적어도 몇 대 필요할까요?

(   )

6 합과 차가 주어진 경우의 무게 구하기

71 민아와 소희가 주운 밤의 무게는 모두 8 kg이고 민아가 주운 밤의 무게는 소희가 주운 밤의 무게보다 2 kg 더 무겁습니다. 민아가 주운 밤의 무게는 몇 kg일까요?

(   )

72 진영이와 예진이가 딴 딸기의 무게는 모두 20 kg입니다. 진영이가 딴 딸기의 무게는 예진이가 딴 딸기의 무게보다 4 kg 더 무겁습니다. 예진이가 딴 딸기의 무게는 몇 kg일까요?

(   )

73 어머니께서 사 오신 돼지고기와 소고기의 무게를 합하면 8 kg 400 g입니다. 돼지고기의 무게는 소고기의 무게보다 2 kg 더 무겁습니다. 소고기의 무게는 몇 kg 몇 g일까요?

(   )

🔑 **개념 KEY**

$$\begin{aligned} &\bullet + \heartsuit = 7 \text{ kg} \\ &\bullet - \heartsuit = 1 \text{ kg} \end{aligned} \Rightarrow \begin{aligned} &\bullet + \heartsuit + \bullet - \heartsuit \\ &= \bullet + \bullet + \heartsuit - \heartsuit \\ &= \bullet + \bullet \\ &= 8 \text{ kg} \end{aligned}$$

7 **더 부어야 하는 횟수 구하기**

74 3 L들이 물통에 500 mL들이 그릇으로 물을 가득 담아 3번 부었습니다. 물통에 물을 가득 채우려면 300 mL들이 그릇으로 적어도 몇 번 더 부어야 할까요?

(   )

75 5 L들이 수조에 800 mL들이 그릇으로 물을 가득 담아 4번 부었습니다. 수조에 물을 가득 채우려면 600 mL들이 그릇으로 적어도 몇 번 더 부어야 할까요?

(   )

76 4 L들이 주전자에 물이 1 L 600 mL 들어 있습니다. 이 주전자에 300 mL들이 컵으로 물을 가득 담아 4번 부었습니다. 주전자에 물을 가득 채우려면 이 컵으로 적어도 몇 번 더 부어야 할까요?

(   )

8 **빈 바구니의 무게 구하기**

77 무게가 똑같은 복숭아 6개를 바구니에 넣어 무게를 재었더니 1 kg 900 g이었습니다. 이 바구니에 무게가 똑같은 복숭아 3개를 더 넣어 무게를 재었더니 2 kg 800 g이 되었습니다. 바구니만의 무게는 몇 g일까요?

(   )

78 무게가 똑같은 자몽 8개를 사서 바구니에 넣고 무게를 재었더니 2 kg 500 g이었습니다. 이 중에서 자몽 5개를 먹은 후 무게를 재었더니 1 kg 500 g이 되었습니다. 바구니만의 무게는 몇 g일까요?

(   )

79 무게가 똑같은 참외 7개를 그릇에 담아 무게를 재었더니 3 kg 300 g이었습니다. 이 중에서 참외 3개를 먹은 후 무게를 재었더니 2100 g이 되었습니다. 그릇만의 무게는 몇 g일까요?

(   )

🔑 **개념 KEY**

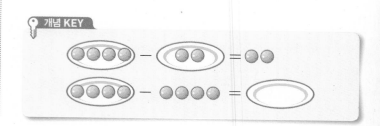

기출 단원 평가

1 우유갑에 물을 가득 채운 후 물병에 모두 옮겨 담았습니다. 우유갑과 물병 중에서 들이가 더 많은 것은 어느 것일까요?

( )

2 ☐ 안에 알맞은 수를 써넣으세요.

(1) 1 kg 400 g = ☐ g

(2) 4500 g = ☐ kg ☐ g

3 ☐ 안에 L와 mL 중 알맞은 단위를 써넣으세요.

(1) 요구르트병의 들이는 약 60 ☐ 입니다.

(2) 주전자의 들이는 약 5 ☐ 입니다.

4 배추의 무게는 몇 kg 몇 g일까요?

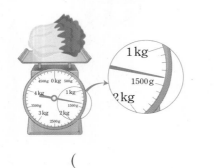

( )

5 계산해 보세요.

(1) 3 L 500 mL
   + 2 L 300 mL

(2) 5 L 100 mL
   − 1 L 500 mL

6 키위와 귤 중 어느 것이 바둑돌 몇 개만큼 더 무거운지 차례로 써 보세요.

( ), ( )

7 무게의 단위를 잘못 사용한 사람의 이름을 써 보세요.

> 예진: 내 몸무게는 약 35 kg이야.
> 지윤: 연필 한 자루의 무게는 약 28 g이야.
> 세희: 버스 한 대의 무게는 약 10 kg이야.

( )

8 들이를 비교하여 ○ 안에 >, =, <를 알맞게 써넣으세요.

(1) 3 L ○ 3 L 200 mL

(2) 5900 mL ○ 5 L 90 mL

9 우유갑의 들이를 보고 오른쪽 주스병의 들이를 어림해 보세요.

500 mL   200 mL

약 (   )

10 같은 수조에 물을 가득 채우려면 가, 나, 다 컵으로 각각 다음과 같이 부어야 합니다. 들이가 많은 컵부터 차례로 기호를 써 보세요.

컵	가	나	다
부은 횟수(번)	13	7	8

(   )

11 ⬜ 안에 알맞은 수를 써넣으세요.

$$\begin{array}{r} 5\ \text{L}\ \boxed{}\ \text{mL} \\ -\ \boxed{}\ \text{L}\ 400\ \text{mL} \\ \hline 2\ \text{L}\ 900\ \text{mL} \end{array}$$

12 영주가 강아지를 안고 저울에 올라가서 무게를 재면 38 kg이고, 영주 혼자 올라가서 무게를 재면 34 kg 500 g입니다. 강아지의 무게는 몇 kg 몇 g일까요?

(   )

13 가장 무거운 무게와 가장 가벼운 무게의 차는 몇 kg 몇 g인지 구해 보세요.

㉠ 5500 g	㉡ 5 kg 800 g
㉢ 7000 g	㉣ 5 kg 30 g

(   )

14 민석이의 몸무게는 약 50 kg이고, 코끼리의 무게는 약 5 t입니다. 코끼리의 무게는 민석이의 몸무게의 약 몇 배인지 구해 보세요.

민석

약 (   )

15 가 그릇과 나 그릇을 모두 이용하여 물통에 물 5 L 100 mL를 담는 방법을 써 보세요.

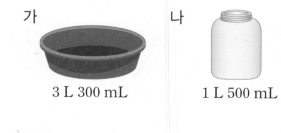

가   나

3 L 300 mL   1 L 500 mL

방법 _____

_____

16 오이 1개의 무게가 300 g일 때, 당근 1개의 무게는 몇 g일까요? (단, 같은 종류의 채소끼리는 무게가 각각 같습니다.)

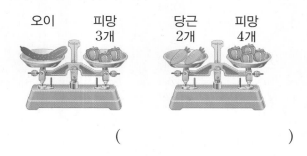

오이   피망   당근   피망
3개   2개   4개

(   )

17 무게가 똑같은 사과 7개를 사서 바구니에 넣고 무게를 재었더니 2 kg 200 g이었습니다. 이 중에서 사과 5개를 먹은 후 무게를 재었더니 1 kg 200 g이 되었습니다. 바구니만의 무게는 몇 g일까요?

(   )

18 4 L들이 수조에 600 mL들이 그릇으로 물을 가득 담아 4번 부었습니다. 수조에 물을 가득 채우려면 400 mL들이 그릇으로 적어도 몇 번 더 부어야 할까요?

(   )

19 물병과 세숫대야에 물을 가득 채운 후 모양과 크기가 같은 컵에 모두 옮겨 담았습니다. 세숫대야의 들이는 물병의 들이의 몇 배인지 풀이 과정을 쓰고 답을 구해 보세요.

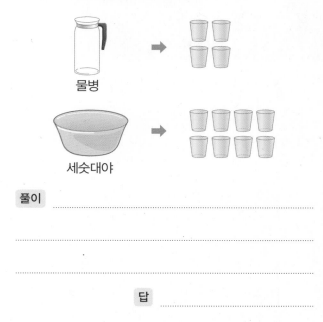

물병

세숫대야

풀이

답

20 지혜와 은호가 딴 귤의 무게는 모두 20 kg입니다. 지혜가 딴 귤의 무게는 은호가 딴 귤의 무게보다 2 kg 더 무겁습니다. 지혜가 딴 귤의 무게는 몇 kg인지 풀이 과정을 쓰고 답을 구해 보세요.

풀이

답

6 자료의 정리

조사한 자료를 표로 나타내고 표에서 각 항목의 수에 맞게
그림으로 나타낸 것이 그림그래프예요.
그림그래프는 그림의 크기로 수량을 나타내어 항목의 많고 적음을 한눈에 파악할 수 있어요.
표는 각 항목의 수량과 합계를 알기 편리한 반면
그림그래프는 자료를 분석하고 예측하기 편리하답니다.

분류한 것을 그림그래프로 나타낼 수 있어!

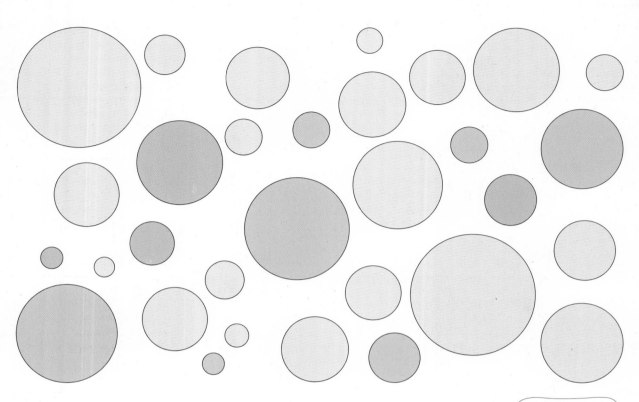

색깔을 분류하여
표로 나타냈어.

● 표로 나타내기

색깔	노란색	초록색	빨간색	합계
개수(개)	20	4	7	31

● 그림그래프로 나타내기

색깔	개수(개)
노란색	◎ ◎ ◎ ◎
초록색	○ ○ ○ ○
빨간색	◎ ○ ○

그림을 2가지로 하면 여러 번 그려야
하는 것을 더 간단히 그릴 수 있어!

 ◎ 5개 ○ 1개

6 자료의 정리

1 자료 정리하기

좋아하는 동물

토끼	고양이	사자	원숭이
● ● ● ● ●	● ● ● ● ● ● ●	● ● ●	● ● ● ● ●

좋아하는 동물별 학생 수

동물	토끼	고양이	사자	원숭이	합계
학생 수(명)	5	7	3	5	20

• 조사한 학생 수: 20명
　　　　　→ 표에서 합계를 보면 쉽게 알 수 있습니다.
• 가장 많은 학생들이 좋아하는 동물: 고양이
　　　　　→ 가장 큰 수는 7입니다.
• 가장 적은 학생들이 좋아하는 동물: 사자
　　　　　→ 가장 작은 수는 3입니다.
➡ 표로 나타내면 각 항목별 수량과 합계를 쉽게 알 수 있습니다.

2 그림그래프 알아보기

• 그림그래프: 알려고 하는 수(조사한 수)를 그림으로 나타낸 그래프

좋아하는 계절별 학생 수

계절	학생 수
봄	☺ ☺ ☺ ☺
여름	☺ ☺ ☺
가을	☺ ☺ ☺ ☺ ☺ ☺
겨울	☺ ☺ ☺ ☺ ☺

☺ 10명　☺ 1명

• 그림의 크기로 자료의 수를 나타내서 수량을 비교하기 쉽습니다.
• 합계는 나타나 있지 않습니다.
➡ 봄을 좋아하는 학생 수는 ☺ 그림이 3개, ☺ 그림이 2개이므로 32명입니다.

---

1 재현이네 반 학생들이 가 보고 싶은 나라를 조사하였습니다. 표를 완성하고 ☐ 안에 알맞은 수를 써넣으세요.

가 보고 싶은 나라

미국	스위스	영국	독일
● ● ● ● ● ● ● ●	● ● ● ●	● ● ● ● ● ●	● ● ● ● ●

가 보고 싶은 나라별 학생 수

나라	미국	스위스	영국	독일	합계
학생 수(명)	8			5	

조사한 학생은 모두 ☐ 명입니다.

2 마을별 심은 나무 수를 조사하여 나타낸 표입니다. 표를 보고 그림그래프로 바르게 나타낸 것에 ○표 하세요.

마을별 심은 나무 수

마을	가	나	다	합계
나무 수(그루)	22	20	13	55

마을별 심은 나무 수

마을	나무 수
가	🌲🌲🌲🌲
나	🌲🌲
다	🌲🌲🌲🌲

🌲10그루　🌲1그루

(　　)

마을별 심은 나무 수

마을	나무 수
가	🌲🌲
나	🌲🌲
다	🌲🌲🌲🌲🌲

🌲10그루　🌲1그루

(　　)

3 그림그래프로 나타내기

학생별 읽은 책 수

이름	지아	은희	민주	합계
책 수(권)	24	31	25	80

① 그림의 종류를 몇 가지로 나타낼지 정하기
② 어떤 그림으로 나타낼 것인지 정하기
→ 그리기 간편하고 자료를 한눈에 알아볼 수 있는 그림으로 정합니다.
③ 그림그래프로 나타내기
④ 알맞은 제목 붙이기 → 제목을 가장 먼저 써도 됩니다.

학생별 읽은 책 수

이름	책 수
지아	📕📕📖📖📖📖
은희	📕📕📕📖
민주	📕📕📖📖📖📖📖

📕 10권
📖 1권

• 수량이 정확히 그림과 맞는지 확인합니다.
24권 ➡ 📕📕📖📖📖📖

4 그림그래프 이용하기

하루 동안 팔린 과일 수

과일	과일 수
사과	◎◎◎◎◎◎○
감	◎◎◎◎◎
딸기	◎◎◎○○
귤	◎◎○○○

◎ 10개
○ 1개

• 가장 많이 팔린 과일: 사과
• 사과 수와 딸기 수의 차: 29개
  └→ 61－32＝29(개)
➡ 다음 날에 이 가게에서는 사과를 더 많이 준비하는 것이 좋겠습니다.
→ 그래프에 나타나지 않은 정보를 예상할 수 있습니다.

3 마을별 병원 수를 조사하여 나타낸 표를 보고 그림그래프를 완성해 보세요.

마을별 병원 수

마을	하늘	바다	꿈	햇빛	합계
병원 수(개)	36	22	18	24	100

마을별 병원 수

마을	병원 수
하늘	◎◎◎○○○○○○
바다	◎◎○○
꿈	
햇빛	

◎ 10개
○ 1개

4 민호네 학교 3학년 학생들이 좋아하는 음식을 조사하여 나타낸 그림그래프입니다. □ 안에 알맞은 말이나 수를 써넣으세요.

좋아하는 음식별 학생 수

음식	학생 수
햄버거	☺☺☺☺☺☺
떡볶이	☺☺☺☺☺
피자	☺☺☺☺
치킨	☺☺☺

☺ 10명
☺ 1명

(1) 학생들이 두 번째로 좋아하는 음식은 □ 입니다.

(2) 햄버거를 좋아하는 학생 수와 치킨을 좋아하는 학생 수의 차는 □ 명입니다.

(3) 민호네 학교 3학년 학생들에게 음식을 나누어 주려면 □ 을/를 준비하는 것이 좋겠습니다.

1 자료 정리하기

자료의 수를 세어 나타낼 수 있어.

준비 색깔별 사과의 개수만큼 빈칸에 ×표 해 보세요.

[1~3] 소진이네 반 학생들이 배우고 싶은 악기를 조사하였습니다. 물음에 답하세요.

배우고 싶은 악기

피아노	바이올린	첼로	드럼

1 조사한 자료를 보고 표로 나타내어 보세요.

배우고 싶은 악기별 학생 수

악기	피아노	바이올린	첼로	드럼	합계
학생 수(명)					

2 가장 많은 학생들이 배우고 싶은 악기는 무엇일까요?

( )

3 악기별 학생 수를 알아보려고 할 때 자료와 표 중에서 어느 것이 더 편리할까요?

( )

[4~7] 재우네 반 학생들이 좋아하는 중화요리를 조사하였습니다. 물음에 답하세요.

좋아하는 중화요리

짜장면	짬뽕	볶음밥	탕수육

● 남학생   ● 여학생

4 짜장면을 좋아하는 남학생과 여학생은 각각 몇 명일까요?

남학생 ( )
여학생 ( )

5 조사한 자료를 보고 남학생과 여학생으로 나누어 표로 나타내어 보세요.

좋아하는 중화요리별 학생 수

요리	짜장면	짬뽕	볶음밥	탕수육	합계
남학생 수(명)					
여학생 수(명)					

6 조사한 학생은 모두 몇 명일까요?

( )

서술형
7 탕수육을 좋아하는 여학생 수와 짜장면을 좋아하는 남학생 수의 합은 몇 명인지 풀이 과정을 쓰고 답을 구해 보세요.

풀이

답

② 그림그래프 알아보기

그림이나 기호(○, / 등)로 수량을 알 수 있어.

준비 ▶ 빨간색을 좋아하는 학생은 몇 명일까요?

좋아하는 색깔별 학생 수

노란색	/	/			
빨간색	/	/	/	/	
분홍색	/	/	/	/	/
색깔＼학생 수(명)	1	2	3	4	5

( )

[8~10] 지호네 학교 3학년 학생들이 좋아하는 꽃을 조사하여 나타낸 그림그래프입니다. 물음에 답하세요.

좋아하는 꽃별 학생 수

꽃	학생 수
장미	👤👤👤👤👤👤👤
튤립	👤👤👤👤
국화	👤👤👤👤👤👤

👤 10명
👤 1명

8 그림 👤과 👤는 각각 몇 명을 나타낼까요?

👤 ( ), 👤 ( )

9 튤립을 좋아하는 학생은 몇 명일까요?

( )

10 가장 많은 학생들이 좋아하는 꽃은 무엇일까요?

( )

[11~12] 어느 가게에서 9월부터 11월까지 팔린 연필의 수를 조사하여 나타낸 그림그래프입니다. 물음에 답하세요.

월별 팔린 연필 수

월	연필 수
9월	✏✏✏✏
10월	✏✏✏✏✏✏✏
11월	✏✏✏✏✏

✏ 100자루
✏ 10자루

11 11월에 팔린 연필은 몇 자루일까요?

( )

12 9월부터 11월까지 팔린 연필은 모두 몇 자루일까요?

( )

13 마을별 귤 수확량을 조사하여 나타낸 그림그래프입니다. 옳지 <u>않은</u> 설명을 찾아 기호를 써 보세요.

마을별 귤 수확량

마을	수확량
가	🍊🍊🍊🍊🍊🍊
나	🍊🍊🍊🍊
다	🍊🍊🍊🍊🍊🍊

🍊 100상자
🍊 10상자
🍊 1상자

┌──────────────────────────────┐
⊙ 가 마을의 귤 수확량은 232상자입니다.
ⓒ 귤 수확량이 가장 많은 마을은 나 마을입니다.
ⓔ 다 마을의 귤 수확량이 나 마을의 귤 수확량보다 더 많습니다.
└──────────────────────────────┘

( )

6

3 그림그래프로 나타내기

[14~17] 지아네 학교 3학년 학생들이 좋아하는 과일을 조사한 것입니다. 물음에 답하세요.

좋아하는 과일

사과	포도	참외	키위

14 조사한 자료를 보고 표로 나타내어 보세요.

좋아하는 과일별 학생 수

과일	사과	포도	참외	키위	합계
학생 수(명)					

15 위의 표를 보고 그림그래프로 나타낼 때 그림의 단위로 알맞은 것을 2개 골라 ○표 하세요.

100명	50명	10명	1명

16 표를 보고 그림그래프로 나타내어 보세요.

좋아하는 과일별 학생 수

과일	학생 수
사과	
포도	
참외	
키위	

◎ 10명
○ 1명

17 가장 적은 학생들이 좋아하는 과일은 무엇일까요?

( )

[18~19] 수애네 반 모둠별 학생들이 받은 붙임딱지 수를 조사하여 나타낸 표입니다. 물음에 답하세요.

모둠별 받은 붙임딱지 수

모둠	가	나	다	라	합계
붙임딱지 수(장)	31	23	13	15	82

18 표를 보고 그림그래프로 나타내어 보세요.

모둠별 받은 붙임딱지 수

모둠	붙임딱지 수
가	
나	
다	
라	

♥ 10장
♥ 1장

19 나 모둠보다 더 많은 붙임딱지를 받은 모둠은 어느 모둠일까요?

( )

20 유리네 학교 학생들이 보고 싶은 문화재를 조사하여 나타낸 것입니다. 문화재별 학생 수를 보고 그림그래프로 나타내어 보세요.

다보탑: 150명   첨성대: 240명   숭례문: 210명

보고 싶은 문화재별 학생 수

문화재	학생 수
다보탑	
첨성대	
숭례문	

☺ 100명
☺ 10명

[21~23] 이야기를 읽고 그림그래프로 나타내려고 합니다. 물음에 답하세요.

> 현재네 학교 3학년 학생들이 좋아하는 운동을 조사하였더니 축구가 46명으로 가장 많고, 농구 35명, 야구 27명, 배구가 22명으로 가장 적었습니다.

21 ◎는 10명, ●는 1명으로 하여 그림그래프로 나타내어 보세요.

좋아하는 운동별 학생 수

운동	학생 수
축구	
농구	
야구	
배구	

◎ 10명
● 1명

😊 내가 만드는 문제

22 그림의 단위를 3가지로 정하여 그림그래프로 나타내어 보세요.

좋아하는 운동별 학생 수

운동	학생 수
축구	
농구	
야구	
배구	

그림과 학생 수를 정해 봐.

서술형

23 그림의 단위가 많아졌을 때의 편리한 점을 써 보세요.

[24~25] 마을별 심은 나무 수를 조사하여 나타낸 표입니다. 물음에 답하세요.

마을별 심은 나무 수

마을	가	나	다	라	합계
나무 수(그루)	140	62		113	420

24 다 마을에 심은 나무는 몇 그루일까요?

( )

25 표를 보고 그림그래프로 나타내어 보세요.

마을별 심은 나무 수

마을	나무 수
가	
나	
다	
라	

🍈 100그루
🍈 10그루
🍈 1그루

26 과수원별 사과 생산량을 조사하여 나타낸 표와 그림그래프를 각각 완성해 보세요.

과수원별 사과 생산량

과수원	사랑	소망	믿음	축복	합계
생산량(상자)		42		24	

과수원별 사과 생산량

과수원	생산량
사랑	🍎🍎🍎🍎🍎🍎
소망	
믿음	🍎🍎🍎🍎🍎
축복	

🍎 10상자
🍎 1상자

정답과 풀이 42쪽

4 그림그래프 이용하기

[27~28] 설탕은 젤리를 만들 때 과일즙을 굳게 해 줍니다. 각 젤리에 들어 있는 설탕의 양을 조사하여 나타낸 그림그래프입니다. 물음에 답하세요.

젤리별 들어 있는 설탕의 양

젤리	설탕의 양
가	
나	
다	

☐ 10 g
☐ 1 g

27 설탕이 가장 많이 들어 있는 젤리는 어느 것일까요?

( )

28 가 젤리에 들어 있는 설탕은 다 젤리에 들어 있는 설탕보다 몇 g 더 많을까요?

( )

새 교과 반영
29 강수일은 비, 눈, 우박 등이 내린 날입니다. 그림그래프를 보고 내년에 체육 대회를 운동장에서 하려면 어느 계절에 하는 것이 좋을까요?

계절별 강수일수

계절	강수일수
봄	
여름	
가을	
겨울	

☂ 10일
☂ 1일

( )

[30~33] 어느 음식점에서 일주일 동안 팔린 음식의 수를 조사하여 나타낸 그림그래프입니다. 물음에 답하세요.

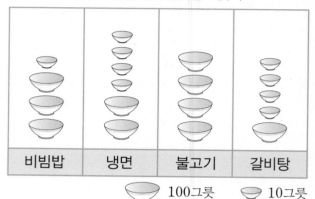

일주일 동안 팔린 음식별 그릇 수

🥣 100그릇 🥣 10그릇

30 그래프를 보고 표로 나타내어 보세요.

일주일 동안 팔린 음식별 그릇 수

음식	비빔밥	냉면	불고기	갈비탕	합계
그릇 수(그릇)					

31 일주일 동안 많이 팔린 음식부터 차례로 써 보세요.

( )

32 팔린 불고기와 비빔밥은 몇 그릇 차이가 날까요?

( )

서술형
33 내가 음식점 주인이라면 다음 주에는 어떤 음식의 재료를 더 많이 또는 더 적게 준비하면 좋을지 써 보세요.

1 표를 보고 그림그래프 완성

34 표를 보고 그림그래프를 완성해 보세요.

학교별 학생 수

학교	가	나	다	라	합계
학생 수(명)	160	210	220	150	740

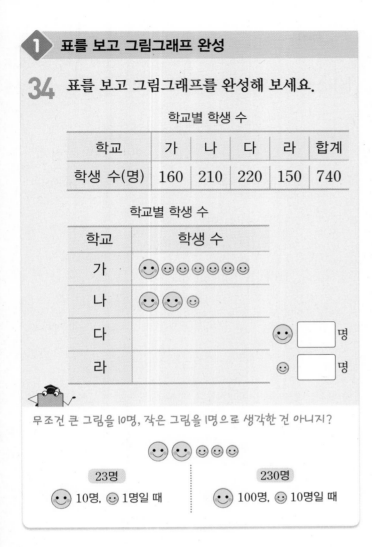

학교별 학생 수

무조건 큰 그림을 10명, 작은 그림을 1명으로 생각한 건 아니지?

23명
☺ 10명, ☺ 1명일 때

230명
☺ 100명, ☺ 10명일 때

35 표를 보고 그림그래프를 완성해 보세요.

학년별 안경을 쓴 학생 수

학년	3학년	4학년	5학년	6학년	합계
학생 수(명)	82	90	64	74	310

학년별 안경을 쓴 학생 수

학년	학생 수
3학년	◎◎◎◎●●
4학년	◎◎◎◎◎
5학년	◎○●●●●
6학년	

◎ [ ]명
○ [ ]명
● [ ]명

2 그림그래프에서 수량 비교

36 나 가구보다 닭의 수가 적은 가구의 닭은 몇 마리일까요?

가구별 닭의 수

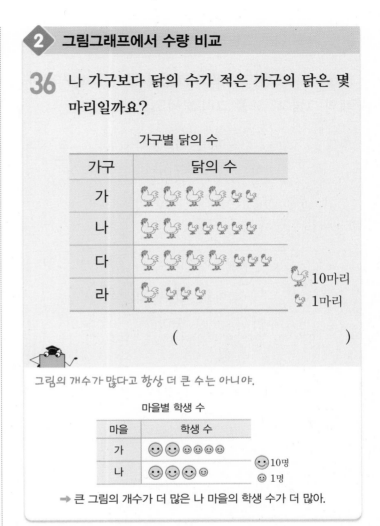

🐔 10마리
🐓 1마리

(   )

그림의 개수가 많다고 항상 더 큰 수는 아니야.

마을별 학생 수

마을	학생 수
가	☺☺☺☺☺
나	☺☺☺☺

☺ 10명
☺ 1명

➡ 큰 그림의 개수가 더 많은 나 마을의 학생 수가 더 많아.

37 나 마을보다 고구마 생산량이 더 많은 마을의 고구마 생산량은 몇 상자일까요?

마을별 고구마 생산량

마을	생산량
가	🥔🥔🥔🥔🥔🥔🥔
나	🥔🥔🥔🥔🥔🥔🥔🥔
다	🥔🥔🥔🥔🥔🥔🥔🥔🥔
라	🥔🥔🥔🥔

🥔 100상자
🥔 10상자

(   )

3 서로 다른 그림의 단위

[38~39] 그림그래프의 그림의 단위를 바꾸어 아래의 그림그래프를 그려 보세요.

38

좋아하는 과목별 학생 수

수학	국어	영어
◎◎◎○ ○○○○○	◎○○○ ○○	◎◎○○ ○○○○○

◎ 10명　○ 1명

좋아하는 과목별 학생 수

수학	국어	영어

◎ 10명　△ 5명　○ 1명

그림을 몇 가지로 나타내느냐에 따라 다양하게 나타낼 수 있어.

26명을 단위 2개와 단위 3개로 나타내기
◎◎○○○○○○　VS　◎◎△○
(◎ 10명, ○ 1명)　　　(◎ 10명, △ 5명, ○ 1명)

39

반별 모은 빈병의 수

반	빈병의 수
1반	◎◎○○○○○○○○
2반	◎◎◎○○○○
3반	◎○○○○○

◎ 10병
○ 1병

반별 모은 빈병의 수

반	빈병의 수
1반	
2반	
3반	

◎ 10병
△ 5병
○ 1병

4 표와 그림그래프 완성

[40~41] 표와 그림그래프를 완성해 보세요.

40

반별 학급 문고의 수

반	1반	2반	3반	합계
학급 문고의 수(권)			33	98

반별 학급 문고의 수

반	학급 문고의 수
1반	◎◎◎◎
2반	
3반	

◎ 10권
○ 1권

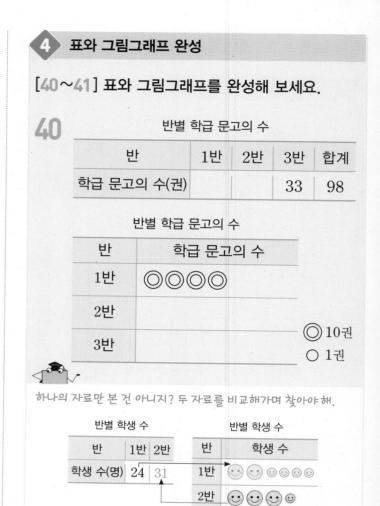
하나의 자료만 본 건 아니지? 두 자료를 비교해가며 찾아야 해.

반별 학생 수

반	1반	2반
학생 수(명)	24	31

반별 학생 수

반	학생 수
1반	☺☺☺☺☺
2반	☺☺☺☺

☺ 10명　☺ 1명

41

밭별 수박 생산량

밭	가	나	다	합계
생산량(통)	160			700

밭별 수박 생산량

밭	생산량
가	
나	🍉🍉🍉🍈
다	

🍉 100통
🍈 10통

1 표를 보고 예상하기

42 유리네 반과 현아네 반은 함께 체험 학습을 가려고 학생들이 가고 싶은 장소를 조사하였습니다. 두 반은 체험 학습 장소로 어디를 가면 좋을까요?

가고 싶은 체험 학습 장소별 학생 수

장소	박물관	미술관	민속촌	식물원	합계
유리네 반 학생 수(명)	4	6	9	6	25
현아네 반 학생 수(명)	5	2	10	7	24

( )

43 승호네 반과 민유네 반 학생들이 함께 운동을 하려고 좋아하는 운동을 조사하였습니다. 체육 시간에 어떤 운동을 하면 좋을까요?

좋아하는 운동별 학생 수

운동	축구	배구	농구	야구	합계
승호네 반 학생 수(명)	7	6		5	27
민유네 반 학생 수(명)	6	4	8		25

( )

개념 KEY

혈액형	A형
1반 학생 수(명)	4
2반 학생 수(명)	5

↓
두 반에서 A형인 전체 학생 수

2 다른 그래프를 그림그래프로 나타내기

[44~45] 은수네 학교 3학년 학생들이 좋아하는 곤충과 색깔을 조사하여 나타낸 그래프입니다. 그림그래프로 나타내어 보세요.

44
좋아하는 곤충별 학생 수

나비	○	○	○	○	○	○	○	○
잠자리	○	○	○	○	○			
메뚜기	○	○	○					
곤충 학생 수(명)	4	8	12	16	20	24	28	32

좋아하는 곤충별 학생 수

나비	잠자리	메뚜기

☺10명 ☺1명

45
좋아하는 색깔별 학생 수

빨간색	×	×	×	×	×			
노란색	×	×	×	×	×	×	×	
보라색	×	×	×	×				
색깔 학생 수(명)	4	8	12	16	20	24	28	32

좋아하는 색깔별 학생 수

색깔	학생 수
빨간색	
노란색	
보라색	

◎10명
△5명
○1명

3 그림그래프 완성하기 (1)

46 피자 가게에서 일주일 동안 팔린 피자의 수를 조사하여 나타낸 그림그래프입니다. 일주일 동안 팔린 피자의 수가 모두 130판일 때 그림그래프를 완성해 보세요.

일주일 동안 팔린 피자의 수

종류	피자의 수
감자	◎ ◎ ◎ ○ ○ ○
불고기	◎ ◎ ◎ ◎ ○
고구마	◎ ◎ ○ ○ ○ ○ ○
치즈	

◎ 10판
○ 1판

47 농장별 감자 수확량을 조사하여 나타낸 그림그래프입니다. 네 농장의 감자 수확량이 모두 1320 kg일 때 그림그래프를 완성해 보세요.

농장별 감자 수확량

농장	수확량
가	🥔 🥔 🥔 🥔 🥔 🥔 🥔
나	🥔 🥔 🥔 🥔
다	🥔 🥔 🥔 🥔 🥔
라	

🥔 100 kg
🥔 10 kg

4 그림이 나타내는 수량 구하기

48 수애네 모둠 학생들이 줄넘기를 한 횟수를 조사하여 나타낸 그림그래프입니다. 수애와 영진이의 줄넘기 횟수의 합이 250회라면 지아가 넘은 줄넘기 횟수는 몇 회일까요?

학생별 줄넘기를 한 횟수

이름	횟수
수애	🪢 🪢 🪢
영진	🪢 🪢 🪢 🪢
지아	🪢 🪢 🪢

( )

49 지윤이네 모둠 학생들이 접은 종이학의 수를 조사하여 나타낸 그림그래프입니다. 지윤이와 태연이가 접은 종이학의 수가 모두 280마리라면 민아가 접은 종이학은 몇 마리일까요?

학생별 접은 종이학의 수

이름	종이학의 수
지윤	◎ ◎ ○
민아	◎ ○ ○ ○ ○
태연	◎ ◎ ◎ ○ ○

( )

 개념 KEY

가	나	다	라	합계
5	6	4		20

(라의 수량)＝(합계)－(가, 나, 다 수량의 합)

개념 KEY

◎○○○○ < 130일 때 ➡ ◎＝100, ○＝10
         80일 때 ➡ ◎＝50, ○＝10

5 필요한 개수 구하기

50 소진이네 학교 3학년의 반별 학생 수를 조사하여 나타낸 그림그래프입니다. 3학년 학생들에게 연필을 2자루씩 나누어 주려면 연필을 적어도 몇 자루 준비해야 할까요?

반별 학생 수

반	학생 수
1반	☺☺☺☺☺☺
2반	☺☺☺☺☺☺
3반	☺☺☺☺☺☺☺☺
4반	☺☺☺☺☺☺☺

☺10명
☺1명

( )

51 가은이네 모둠 학생들이 방학 동안 읽은 책의 수를 조사하여 나타낸 그림그래프입니다. 책을 1권씩 읽을 때마다 붙임딱지를 3장씩 준다면 붙임딱지는 적어도 몇 장 준비해야 할까요?

학생별 읽은 책 수

이름	책 수
가은	📗📗📘📘📘📘
민호	📗📗📗📘📘📘📘
서아	📗📗📗📘
재연	📗📘📘📘📘📘📘📘

📗10권
📘1권

( )

6 합계 구하기

52 지연이네 모둠 학생들이 모은 우표 수를 조사하여 나타낸 그림그래프입니다. 준하가 모은 우표 수는 연호가 모은 우표 수의 2배일 때 지연이네 모둠 학생들이 모은 우표는 모두 몇 장일까요?

학생별 모은 우표 수

이름	우표 수
지연	◎◎◎◎○○
연호	◎◎○○○○
예은	◎○○○○○
준하	

◎10장
○1장

( )

53 농장별 고추 수확량을 조사하여 나타낸 그림그래프입니다. 나 농장의 수확량이 라 농장의 수확량의 3배일 때 네 농장에서 수확한 고추는 모두 몇 kg일까요?

농장별 고추 수확량

농장	수확량
가	🌶🌶🌶🌶
나	
다	🌶🌶🌶🌶🌶🌶🌶
라	🌶🌶🌶🌶🌶

🌶10 kg
🌶1 kg

( )

6

7 판매액 구하기

54 어느 가게의 하루 동안 판매한 아이스크림 수를 조사하여 나타낸 그림그래프입니다. 아이스크림 1개의 값이 700원일 때 초코 아이스크림 판매액은 딸기 아이스크림 판매액보다 얼마나 더 많을까요?

아이스크림별 판매량

아이스크림	판매량
초코	🍦🍦🍦🍦 🍦 🍦
바닐라	🍦🍦🍦 🍦 🍦
딸기	🍦🍦🍦 🍦 🍦 🍦
녹차	🍦 🍦 🍦 🍦 🍦 🍦

🍦 10개
🍦 1개

(   )

55 어느 제과점에서 팔린 빵의 수를 조사하여 나타낸 그림그래프입니다. 빵 1개의 값이 900원일 때 크림빵의 판매액은 팥빵의 판매액보다 얼마나 더 많을까요?

빵별 판매량

빵	판매량
크림빵	🥖🥖🥖🥖🥖🥖🥖
감자빵	🥖🥖🥖🥖
팥빵	🥖🥖 🥖🥖🥖🥖🥖
치즈빵	🥖🥖🥖🥖🥖🥖🥖

🥖 10개
🥖 1개

(   )

8 그림그래프 완성하기 (2)

56 마을별 쌀 생산량을 조사하여 나타낸 그림그래프입니다. 전체 생산량은 100가마이고 알찬 마을의 쌀 생산량은 풍성 마을의 쌀 생산량의 2배일 때 그림그래프를 완성해 보세요.

마을별 쌀 생산량

마을	쌀 생산량
풍성	
가득	◎◎○○○○○
알찬	
신선	◎◎○

◎ 10가마
○ 1가마

57 어느 아파트의 동별 소화기 수를 조사하여 나타낸 그림그래프입니다. 전체 소화기가 80대이고 가 동의 소화기 수는 나 동의 소화기 수의 2배일 때 그림그래프를 완성해 보세요.

동별 소화기 수

동	소화기 수
가	
나	
다	◎◎○
라	◎○

◎ 10대
○ 1대

🔑 개념 KEY

■ + ■ × 2 = 90, ■ × 3 = 90
➡ ■ = 90 ÷ 3 = 30

$$\boxed{■} \overset{×3}{\underset{÷3}{\rightleftarrows}} 90$$

기출 단원 평가

[1~4] 은호네 반 학생들이 좋아하는 음료수를 조사하여 나타낸 것입니다. 물음에 답하세요.

좋아하는 음료수

콜라	주스	사이다	우유

1 콜라를 좋아하는 학생은 몇 명일까요?

( )

2 조사한 자료를 보고 표로 나타내어 보세요.

좋아하는 음료수별 학생 수

음료	콜라	주스	사이다	우유	합계
학생 수(명)					

3 조사한 학생은 모두 몇 명일까요?

( )

4 가장 적은 학생들이 좋아하는 음료수는 무엇일까요?

( )

[5~6] 소희네 모둠 학생들이 가지고 있는 연필 수를 조사하여 나타낸 그림그래프입니다. 물음에 답하세요.

학생별 가지고 있는 연필 수

이름	연필 수
소희	
진아	
민호	

✏ 10자루
✏ 1자루

5 그림 ✏ 과 ✏ 는 각각 몇 자루를 나타낼까요?

✏ ( ), ✏ ( )

6 소희가 가지고 있는 연필은 몇 자루일까요?

( )

[7~8] 지수네 학교 3학년 학생들이 태어난 계절을 조사하여 나타낸 그림그래프입니다. 물음에 답하세요.

태어난 계절별 학생 수

계절	학생 수
봄	
여름	
가을	
겨울	

☺ 10명
☺ 1명

7 가장 많은 학생들이 태어난 계절은 언제일까요?

( )

8 봄에 태어난 학생과 가을에 태어난 학생 수의 차는 몇 명일까요?

( )

[9~11] 은주네 학교 3학년 학생들의 혈액형을 조사하여 나타낸 표입니다. 물음에 답하세요.

혈액형별 학생 수

혈액형	A형	B형	O형	AB형	합계
학생 수(명)	31	27		22	123

9 O형인 학생은 몇 명일까요?

( )

10 표를 보고 그림그래프로 나타내어 보세요.

혈액형별 학생 수

혈액형	학생 수
A형	
B형	
O형	
AB형	

◎ 10명
● 1명

11 학생 수가 많은 혈액형부터 차례로 써 보세요.

( )

12 어선별 생선 어획량을 조사하여 나타낸 그림그래프입니다. 세 어선에서 *어획한 생선은 모두 몇 kg일까요?

어선별 생선 어획량

어선	어획량
가	
나	
다	

🐟 100 kg
🐟 10 kg

*어획: 수산물을 잡거나 채취함.

( )

[13~14] 마을별 음식물 쓰레기 양을 조사하여 나타낸 그림그래프입니다. 물음에 답하세요.

마을별 음식물 쓰레기 양

마을	쓰레기 양
가	◎ ○
나	◎ ○ ●●●
다	○ ●●●●
라	◎ ●●●

◎ 100 L
○ 50 L
● 10 L

13 음식물 쓰레기 양이 가 마을보다 많은 마을은 어느 마을일까요?

( )

14 그림그래프를 보고 표로 나타내어 보세요.

마을별 음식물 쓰레기 양

마을	가	나	다	라	합계
쓰레기 양(L)					

15 농장별 토마토 생산량을 조사하여 나타낸 표와 그림그래프를 완성해 보세요.

농장별 토마토 생산량

농장	가	나	다	라	합계
생산량(상자)	420			310	1290

농장별 토마토 생산량

농장	생산량
가	
나	🍅🍅🍅🍅🍅
다	
라	

🍅 100상자
🍅 10상자

16 목장별 우유 생산량을 조사하여 나타낸 그림그래프입니다. 네 목장의 생산량이 모두 140 kg일 때 그림그래프를 완성해 보세요.

목장별 우유 생산량

목장	생산량
가	
나	
다	
라	

🛢10 kg
🛢1 kg

[17~18] 유진이네 학교 3학년의 반별 학생 수를 조사하여 나타낸 그림그래프입니다. 2반 학생은 1반보다 2명 적고, 3반 학생은 4반 학생보다 1명 많을 때 물음에 답하세요.

반별 학생 수

반	학생 수
1반	
2반	
3반	
4반	

😊10명
🙂1명

17 그림그래프를 완성해 보세요.

18 3학년 학생들에게 사탕을 3개씩 나누어 주려고 합니다. 사탕을 적어도 몇 개 준비해야 할까요?

( )

19 그림그래프를 보고 학생들에게 김밥을 나누어 줄 때 어떤 김밥을 가장 많이 준비하면 좋을지 풀이 과정을 쓰고 답을 구해 보세요.

좋아하는 김밥별 학생 수

김밥	학생 수
소고기	
참치	
치즈	
돈가스	

🍣10명
🍣1명

풀이 _____

답 _____

20 세 마을의 자동차 수는 모두 76대이고 가 마을의 자동차 수는 다 마을의 자동차 수의 2배입니다. 가 마을의 자동차 수는 몇 대인지 풀이 과정을 쓰고 답을 구해 보세요.

마을별 자동차 수

마을	자동차 수
가	
나	
다	

🚗10대
🚗1대

풀이 _____

답 _____

사고력이 반짝

● 도형에서 ♣을 1개만 포함하는 정사각형을 모두 찾아 그려 보세요.

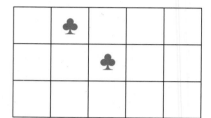

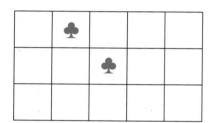

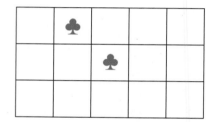

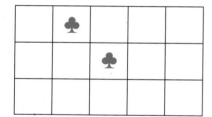

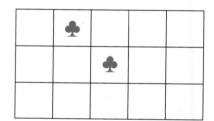

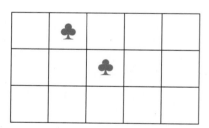

사고력이 반짝

● 지윤이네 집에서 놀이터를 지나 학교까지 가는 가장 짧은 길은 몇 가지인지 구해
   보세요.

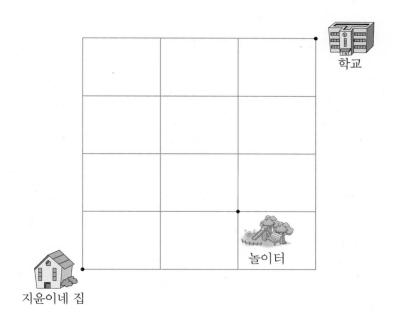

계산이 아닌　　　　　개념을 깨우치는

수학을 품은 연산

디딤돌
연산은
수학이다.

1~6학년(학기용)

수학 공부의 새로운 패러다임

독해 원리부터 실전 훈련까지!
수능까지 연결되는

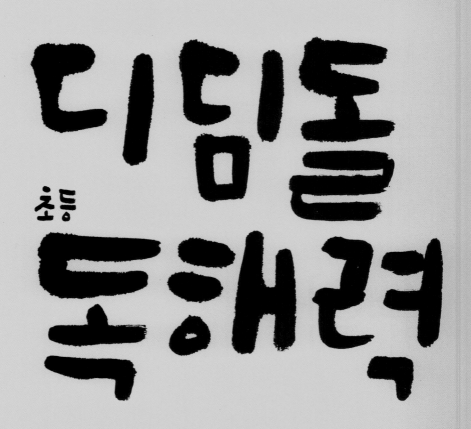

초등

디딤돌
독해력

❶~❻단계
초등 교과서별 학년별 성취 기준에 맞춰 구성

❶~Ⅳ단계(고학년용)
다양한 영역의 비문학 제재로만 구성

유형탄탄북

$\dfrac{3}{2}$

차례

수학 좀 한다면

초등수학

유형탄탄북

3
2

- **꼭 나오는 유형** | 진도책의 교과서＋익힘책 유형에서 자주 나오는 문제들을 다시
  한 번 풀어 보세요.

- **자주 틀리는 유형** | 진도책의 자주 틀리는 유형에서 문제의 틀린 이유를 생각하여
  오답을 피할 수 있어요.

- **수시 평가 대비** | 수시평가를 대비하여 꼭 한 번 풀어 보세요.
  시험에 대한 자신감이 생길 거예요.

➕ 꼭 나오는 유형

1 올림이 없는 (세 자리 수)×(한 자리 수)

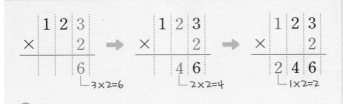

일의 자리, 십의 자리, 백의 자리의 순서로 계산하자.

2 일의 자리에서 올림이 있는 (세 자리 수)×(한 자리 수)

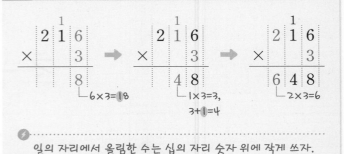

일의 자리에서 올림한 수는 십의 자리 숫자 위에 작게 쓰자.

1 ☐ 안에 알맞은 수를 써넣으세요.

$$3 \times 3 = \boxed{}$$
$$20 \times 3 = \boxed{}$$
$$200 \times 3 = \boxed{}$$
$$\overline{223 \times 3 = \boxed{}}$$

2 ☐ 안에 공통으로 들어가는 수를 구해 보세요.

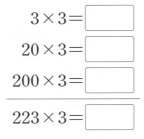

(   ) (   )

점프 같은 모양은 같은 수를 나타냅니다. ▲에 알맞은 수를 구해 보세요.

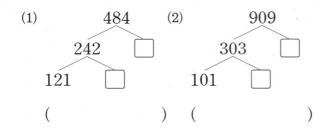

(   )

3 ☐ 안에 알맞은 수를 써넣으세요.

$$113 \times 3 = \boxed{}$$
$$113 \times 2 = \boxed{}$$
$$\overline{113 \times 5 = \boxed{}}$$

4 주어진 덧셈식을 곱셈식으로 나타내고 계산해 보세요.

$$315 + 315 + 315$$

곱셈식 ....

5 보기 에서 두 수를 골라 주어진 식을 완성해 보세요.

보기

2	124	106	3	248	4

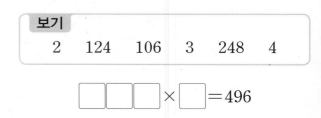

3 십의 자리, 백의 자리에서 올림이 있는 (세 자리 수)×(한 자리 수)

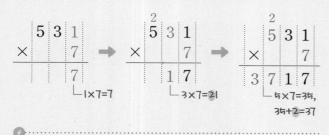

백의 자리에서 올림한 수는 천의 자리에 쓰자.

4 (몇십)×(몇십), (몇십몇)×(몇십)

$$\begin{array}{r} 3\,0 \\ \times\ 2\,0 \\ \hline 6\,0\,0 \end{array} \qquad \begin{array}{r} 3\,3 \\ \times\ 2\,0 \\ \hline 6\,6\,0 \end{array}$$

└ 3×2=6 └ 33×2=66

0을 뺀 수의 곱에 0의 개수만큼 0을 붙이자.

6 ☐ 안에 알맞은 수를 써넣으세요.

$$130 \times 8$$

$$= 130 \times \boxed{} \times 4$$

$$= \boxed{} \times 4$$

$$= \boxed{}$$

7 조건 을 보고 ☐ 안에 알맞은 수를 써넣으세요.

조건
▲ : 3배
♠ : 7배
◉ : 9배

141 ➡ ▲ ➡ ☐

352 ➡ ♠ ➡ ☐

573 ➡ ◉ ➡ ☐

점프 보기 와 같은 규칙으로 순서대로 계산한 값을 구해 보세요.

보기
↑ ×8   ↓ ×4   ➡ ×2

126   ➡   ↑

(   )

8 ☐ 안에 알맞은 수를 써넣으세요.

$$50 \times 40 = \boxed{}$$

$$50 \times 30 = \boxed{}$$

$$50 \times 70 = \boxed{}$$

9 ☐ 안에 알맞은 수를 써넣으세요.

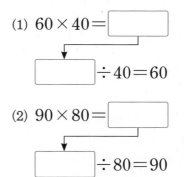

(1) $60 \times 40 = \boxed{}$

$\boxed{} \div 40 = 60$

(2) $90 \times 80 = \boxed{}$

$\boxed{} \div 80 = 90$

10 규칙에 따라 빈칸에 알맞은 수를 써넣으세요.

40	400	10
16	320	20
18		40
25		70
82		50

➕ 개념 적용

5 올림이 있는 (몇)×(몇십몇)

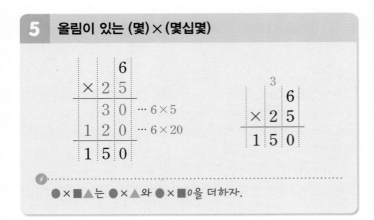

●×■▲는 ●×▲와 ●×■0을 더하자.

6 올림이 한 번 또는 여러 번 있는 (몇십몇)×(몇십몇)

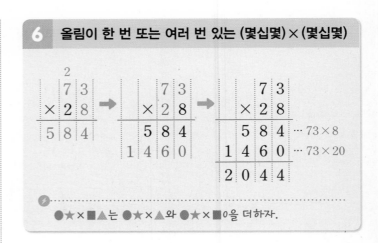

●★×■▲는 ●★×▲와 ●★×■0을 더하자.

11 빈칸에 알맞은 수를 써넣으세요.

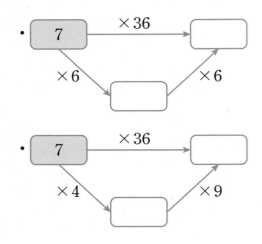

12 ☐ 안에 알맞은 수를 써넣고 계산 결과를 비교하여 ◯ 안에 >, =, <를 알맞게 써넣으세요.

$$\begin{array}{r} 5 \\ \times\ 9\ 2 \\ \hline \end{array}$$ ◯ $$\begin{array}{r} 9\ 2 \\ \times\ \ \ 7 \\ \hline \end{array}$$

13 ☐ 안에 알맞은 수를 써넣으세요.

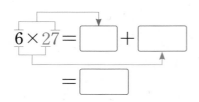

14 ☐ 안에 알맞은 수를 써넣으세요.

$$25\times24=25\times4\times6=25\times6\times4$$

15 ☐ 안에 알맞은 수를 써넣고 계산 결과를 비교하여 ◯ 안에 >, =, <를 알맞게 써넣으세요.

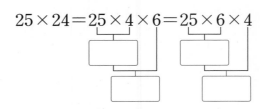

🛩️ 점프 다음 두 식의 계산 결과는 같습니다. ☐ 안에 알맞은 수를 구해 보세요.

| 31×36 | $93\times$☐ |

(   )

➕ 자주 틀리는 유형

1 잘못된 계산

잘못 계산한 곳을 찾아 바르게 계산해 보세요.

(1)

```
    2 4 8
×       7
─────────
  1 4 8 6
```
➡
```
    2 4 8
×       7
─────────
```

(2)

```
    4 5
×  6 0
───────
  2 7 0
```
➡
```
    4 5
×  6 0
───────
```

2 곱셈의 원리

☐ 안에 알맞은 수를 써넣으세요.

(1)
$$579 \times 6 = 579 + 579 + 579 + 579 + 579 + 579$$
$$= 579 \times 5 + \boxed{}$$

(2)
$$14 \times 23 = 14 \times 22 + \boxed{}$$
$$= 14 \times 20 + \boxed{}$$

3 모르는 수가 있는 계산

알고 풀어요 ❗

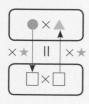

☐ 안에 알맞은 수를 써넣으세요.

(1)

$$8 \times 28 = 16 \times \boxed{}$$
$$= 4 \times \boxed{}$$

(2)

$$11 \times 48 = 33 \times \boxed{}$$
$$= 44 \times \boxed{}$$

4 날짜를 활용한 계산

알고 풀어요 ❗

월	1	2	3	4
날수(일)	31	28(29)	31	30
월	5	6	7	8
날수(일)	31	30	31	31
월	9	10	11	12
날수(일)	30	31	30	31

호영이는 12월 한 달 동안 매일 동화책을 16쪽씩 읽었습니다. 호영이가 읽은 동화책은 모두 몇 쪽일까요?

(   )

수시 평가 대비

점수

확인

1 ☐ 안에 알맞은 수를 써넣으세요.

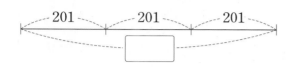

2 계산 결과를 어림하려고 합니다. ☐ 안에 알맞은 수를 써넣으세요.

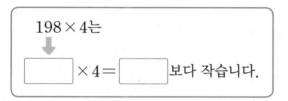

3 ☐ 안에 알맞은 수를 써넣으세요.

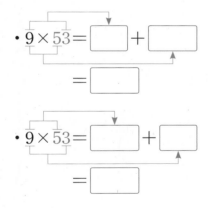

4 ☐ 안에 알맞은 수를 써넣으세요.

(1) $217 \times 7 = 217 \times 6 +$ ☐

(2) $217 \times 5 = 217 \times 6 -$ ☐

5 ☐ 안에 알맞은 수를 써넣으세요.

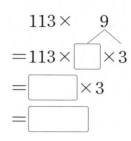

$= 113 \times$ ☐ $\times 3$

$=$ ☐ $\times 3$

$=$ ☐

6 ☐ 안에 알맞은 수를 써넣으세요.

$47 \times 20 =$ ☐ $= 20 \times$ ☐

7 ☐ 안에 알맞은 수를 써넣으세요.

$65 \times 40 =$ ☐

$65 \times 3 =$ ☐

$65 \times 43 =$ ☐

8 잘못 계산한 곳을 찾아 바르게 계산해 보세요.

$$
\begin{array}{r}
4\ 3 \\
\times\ 7\ 2 \\
\hline
8\ 6 \\
3\ 0\ 1 \\
\hline
3\ 8\ 7
\end{array}
\quad \Rightarrow \quad
\begin{array}{r}
4\ 3 \\
\times\ 7\ 2 \\
\hline
\end{array}
$$

9 두 곱의 차를 구해 보세요.

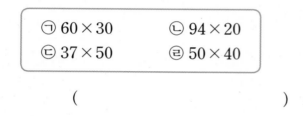

$$4 \times 71 \qquad 8 \times 25$$

( )

10 곱이 큰 것부터 차례대로 기호를 써 보세요.

㉠ 60×30 ㉡ 94×20
㉢ 37×50 ㉣ 50×40

( )

11 □ 안에 알맞은 수를 써넣으세요.

$$18 \times 45 = \boxed{} \times 10$$

12 다음 수의 9배인 수를 구해 보세요.

100이 6개, 10이 2개, 1이 8개인 수

( )

13 하루는 24시간입니다. 6월 한 달은 모두 몇 시간일까요?

( )

14 주영이와 민석이가 각각 설명하는 두 수의 합을 구해 보세요.

216의 4배인 수야.

6과 36의 곱이야.

주영   민석

( )

15 삼각형과 사각형의 각 변의 길이는 125 cm로 모두 같습니다. 삼각형과 사각형의 모든 변의 길이의 합은 몇 cm일까요?

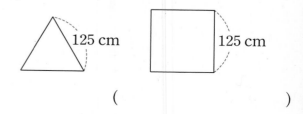

125 cm   125 cm

( )

16 □ 안에 알맞은 수를 써넣으세요.

$$
\begin{array}{r}
2\ \boxed{} \\
\times\ 6\ 0 \\
\hline
1\ 6\ 8\ 0
\end{array}
$$

17 4장의 수 카드를 한 번씩만 사용하여 계산 결과가 가장 작은 (세 자리 수) × (한 자리 수)의 곱셈식을 만들고 계산해 보세요.

| 5 | 9 | 6 | 4 |

□□□ × □ = □□□□

18 1부터 9까지의 수 중에서 □ 안에 들어갈 수 있는 수를 모두 구해 보세요.

$$63 \times 26 > 459 \times \square$$

(   )

19 예준이는 1분에 70 m를 걸어갈 수 있습니다. 같은 빠르기로 1시간 동안 몇 m를 걸어갈 수 있는지 풀이 과정을 쓰고 답을 구해 보세요.

풀이 ....

....

....

답 ....

20 세혁이는 수학 문제를 12일 동안은 하루에 45개씩 풀고, 20일 동안은 하루에 36개씩 풀었습니다. 세혁이가 32일 동안 푼 수학 문제는 모두 몇 개인지 풀이 과정을 쓰고 답을 구해 보세요.

풀이 ....

....

....

답 ....

➕ 꼭 나오는 유형

---

1 (몇십)÷(몇)

$$
\begin{array}{r}
2\,0 \leftarrow 몫 \\
2\,\overline{)4\,0} \\
4\,0 \leftarrow 2\times 20 \\
\hline
0
\end{array}
\qquad
\begin{array}{r}
1\,2 \leftarrow 몫 \\
5\,\overline{)6\,0} \\
5\,0 \leftarrow 5\times 10 \\
\hline
1\,0 \\
1\,0 \leftarrow 5\times 2 \\
\hline
0
\end{array}
$$

⚡ 나누어지는 수는 ⟩ 의 아래쪽에, 나누는 수는 ⟩ 의 왼쪽에 쓰자.

---

2 내림이 없고 나머지가 없는 (몇십몇)÷(몇)

$$
\begin{array}{r}
1\,3 \leftarrow 몫 \\
3\,\overline{)3\,9} \\
3\,0 \leftarrow 3\times 10 \\
\hline
9 \\
9 \leftarrow 3\times 3 \\
\hline
0
\end{array}
\qquad
39\div 3=13
$$

확인 $3\times 13=39$

⚡ 나누어지는 수의 십의 자리부터 나눈 다음 일의 자리를 내리자.

---

1 ☐ 안에 알맞은 수를 써넣으세요.

$$80\div 5=\boxed{}$$

⬇ ⬆

$$5\times\boxed{}=\boxed{}$$

---

2 ☐ 안에 알맞은 수를 써넣으세요.

(1) $20\div 2=\boxed{}$

  ↓3배 ↓3배

  $60\div 2=\boxed{}$

(2) $20\div 2=\boxed{}$

  ↓4배 ↓4배

  $80\div 2=\boxed{}$

---

3 몫이 같은 것을 찾아 기호를 써 보세요.

㉠ $30\div 2$	㉡ $70\div 5$
㉢ $60\div 4$	㉣ $90\div 3$

( )

---

4 ☐ 안에 알맞은 수를 써넣으세요.

(1) $6\div 3=\boxed{}$

  $90\div 3=\boxed{}$

  $96\div 3=\boxed{}$

(2) $8\div 4=\boxed{}$

  $40\div 4=\boxed{}$

  $48\div 4=\boxed{}$

---

5 점이 일정한 간격으로 놓여 있습니다. 점을 이은 선분의 전체 길이가 55 cm일 때 점과 점 사이의 거리는 몇 cm일까요?

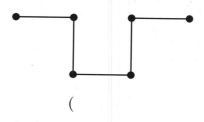

( )

🏃 점프 3개의 점이 일정한 간격으로 한 줄로 놓여 있습니다. 점을 이은 선분의 전체 길이가 64 cm일 때 점과 점 사이의 거리는 몇 cm일까요?

( )

3 내림이 있고 나머지가 없는 (몇십몇)÷(몇)

```
        1 6  ← 몫
   6 ) 9 6
       6 0  ← 6×10          96÷6=16
      ─────
       3 6
       3 6  ← 6×6       확인  6×16=96
      ─────
         0
```

십의 자리 수를 나누고 남은 수는 내려서 다시 나누자.

4 내림이 없고 나머지가 있는 (몇십몇)÷(몇)

• 22를 5로 나누면 몫은 4이고 나머지는 2입니다.

• 나머지가 0일 때, 나누어떨어진다고 합니다.

```
                나누는 수
                   ↓     4 ← 몫
                5 ) 2 2 ← 나누어지는 수
                    2 0
                   ─────
                      2 ← 나머지
```

■÷▲의 계산에서 ■에 ▲가 몇 번까지 들어가는지 알아본 후 나머지를 구하자.

6 빈칸에 알맞은 수를 써넣으세요.

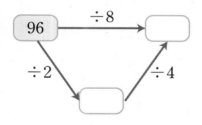

7 '＝'의 양쪽이 같게 되도록 □ 안에 알맞은 수를 써넣으세요.

(1) 84÷6=42÷□

(2) 38÷2=76÷□

8 보기 와 같은 규칙으로 순서대로 계산한 값을 구해 보세요.

보기
← ×3   ↑ ÷4   ↓ ÷5

75 ↓ ←

(   )

9 □ 안에 알맞은 수를 써넣으세요.

43÷7=□…□

44÷7=□…□

45÷7=□…□

10 수를 2개 골라 나눗셈식을 완성해 보세요.

38	6	3	62

□	÷	□	=	12	…	2

점프 수를 3개 골라 나눗셈식을 완성해 보세요.

52	4	60	7	5

□÷□=8…□

➕ 개념 적용

5 내림이 있고 나머지가 있는 (몇십몇)÷(몇)

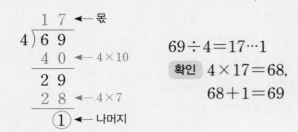

$$69 \div 4 = 17 \cdots 1$$

확인 $4 \times 17 = 68,$
$68 + 1 = 69$

⚡ (나누는 수)×(몫)에 나머지를 더한 값이 나누어지는 수이면 계산이 맞는 거야.

6 (세 자리 수)÷(한 자리 수)

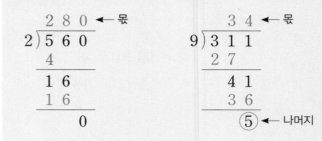

⚡ 백, 십, 일의 자리 순서로 나누고 나눌 수 없으면 아래 자리로 내려가자.

11 나눗셈을 하여 ☐ 안에는 몫을, ◯ 안에는 나머지를 써넣으세요.

$$50 \div 5 = \boxed{}$$

$$34 \div 5 = \boxed{} \cdots \bigcirc$$

$$84 \div 5 = \boxed{} \cdots \bigcirc$$

12 (몇십몇)÷(몇)을 계산하고 계산이 맞는지 확인한 식이 보기 와 같습니다. 계산한 나눗셈식을 쓰고 몫과 나머지를 각각 구해 보세요.

보기
$6 \times 12 = 72,\ 72 + 1 = 73$

나눗셈식

몫 (   ), 나머지 (   )

🏃 점프 종호가 (몇십몇)÷(몇)을 계산하고 계산이 맞는지 확인한 식의 일부가 지워졌습니다. 계산한 나눗셈식의 몫과 나머지를 각각 구해 보세요.

$3 \times 28 = 84,\ 84 + 🔵 = 86$

몫 (   ), 나머지 (   )

13 $780 \div \square$의 ☐ 안에 다음 수를 넣었을 때 몫을 가장 작게 하는 수를 찾아 써 보세요.

| 2 | 3 | 5 | 6 |

(   )

14 '='의 양쪽이 같게 되도록 ☐ 안에 알맞은 수를 써넣으세요.

(1) $130 \div 2 = \boxed{} \div 6$

(2) $273 \div 3 = \boxed{} \div 9$

15 구슬 368개를 보관함의 각 칸에 남김없이 똑같이 나누어 담으려고 합니다. 가와 나 중 어느 보관함에 담아야 할까요?

가   나

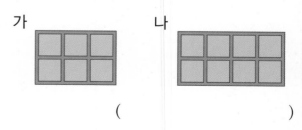

(   )

➕ 자주 틀리는 유형

1 나머지가 될 수 있는 수

나눗셈에서 나머지는 항상 나누는 수보다 작아.

나머지가 6이 될 수 있는 식을 모두 찾아 기호를 써 보세요.

ㄱ $\square \div 4$ ㄴ $\square \div 9$

ㄷ $\square \div 6$ ㄹ $\square \div 7$

(   )

2 나누어떨어지는 나눗셈

나머지가 없으면 나누어떨어진다고 해.

4로 나누어떨어지는 수를 모두 찾아 써 보세요.

| 51 | 92 | 122 | 248 | 513 |

(   )

3 나누어지는 수

알고 풀어요 **!**

$\square \div \bullet = \blacktriangle \cdots \bigstar$ 에서 $\square$는 $\bullet$와 $\blacktriangle$의 곱보다 $\bigstar$만큼 더 커.

$\square$ 안에 알맞은 수를 구해 보세요.

(1) $\square \div 5 = 13$

(   )

(2) $\square \div 9 = 37 \cdots 6$

(   )

4 나머지를 이용한 나눗셈의 활용

알고 풀어요 **!**

$\blacksquare \div \bullet$에서 $\bullet$씩 $\blacktriangle$번까지 묶고, $\bigstar$이 남을 경우 몫은 $\blacktriangle$, 나머지는 $\bigstar$이야.

꿀떡 87개를 한 상자에 7개씩 담아서 팔려고 합니다. 팔 수 있는 꿀떡은 몇 상자일까요?

(   )

수시 평가 대비

1 계산 결과를 찾아 이어 보세요.

$80 \div 4$ •

$90 \div 3$ •

$20 \div 2$ •

• 10

• 20

• 30

2 ☐ 안에 알맞은 수를 써넣으세요.

$88 \div 2 = \boxed{}$

$88 \div 4 = \boxed{}$

$88 \div 8 = \boxed{}$

3 계산해 보고 계산이 맞는지 확인해 보세요.

$36 \div 5 = \boxed{} \cdots \boxed{}$

확인 $\boxed{} \times \boxed{} = 35$

➡ $35 + \boxed{} = \boxed{}$

4 ☐ 안에 알맞은 수를 써넣으세요.

$18 \div 3 = \boxed{}$

$90 \div 3 = \boxed{}$

$108 \div 3 = \boxed{}$

5 ☐ 안에 알맞은 수를 써넣으세요.

$\boxed{} \div 5 = 18$

$5 \times 18 = \boxed{}$

6 ☐ 안에 알맞은 수를 써넣으세요.

$56 \div 7 = \boxed{}$

2배 ↓ ↓ 2배

$112 \div 7 = \boxed{}$

7 잘못 계산한 부분을 찾아 바르게 계산해 보세요.

$$\begin{array}{r} 1\ 2 \\ 4\overline{)6\ 8} \\ 4 \\ \hline 8 \\ 8 \\ \hline 0 \end{array}$$

➡

$$4\overline{)6\ 8}$$

8 몫의 크기를 비교하여 ◯ 안에 >, =, <를 알맞게 써넣으세요.

$96 \div 8 \bigcirc 189 \div 9$

9 □ 안에 알맞은 수를 써넣으세요.

$$64 \div 2 = 4 \times \boxed{}$$

10 나눗셈의 몫과 나머지의 합을 구해 보세요.

$$95 \div 6$$

( )

11 나머지가 가장 큰 나눗셈은 어느 것일까요?

( )

① $42 \div 4$　　② $74 \div 5$　　③ $77 \div 6$
④ $80 \div 7$　　⑤ $97 \div 8$

12 1부터 9까지의 수 중에서 다음 나눗셈의 나머지가 될 수 있는 수를 모두 구해 보세요.

$$\blacklozenge \div 5$$

( )

13 나눗셈이 나누어떨어지도록 ★에 알맞은 수를 보기 에서 모두 찾아 써 보세요.

보기
| 4 | 5 | 6 | 7 | 8 |

$$272 \div ★$$

( )

14 (몇십몇)÷(몇)을 계산하고 계산이 맞는지 확인한 식입니다. 계산한 나눗셈식을 쓰고 몫과 나머지를 각각 구해 보세요.

$$3 \times 29 = 87, \ 87 + 2 = 89$$

나눗셈식 ⋯⋯⋯⋯⋯⋯⋯⋯⋯⋯⋯⋯⋯⋯

몫 ( )， 나머지 ( )

15 다음 정사각형의 네 변의 길이의 합이 76 cm일 때 한 변의 길이는 몇 cm일까요?

( )

16 색 테이프 7 cm로 고리를 한 개 만들 수 있습니다. 색 테이프 99 cm로는 고리를 몇 개까지 만들 수 있을까요?

(　　　　　　　　)

17 동화책 653권을 모두 책꽂이에 꽂으려고 합니다. 한 칸에 동화책을 9권씩 꽂을 수 있다면 책꽂이는 적어도 몇 칸이 필요할까요?

(　　　　　　　　)

18 다음 수 카드 3장을 한 번씩 모두 사용하여 (몇십몇)÷(몇)의 나눗셈식을 만들려고 합니다. 몫이 가장 큰 나눗셈식을 만들고 계산해 보세요.

4 　 5 　 7

□□÷□=□···□

19 한 상자에 초콜릿이 10개씩 들어 있습니다. 초콜릿 6상자를 한 사람에게 4개씩 나누어 주려고 합니다. 초콜릿을 몇 명에게 나누어 줄 수 있는지 풀이 과정을 쓰고 답을 구해 보세요.

풀이 _____

_____

_____

답 _____

20 어떤 수를 6으로 나누었더니 몫이 22이고 나머지가 3이 되었습니다. 어떤 수를 5로 나누면 몫은 얼마인지 풀이 과정을 쓰고 답을 구해 보세요.

풀이 _____

_____

_____

답 _____

3

➕꼭 나오는 유형

---

1 원의 중심, 반지름, 지름

- 원을 그릴 때 누름 못이 꽂힌 점에서 원 위의 한 점까지의 길이는 모두 같습니다.
- 원의 중심: 원을 그릴 때 누름 못이 꽂혔던 점 ㅇ

원의 중심

- 원의 반지름: 원의 중심 ㅇ과 원 위의 한 점을 이은 선분
- 원의 지름: 원의 중심 ㅇ을 지나는 원 위의 두 점을 이은 선분

원의 지름
원의 반지름

⚡ 원의 중심은 원의 한가운데에 1개 있고, 한 원에서 원의 반지름, 지름은 길이가 일정해.

---

1 원에 지름을 3개 그었습니다. 원의 중심을 찾아 •으로 표시해 보세요.

2 원의 중심을 찾아 표시하고 반지름을 1개 그어 보세요.

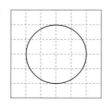

---

3 점 ㅇ은 원의 중심입니다. 지름을 긋고, 길이는 몇 cm인지 재어 보세요.

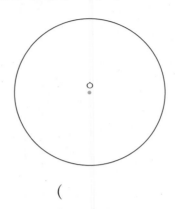

( )

4 원의 반지름을 모두 찾아보세요.

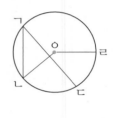

( )

5 원의 지름은 몇 cm인지 구해 보세요.

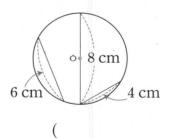

( )

점프 선분 ㄱㄴ의 길이는 몇 cm인지 구해 보세요.

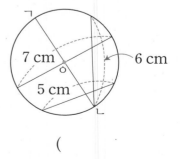

( )

2 원의 성질

• 원의 성질
① 지름은 원을 둘로 똑같이 나눕니다.
② 지름은 원 안에 그을 수 있는 가장 긴 선분입니다.
③ 지름은 무수히 많이 그을 수 있습니다.
④ 한 원에서 지름은 반지름의 2배입니다.

(반지름)×2=(지름), (지름)÷2=(반지름)이야.

6 원의 반지름과 지름을 구해 보세요.

반지름: ☐ cm

지름: ☐ cm

7 ☐ 안에 알맞은 수를 써넣으세요.

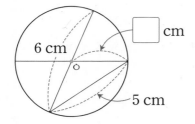

8 원의 지름과 반지름에 대한 설명으로 <u>잘못된</u> 것을 찾아 기호를 쓰고 바르게 고쳐 보세요.

> ㉠ 한 원에서 지름은 모두 같습니다.
> ㉡ 한 원에서 반지름은 무수히 많습니다.
> ㉢ 반지름은 원 안에 그을 수 있는 가장 긴 선분입니다.
> ㉣ 반지름은 지름의 반입니다.

9 지름이 1 m인 원의 반지름은 몇 cm인지 구해 보세요.

( )

10 큰 원의 지름은 몇 cm인지 구해 보세요.

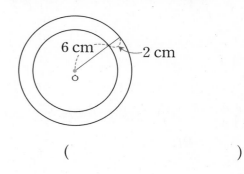

( )

11 점 ㄴ, 점 ㄷ은 원의 중심입니다. 선분 ㄱㄴ의 길이는 몇 cm인지 구해 보세요.

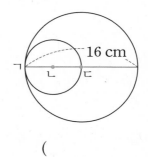

( )

점프 큰 원 안에 크기가 같은 작은 원 3개가 있고 점 ㄱ, 점 ㄴ, 점 ㄷ은 원의 중심입니다. 선분 ㄴㄷ의 길이는 몇 cm인지 구해 보세요.

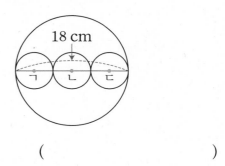

( )

| **3** | 원 그리기 |

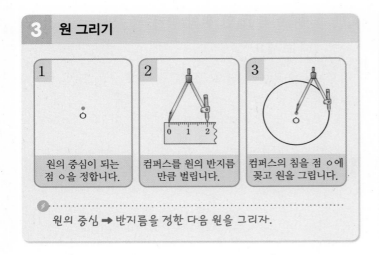

| 1 | 2 | 3 |

원의 중심이 되는 점 o을 정합니다.

컴퍼스를 원의 반지름만큼 벌립니다.

컴퍼스의 침을 점 o에 꽂고 원을 그립니다.

⚡ 원의 중심 ➡ 반지름을 정한 다음 원을 그리자.

12 주어진 선분을 반지름으로 하는 원을 그려 보세요.

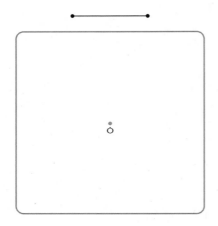

13 점 o을 원의 중심으로 하는 반지름이 1 cm, 3 cm인 원을 각각 그려 보세요.

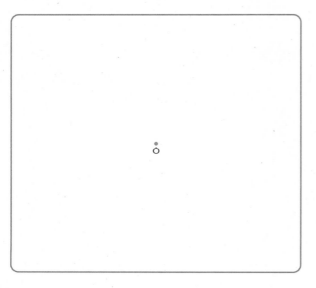

| **4** | 원을 이용하여 여러 가지 모양 그리기 |

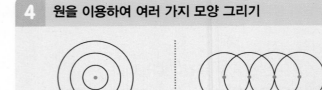

원의 중심이 같고, 반지름은 변합니다.

원의 중심이 이동하고, 반지름은 같습니다.

⚡ 원의 중심과 반지름이 같은지, 변하는지 각각 살펴보자.

14 다음과 같은 모양을 그리기 위하여 컴퍼스의 침을 꽂아야 할 곳에 모두 표시해 보세요.

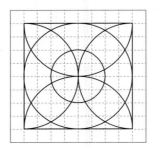

15 규칙에 따라 원을 1개 더 그려 보세요.

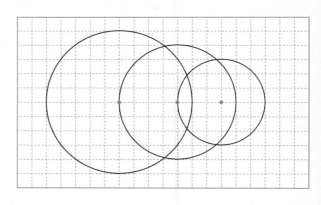

🦘 점프 규칙에 따라 원을 2개 더 그려 보세요.

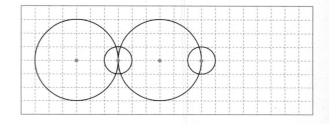

3

➕ 자주 틀리는 유형

---

1 가장 긴 선분

알고 풀어요 ❗

원 안에 그을 수 있는 가장 긴 선분은 원의 중심을 지나.

점 ㅇ은 원의 중심입니다. 길이가 가장 긴 선분을 찾아 쓰고 그 길이를 구해 보세요.

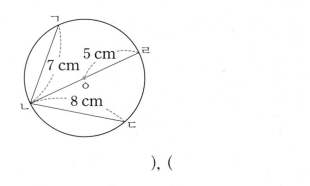

(   ), (   )

---

2 누름 못과 띠 종이로 그린 원

알고 풀어요 ❗

누름 못과 구멍 사이의 거리가 원의 반지름이야.

누름 못과 띠 종이를 이용하여 원을 그리려고 합니다. 가장 큰 원을 그리려고 할 때 연필심을 꽂아야 할 자리를 찾아 기호를 써 보세요.

(   )

3 원의 크기

알고 풀어요 ❗

지름이나 반지름 중 하나로 나타내어 크기를 비교해.

크기가 큰 원부터 차례대로 기호를 써 보세요.

┌──┐
│ ㉠ 지름이 6 cm인 원   ㉡ 반지름이 7 cm인 원 │
│ ㉢ 지름이 9 cm인 원   ㉣ 반지름이 4 cm인 원 │
└──┘

(   )

4 도형의 둘레

알고 풀어요 ❗

직사각형의 각 변이 원의 지름의 몇 배인지 알아봐.

직사각형 안에 크기가 같은 원 4개를 이어 붙여서 그린 것입니다. 직사각형의 네 변의 길이의 합은 몇 cm일까요?

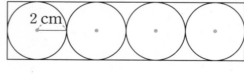

2 cm

(   )

수시 평가 대비

1 원의 중심은 어느 점인지 찾아 써 보세요.

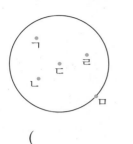

(   )

2 ☐ 안에 알맞은 말을 써넣으세요.

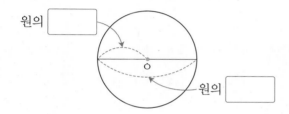

원의 [   ]

원의 [   ]

3 원에 그은 선분 중 가장 긴 선분을 찾아 기호를 써 보세요.

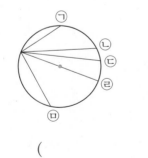

(   )

4 한 원에서 원의 지름을 나타내는 선분은 몇 개 그을 수 있을까요? (   )

① 0개   ② 1개   ③ 2개
④ 10개   ⑤ 무수히 많습니다.

5 오른쪽 원을 보고 바르게 설명 한 것에 ○표 하세요.

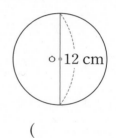

한 원에서 그을 수 있는 반지름 은 4개입니다.   (   )

한 원에서 반지름의 길이는 모 두 같습니다.   (   )

6 원의 반지름은 몇 cm일까요?

(12 cm 표시된 원)

(   )

7 원의 지름은 몇 cm일까요?

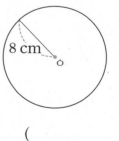

(   )

8 크기가 같은 두 원을 찾아 기호를 써 보세요.

㉠ 지름이 6 cm인 원
㉡ 반지름이 6 cm인 원
㉢ 반지름이 3 cm인 원

(   )

9 큰 원의 지름은 몇 cm일까요?

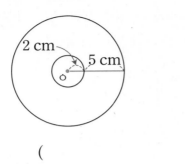

(   )

10 주어진 모양과 똑같이 그려 보세요.

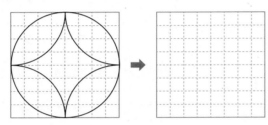

11 크기가 작은 원부터 차례대로 기호를 써 보세요.

> ㉠ 반지름이 3 cm인 원
> ㉡ 지름이 4 cm인 원
> ㉢ 반지름이 1 cm인 원
> ㉣ 지름이 5 cm인 원

(   )

12 큰 원 안에 크기가 같은 작은 원 3개를 이어 붙여서 그린 것입니다. 선분 ㄱㄴ의 길이가 12 cm일 때, 작은 원의 지름은 몇 cm일까요?

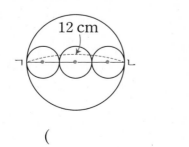

(   )

13 다음과 같은 모양을 컴퍼스를 이용하여 그릴 때 원의 중심이 되는 점은 모두 몇 개일까요?

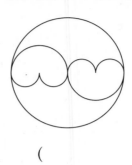

(   )

14 정사각형 안에 가장 큰 원을 그렸습니다. 정사각형의 한 변은 몇 cm일까요?

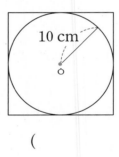

(   )

15 크기가 같은 원 5개를 서로 원의 중심을 지나도록 서로 겹쳐서 그렸습니다. 선분 ㄱㄴ의 길이는 몇 cm일까요?

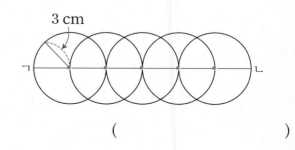

(   )

16 점 ㄱ, 점 ㄴ은 원의 중심입니다. 선분 ㄱㄴ의 길이는 몇 cm일까요?

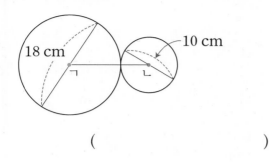

( )

17 그림과 같이 가장 큰 원 안에 원 2개가 맞닿게 그려져 있습니다. 가장 큰 원의 반지름은 몇 cm일까요?

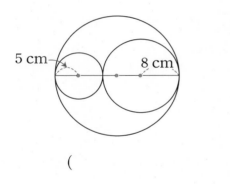

( )

18 삼각형 ㄱㅇㄴ의 세 변의 길이의 합이 30 cm일 때 원의 지름은 몇 cm일까요?

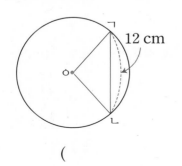

( )

19 컴퍼스를 2 cm만큼 벌려서 원을 그리면 원의 지름은 몇 cm가 될지 풀이 과정을 쓰고 답을 구해 보세요.

풀이 _____

_____

_____

답 _____

20 크기가 같은 원 2개를 서로 원의 중심을 지나도록 겹쳐서 그렸습니다. 삼각형 ㄱㄴㄷ의 세 변의 길이의 합이 12 cm일 때, 원의 반지름은 몇 cm인지 풀이 과정을 쓰고 답을 구해 보세요.

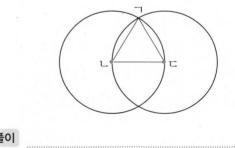

풀이 _____

_____

_____

답 _____

---

1 분수로 나타내기

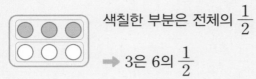

색칠한 부분은 전체의 $\frac{1}{2}$

➡ 3은 6의 $\frac{1}{2}$

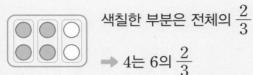

색칠한 부분은 전체의 $\frac{2}{3}$

➡ 4는 6의 $\frac{2}{3}$

⚡ 전체를 똑같이 ■로 나눈 것 중의 ▲는 전체의 $\frac{▲}{■}$야.

---

1 □ 안에 알맞은 수를 써넣으세요.

7은 28의 $\frac{\Box}{4}$, 21은 28의 $\frac{\Box}{4}$입니다.

---

2 □ 안에 알맞은 수를 써넣으세요.

(1) 15를 3씩 묶으면 9는 15의 $\frac{\Box}{\Box}$입니다.

(2) 15를 5씩 묶으면 10은 15의 $\frac{\Box}{\Box}$입니다.

점프 ㉠과 ㉡을 각각 분수로 나타내어 보세요.

> ㉠ 18을 6씩 묶은 것 중의 12
> ㉡ 20을 4씩 묶은 것 중의 12

㉠ (   ), ㉡ (   )

---

2 분수만큼은 얼마인지 알아보기(1)

전체 10을 똑같이 5묶음으로 나누면 1묶음은 전체의 $\frac{1}{5}$이고, 2입니다. ➡ 10의 $\frac{1}{5}$은 2입니다.

⚡  ■의 $\frac{1}{▲}$은 ■÷▲야.

---

3 보기 와 같이 □ 안에 알맞은 식과 수를 써넣으세요.

> **보기**
> 8의 $\frac{3}{4}$은 8÷4의 3배입니다.

(1) 12의 $\frac{2}{3}$는 $\boxed{}$의 $\boxed{}$배입니다.

(2) 35의 $\frac{4}{7}$는 $\boxed{}$의 $\boxed{}$배입니다.

---

4 조건에 맞게 타일을 색칠하여 무늬를 꾸며 보세요.

> • 노란색: 16의 $\frac{3}{8}$
> • 초록색: 16의 $\frac{5}{8}$

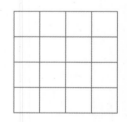

---

5 □ 안에 알맞은 수를 써넣으세요.

(1) $\boxed{}$의 $\frac{1}{5}$은 3입니다.

(2) $\boxed{}$의 $\frac{3}{4}$은 18입니다.

3 분수만큼은 얼마인지 알아보기⑵

0   2   4   6   8(cm)

8 cm를 똑같이 4부분으로 나눈 것 중의 1부분은 2 cm입니다. ➡ 8 cm의 $\frac{1}{4}$은 2 cm입니다.

■cm의 $\frac{1}{▲}$은 (■÷▲)cm야.

4 여러 가지 분수 알아보기

• 진분수: (분자)<(분모)
• 가분수: (분자)=(분모) 또는 (분자)>(분모)
• 자연수: 1, 2, 3……
• 대분수: (자연수)+(진분수)

진분수는 1보다 작고, 가분수는 1과 같거나 크고, 대분수는 1보다 커.

6 그림을 보고 □ 안에 알맞은 수를 써넣고, ○ 안에 >, =, <를 알맞게 써넣으세요.

0 1 2 3 4 5 6 7 8 9 10 11 12 13 14 15 16 17 18(cm)

(1) 18 cm의 $\frac{1}{6}$은 □ cm입니다.

(2) 18 cm의 $\frac{1}{9}$은 □ cm입니다.

(3) 18 cm의 $\frac{5}{6}$ ○ 18 cm의 $\frac{7}{9}$

7 맞는 설명을 찾아 기호를 써 보세요.

㉠ 1시간의 $\frac{1}{3}$은 20분입니다.

㉡ 2시간의 $\frac{1}{4}$은 40분입니다.

(   )

점프 긴 시간부터 차례대로 기호를 써 보세요.

㉠ 1시간의 $\frac{1}{2}$ ㉡ 1시간의 $\frac{3}{4}$

㉢ 1시간의 $\frac{2}{3}$ ㉣ 2시간의 $\frac{1}{6}$

(   )

8 그림을 보고 자연수를 분수로 나타내어 보세요.

$3 = \dfrac{□}{□}$

9 분수를 분류해 보세요.

$2\frac{1}{2}$ $\frac{5}{5}$ $\frac{4}{7}$ $4\frac{7}{8}$ $\frac{3}{4}$ $\frac{8}{3}$

진분수	가분수	대분수

10 조건에 맞는 분수를 3개씩 만들어 보세요.

(1) 분모가 4인 가분수

(   )

(2) 자연수 부분이 1이고 분모가 4인 대분수

(   )

➕ **개념 적용**

---

5 대분수와 가분수

• $1\frac{2}{5}$를 가분수로

$1\frac{2}{5}$ ➡ 1과 $\frac{2}{5}$ ➡ $\frac{7}{5}$
　　　└$\frac{5}{5}$

• $\frac{7}{5}$을 대분수로

$\frac{7}{5}$ ➡ $\frac{5}{5}$와 $\frac{2}{5}$ ➡ $1\frac{2}{5}$
　　　└1

⚡ $1=\frac{●}{●}$, $2=\frac{●×2}{●}$, $3=\frac{●×3}{●}$임을 이용하자.

---

6 분모가 같은 분수의 크기 비교

• 가분수끼리 크기 비교: $\frac{7}{4}>\frac{5}{4}$

• 대분수끼리 크기 비교: $2\frac{2}{3}<4\frac{1}{3}$, $3\frac{5}{7}>3\frac{2}{7}$

⚡ 자연수 ➡ 분자의 순서로 크기를 비교하자.

---

11 보기 와 같이 ☐ 안에 알맞은 수를 써넣고, 대분수를 가분수로 나타내어 보세요.

보기

$$2\frac{1}{5}=\frac{2×5+1}{5}=\frac{11}{5}$$

(1) $1\frac{5}{7}=\dfrac{\boxed{}×7+\boxed{}}{7}=\dfrac{\boxed{}}{7}$

(2) $5\frac{2}{3}=\dfrac{\boxed{}×3+\boxed{}}{3}=\dfrac{\boxed{}}{3}$

12 ☐ 안에 알맞은 수를 써넣고, 가분수를 대분수로 나타내어 보세요.

(1) $\dfrac{13}{4}=13÷4=\boxed{}\cdots\boxed{}\ \Rightarrow\ \boxed{}\dfrac{\boxed{}}{4}$

(2) $\dfrac{21}{8}=21÷8=\boxed{}\cdots\boxed{}\ \Rightarrow\ \boxed{}\dfrac{\boxed{}}{8}$

13 자연수 부분이 4이고 분모가 3인 대분수를 모두 찾아 각각 가분수로 나타내어 보세요.

(　　　　　　　　　)

---

14 ☐ 안에 들어갈 수 있는 수를 모두 찾아 ○표 하세요.

(1) $\boxed{\dfrac{4}{9}<\dfrac{\boxed{}}{9}}$

(1 , 2 , 3 , 4 , 5 , 6 , 7 , 8)

(2) $\boxed{3\dfrac{\boxed{}}{9}<3\dfrac{4}{9}}$

(1 , 2 , 3 , 4 , 5 , 6 , 7 , 8)

15 분모가 7인 분수 중 $\frac{13}{7}$보다 크고 $2\frac{3}{7}$보다 작은 가분수를 모두 써 보세요.

(　　　　　　　　　)

🏃 점프 ☐ 안에 들어갈 수 있는 가분수는 4개입니다. ● 에 알맞은 대분수를 구해 보세요.

$$4\frac{2}{5}<\boxed{}<●$$

(　　　　　　　　　)

➕ 자주 틀리는 유형

1 수직선에 나타낸 분수

알고 풀어요 ❗

1을 똑같이 ●칸으로 나눈 작은 눈금 한 칸은 $\dfrac{1}{●}$이야.

㉠과 ㉡이 나타내는 분수를 대분수와 가분수로 나타내어 보세요.

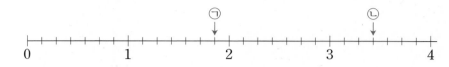

㉠: 대분수 (   ), 가분수 (   )

㉡: 대분수 (   ), 가분수 (   )

2 중간에 빠진 분수

알고 풀어요 ❗

분자의 크기를 비교하여 분수를 작은 수부터 순서대로 놓아 보자.

분수를 순서대로 나열하려고 합니다. 중간에 빠진 분수를 구해 보세요.

(1) $\dfrac{7}{5}$ $\dfrac{4}{5}$ $\dfrac{5}{5}$ $\dfrac{2}{5}$ $\dfrac{3}{5}$ $\dfrac{8}{5}$

(   )

(2) $3\dfrac{9}{11}$ $3\dfrac{4}{11}$ $3\dfrac{6}{11}$ $3\dfrac{10}{11}$ $3\dfrac{7}{11}$ $3\dfrac{5}{11}$

(   )

3 대분수

알고 풀어요 ❗

1, 2, 3······

대분수가 아닌 것을 모두 찾아 쓰고 그 이유를 써 보세요.

$$5\frac{5}{9} \qquad \frac{9}{10} \qquad 2\frac{4}{5} \qquad 1\frac{7}{6} \qquad 3\frac{1}{8}$$

....

....

4 크기 순으로 나열

알고 풀어요 ❗

수직선에서 오른쪽
으로 갈수록 큰 수가
놓여.

수직선 위의 ☐ 안에 알맞은 분수를 보기 에서 찾아 써넣으세요.

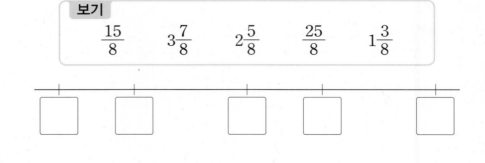

보기
$$\frac{15}{8} \qquad 3\frac{7}{8} \qquad 2\frac{5}{8} \qquad \frac{25}{8} \qquad 1\frac{3}{8}$$

수시 평가 대비

1 귤을 4개씩 묶고 ☐ 안에 알맞은 수를 써넣으세요.

12를 4씩 묶으면 8은 12의 $\dfrac{\square}{\square}$입니다.

2 보기 와 같이 ☐ 안에 알맞은 식과 수를 써넣으세요.

> **보기**
>
> 9의 $\dfrac{2}{3}$는 9÷3의 2배입니다.

(1) 20의 $\dfrac{3}{5}$은 ☐ 의 ☐ 배입니다.

(2) 45의 $\dfrac{5}{9}$는 ☐ 의 ☐ 배입니다.

3 그림을 보고 색칠한 부분을 가분수와 대분수로 나타내어 보세요.

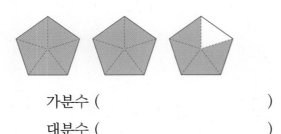

가분수 (   )

대분수 (   )

4 ☐ 안에 알맞은 수를 써넣어 대분수를 가분수로, 가분수를 대분수로 나타내어 보세요.

(1) $2\dfrac{3}{4} = \dfrac{\square \times 4 + \square}{4} = \dfrac{\square}{4}$

(2) $\dfrac{25}{7} = 25 \div 7 = \square \cdots \square$ ➡ $\square\dfrac{\square}{7}$

5 그림을 보고 ☐ 안에 알맞은 수를 써넣으세요.

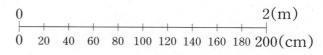

(1) 2 m의 $\dfrac{3}{10}$은 ☐ cm입니다.

(2) 2 m의 $\dfrac{3}{5}$은 ☐ cm입니다.

6 $5\dfrac{\square}{6}$는 대분수입니다. ☐ 안에 들어갈 수 있는 수를 모두 찾아 ○표 하세요.

> 3   4   5   6   7   8

7 같은 분수끼리 이어 보세요.

$4\dfrac{2}{7}$ ·

$3\dfrac{5}{7}$ ·

· $\dfrac{23}{7}$

· $\dfrac{26}{7}$

· $\dfrac{30}{7}$

8 시계를 보고 ☐ 안에 알맞은 수를 써넣으세요.

(1) 1시간의 $\dfrac{1}{4}$은 ☐ 분입니다.

(2) 1시간의 $\dfrac{5}{6}$는 ☐ 분입니다.

9 3부터 9까지의 수를 한 번씩만 사용하여 진분수, 가분수, 대분수를 각각 만들어 보세요.

10 분수의 크기를 비교하여 ◯ 안에 >, =, < 를 알맞게 써넣으세요.

(1) $\dfrac{9}{7}$ ◯ $\dfrac{7}{7}$

(2) $2\dfrac{3}{5}$ ◯ $3\dfrac{1}{5}$

11 다음은 분모가 8인 진분수입니다. □ 안에 들어갈 수 있는 자연수는 모두 몇 개일까요?

$$\frac{\square}{8}$$

(   )

12 나타내는 수가 <u>다른</u> 것은 어느 것일까요?

(   )

① 15의 $\dfrac{4}{5}$ ② 32의 $\dfrac{3}{8}$

③ 16의 $\dfrac{3}{4}$ ④ 28의 $\dfrac{5}{7}$

⑤ 54의 $\dfrac{2}{9}$

13 분모가 9인 대분수 중에서 다음 두 수 사이에 있는 분수를 모두 써 보세요.

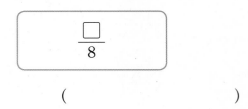

(   )

14 큰 분수부터 차례대로 기호를 써 보세요.

㉠ $\dfrac{9}{5}$	㉡ $\dfrac{5}{5}$
㉢ $2\dfrac{2}{5}$	㉣ $\dfrac{1}{5}$이 7개

(   )

15 4장의 수 카드 중에서 2장을 골라 한 번씩만 사용하여 만들 수 있는 가분수는 모두 몇 개일까요?

(   )

16 성욱이네 반 학생은 24명입니다. 이 중에서 $\frac{5}{8}$ 가 동생이 있다면 성욱이네 반에서 동생이 없는 학생은 몇 명일까요?

(   )

17 3장의 수 카드를 한 번씩만 사용하여 자연수 부분이 3인 대분수를 만들었습니다. 이 대분수를 가분수로 나타내어 보세요.

9   3   2

(   )

18 분모와 분자의 합이 11이고 차가 3인 가분수가 있습니다. 이 가분수를 대분수로 나타내어 보세요.

(   )

19 ☐ 안에 들어갈 수 있는 자연수 중에서 가장 큰 수는 얼마인지 풀이 과정을 쓰고 답을 구해 보세요.

$$\frac{\square}{7} < 2\frac{3}{7}$$

풀이

답

20 어떤 수의 $\frac{7}{9}$ 은 35입니다. 어떤 수는 얼마인지 풀이 과정을 쓰고 답을 구해 보세요.

풀이

답

➕ 꼭 나오는 유형

1 들이 비교하기

가   ┌컵 4개   나   ┌컵 6개

나 병이 가 병보다 컵 2개만큼 물이 더 들어갑니다.

⚡ 들어가는 물의 양이 많을수록 들이가 더 많아.

1 물병에 물을 가득 채운 후 컵에 옮겨 담았더니 물이 넘쳤습니다. 물병과 컵 중에서 들이가 더 많은 것은 어느 것일까요?

(   )

2 각 그릇에 물을 가득 채운 후 모양과 크기가 같은 그릇에 옮겨 담았습니다. 들이가 적은 것부터 차례대로 기호를 써 보세요.

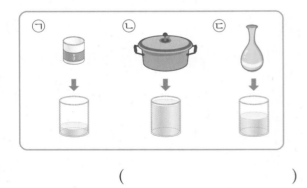

㉠   ㉡   ㉢

(   )

3 통에 물을 가득 채워 모양과 크기가 같은 컵에 옮겨 담았습니다. 관계있는 것끼리 이어 보세요.

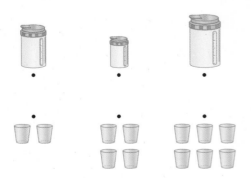

2 들이의 단위, 들이 어림하기

- 1 리터 ➡ 1 L, 1 밀리리터 ➡ 1 mL

$$1\,L = 1000\,mL$$

- 1 L보다 300 mL 더 많은 들이

쓰기 1 L 300 mL   **읽기** 1 리터 300 밀리리터

$$1\,L\ 300\,mL = 1300\,mL$$

⚡ 1 mL가 1000개 모이면 1 L가 돼.

4 단위를 알맞게 사용하지 <u>않은</u> 사람의 이름을 쓰고 바르게 고쳐 보세요.

> 동준: 내 밥그릇의 들이는 약 300 mL야.
> 정빈: 주전자의 들이는 2 L 정도 돼.
> 윤영: 샴푸 통의 들이는 약 500 L야.

5 들이가 500 mL인 컵으로 오른쪽 어항을 가득 채우려면 물을 몇 번 부어야 할까요?

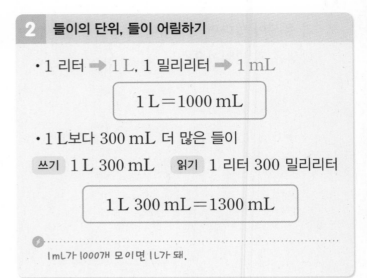

500 mL   2 L

(   )

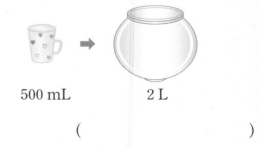

🏃 점프 들이가 1 L 500 mL인 물병에 모양과 크기가 같은 컵으로 물을 6번 부었더니 가득 찼습니다. 컵의 들이는 몇 mL일까요?

(   )

---

3 **들이의 계산**

• 들이의 합			• 들이의 차		
	2 L	100 mL		7 L	800 mL
+	3 L	500 mL	−	4 L	300 mL
	5 L	600 mL		3 L	500 mL

L 단위의 수끼리, mL 단위의 수끼리 계산합니다.

⚡ 먼저 mL 단위의 수끼리 계산한 다음 L 단위의 수끼리 계산하자.

---

4 **무게 비교하기**

100원짜리 동전 12개   100원짜리 동전 7개
가위   지우개

가위가 지우개보다 100원짜리 동전 5개만큼 더 무겁습니다.

⚡ 무게를 잰 단위 물건의 수가 많을수록 더 무거워.

---

6 다음과 같이 물이 있을 때, 2 L가 되려면 물은 몇 mL가 더 필요할까요?

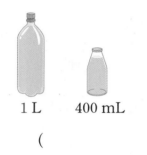

1 L   400 mL

(   )

---

8 무게 비교에 알맞게 ?에 들어갈 수 있는 물건을 모두 찾아 기호를 써 보세요.

㉠ 풍선
㉡ 수박
㉢ 책가방
㉣ 귤

(   )

5

---

7 빈칸에 알맞은 들이는 몇 L 몇 mL인지 써넣으세요.

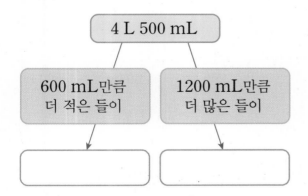

4 L 500 mL

600 mL만큼 더 적은 들이   1200 mL만큼 더 많은 들이

---

9 연필과 필통의 무게를 다음과 같이 비교했습니다. 잘못 설명한 것을 찾아 기호를 써 보세요.

연필   5개   필통   5개

㉠ 연필과 필통은 각각 구슬 5개의 무게와 같으므로 연필과 필통의 무게는 같습니다.
㉡ 파란색 구슬이 빨간색 구슬보다 더 무겁습니다.

(   )

점프 주전자의 들이보다 2700 mL 더 적은 들이는 5 L 600 mL입니다. 주전자의 들이는 몇 L 몇 mL일까요?

(   )

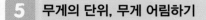
---

5 무게의 단위, 무게 어림하기

- 1 킬로그램 ➡ 1 kg, 1 그램 ➡ 1 g

$$1\ kg = 1000\ g$$

- 1 kg보다 700 g 더 무거운 무게

쓰기 1 kg 700 g   읽기 1 킬로그램 700 그램

$$1\ kg\ 700\ g = 1700\ g$$

- 1000 kg의 무게   쓰기 1 t   읽기 1 톤

⚡ 1 g이 1000개 모이면 1 kg이, 1 kg이 1000개 모이면 1 t이 돼.

---

10 멜론의 무게는 몇 kg 몇 g일까요?

(   )

---

11 무게가 1 kg인 가방 안에 1 kg짜리 추를 2개 넣을 때 무게가 같아지려면 오른쪽에는 몇 kg 의 추 하나를 올려야 하는지 이어 보세요.

2 kg   3 kg   4 kg

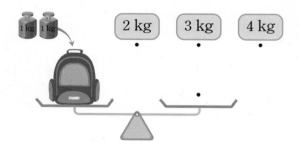

🐸 점프 무게가 1 kg인 가방 안에 300 g짜리 추를 10개 넣었습니다. 추를 넣은 가방의 무게는 몇 kg이 될 까요?

(   )

---

6 무게의 계산

- 무게의 합

$$\begin{array}{r} 1\ kg\ \ 300\ g \\ +\ 2\ kg\ \ 400\ g \\ \hline 3\ kg\ \ 700\ g \end{array}$$

- 무게의 차

$$\begin{array}{r} 5\ kg\ \ 900\ g \\ -\ 4\ kg\ \ 500\ g \\ \hline 1\ kg\ \ 400\ g \end{array}$$

kg 단위의 수끼리, g 단위의 수끼리 계산합니다.

⚡ 먼저 g 단위의 수끼리 계산한 다음 kg 단위의 수끼리 계산하자.

---

12 양쪽의 무게가 같을 때 빈칸에 알맞은 무게는 몇 kg 몇 g인지 써넣으세요.

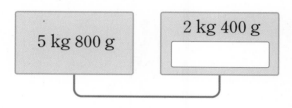

---

13 1 t까지 물건을 실을 수 있는 트럭에 다음 3개 의 상자를 모두 실었습니다. 트럭에 더 실을 수 있는 무게는 몇 kg일까요?

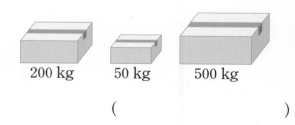

(   )

---

14 고기 한 근은 600 g을 말하고 채소 한 관은 3 kg 750 g을 말합니다. 소고기 1근과 양파 2관을 샀을 때 무게는 모두 몇 kg 몇 g일까 요?

(   )

➕ 자주 틀리는 유형

1 무게 비교

알고 풀어요 ❗

단위를 □kg□g
이나 □g으로 통일
하여 비교해.

무게가 무거운 것부터 차례대로 기호를 써 보세요.

┌─────────────────────────────────────┐
│ ㉠ 2020 g   ㉡ 2 kg 200 g   │
│ ㉢ 2002 g   ㉣ 2 kg 22 g   │
└─────────────────────────────────────┘

(   )

2 가깝게 어림한 사람

알고 풀어요 ❗

어림한 무게와 실제
무게의 차가 작을수
록 가깝게 어림한 거
야.

실제 무게가 1 kg인 상자의 무게를 어림하였습니다. 상자의 무게를 가장 가깝게 어림한 사람의 이름을 써 보세요.

이름	종호	유빈	경수
어림한 무게	850 g	1 kg 100 g	1200 g

(   )

3 저울을 보고 무게 계산

알고 풀어요 ❗

파인애플을 담은 그릇의 무게는 파인애플의 무게와 그릇의 무게의 합이야.

파인애플의 무게는 몇 kg 몇 g일까요?

3 kg 200 g → 1 kg 900 g

(   )

4 ☐ 안에 알맞은 수 구하기

알고 풀어요 ❗

$1\,L = 1000\,mL$임을 이용하여 받아올림과 받아내림을 예상하자.

☐ 안에 알맞은 수를 써넣으세요.

(1)
$$\begin{array}{r} 2\ L\ \boxed{}\ mL \\ +\ \boxed{}\ L\ \ 800\ \ mL \\ \hline 7\ L\ \ 400\ \ mL \end{array}$$

(2)
$$\begin{array}{r} \boxed{}\ L\ \ 200\ \ mL \\ -\ 1\ L\ \boxed{}\ mL \\ \hline 1\ L\ \ 700\ \ mL \end{array}$$

수시 평가 대비

1 ㉮ 그릇과 ㉯ 그릇에 물을 가득 채운 후 모양과 크기가 같은 컵에 옮겨 담았습니다. 알맞은 말에 ○표 하세요.

㉮ 그릇이 ㉯ 그릇보다 들이가 더 (많습니다 , 적습니다).

2 L 단위로 들이를 나타내기에 알맞은 것을 모두 고르세요. ( )

① 물컵   ② 욕조   ③ 주사기
④ 세수대야   ⑤ 참치 캔

3 ☐ 안에 알맞은 단위를 써넣으세요.

(1) 5000 g = 5 ☐

(2) 5000 kg = 5 ☐

4 ☐ 안에 알맞은 수를 써넣으세요.

· 2400 mL = ☐ L ☐ mL

· 2040 mL = ☐ L ☐ mL

· 2004 mL = ☐ L ☐ mL

5 국어사전의 무게는 몇 kg 몇 g일까요?

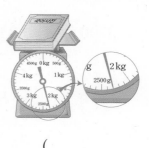

( )

6 저울과 바둑돌을 사용하여 풀과 가위의 무게를 재어 나타낸 표입니다. 풀과 가위 중에서 어느 것이 더 무거울까요?

물건	풀	가위
바둑돌의 수(개)	10	15

( )

7 추의 무게는 200 g입니다. 가에 알맞은 것을 찾아 ○표 하세요.

달걀 1개
배 1개
공깃돌 1개
연필 1자루

8 400 g짜리 상자 10개의 무게는 몇 kg일까요?

( )

9 무게를 비교하여 ◯ 안에 >, =, <를 알맞게 써넣으세요.

$$3700\,g \bigcirc 3\,kg\,77\,g$$

10 양동이에 물이 5 L 15 mL 들어 있습니다. 양동이에 들어 있는 물은 몇 mL일까요?

( )

11 ☐ 안에 알맞은 수를 써넣으세요.

(1) $0.4\,kg =$ ☐ g

(2) $\dfrac{1}{2}\,kg =$ ☐ g

12 그림과 같이 그릇에 물이 담겨 있을 때 들이의 합을 계산해 보세요.

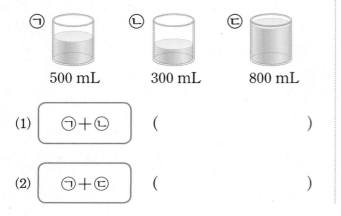

ㄱ 500 mL   ㄴ 300 mL   ㄷ 800 mL

(1) | ㄱ + ㄴ | ( )

(2) | ㄱ + ㄷ | ( )

13 같은 어항에 물을 가득 채우려면 가, 나, 다, 라 컵으로 각각 다음과 같이 부어야 합니다. 들이가 많은 컵부터 차례대로 기호를 써 보세요.

컵	가	나	다	라
수(개)	3	8	10	6

( )

14 약수터에서 유라는 2 L 500 mL의 물을 받아 왔고, 석호는 1 L 200 mL의 물을 받아 왔습니다. 두 사람이 받아 온 물의 양의 합과 차는 몇 L 몇 mL인지 구해 보세요.

합 ( )
차 ( )

15 3 L의 물을 같은 그릇에 똑같이 나누려고 합니다. 가 그릇과 나 그릇의 들이를 구해 보세요.

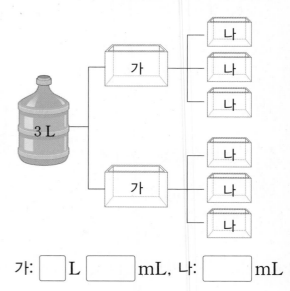

가: ☐ L ☐ mL, 나: ☐ mL

16 빈칸에 알맞은 무게는 몇 kg 몇 g인지 써넣으세요.

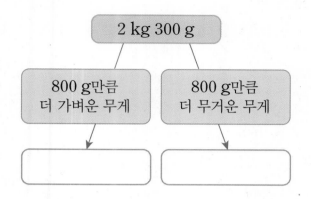

17 들이가 5 L인 주전자에 물이 3300 mL 들어 있습니다. 이 주전자에 물을 가득 채우려면 물을 몇 L 몇 mL 더 부어야 할까요?

( )

18 저울에 300 g짜리 추 5개와 400 g짜리 추 몇 개를 올려 무게를 재었더니 2 kg 700 g이었습니다. 400 g짜리 추를 몇 개 올렸을까요?

( )

19 빨간 가방과 파란 가방을 함께 저울에 올려놓았더니 무게가 3 kg 400 g이었습니다. 빨간 가방의 무게가 1600 g일 때 파란 가방의 무게는 몇 kg 몇 g인지 풀이 과정을 쓰고 답을 구해 보세요.

풀이 _____

_____

_____

답 _____

20 오렌지주스가 3 L 있었습니다. 그중에서 민하네 가족이 들이가 300 mL인 컵에 가득 담아 어제는 4컵, 오늘은 3컵을 마셨습니다. 남은 오렌지주스는 몇 mL인지 풀이 과정을 쓰고 답을 구해 보세요.

풀이 _____

_____

_____

답 _____

1 자료 정리하기

좋아하는 동물별 학생 수

동물	사자	기린	펭귄	토끼	합계
학생 수(명)	2	3	9	6	20

• 기린을 좋아하는 학생 수: 3명
• 좋아하는 학생이 가장 많은 동물: 펭귄
• 좋아하는 학생이 가장 적은 동물: 사자

> 표에서 항목별 수를 알아보고, 수를 모두 더해 합계에 적자.

[1~3] 세중이네 반 학생들이 좋아하는 운동을 조사하였습니다. 물음에 답하세요.

좋아하는 운동

축구	수영	피구	줄넘기

●: 여학생   ●: 남학생

1 조사한 자료를 보고 남학생과 여학생으로 나누어 표로 나타내어 보세요.

좋아하는 운동별 학생 수

운동	축구	수영	피구	줄넘기	합계
여학생 수(명)					
남학생 수(명)					

2 조사한 학생은 모두 몇 명일까요?

( )

3 수영을 좋아하는 여학생 수와 피구를 좋아하는 남학생 수의 합은 몇 명일까요?

( )

2 그림그래프 알아보기

• 그림그래프: 알려고 하는 수(조사한 수)를 그림으로 나타낸 그래프

좋아하는 간식별 학생 수

간식	학생 수
떡볶이	☺ ☺ ☺ ☺ – 31명
피자	☺ ☺ ☺ ☺ ☺ ☺ ☺ ┐ 24명
햄버거	☺ ☺ ☺ ☺ ☺ ☺ ☺ – 16명

☺ 10명
☺ 1명

• 좋아하는 학생이 가장 많은 간식: 떡볶이

> 큰 그림의 수를 비교한 후 작은 그림의 수를 비교하자.

[4~5] 문구점별 팔린 지우개 수를 조사하여 그림그래프로 나타내었습니다. 물음에 답하세요.

문구점별 팔린 지우개 수

문구점	지우개 수
가	
나	
다	
라	

🟫 10개
◻ 1개

4 그림 🟫 과 ◻ 은 각각 몇 개를 나타낼까요?

🟫 ( ), ◻ ( )

5 가 문구점에서 팔린 지우개는 몇 개일까요?

( )

점프 4~5번 그림그래프에서 지우개가 27개 팔린 문구점을 써 보세요.

( )

[6~8] 농장별 고구마 수확량을 조사하여 그림그래 프로 나타내었습니다. 물음에 답하세요.

농장별 고구마 수확량

농장	고구마 수확량
싱싱	🍠🍠🍠🍠
푸름	🍠🍠🍠🍠🍠🍠🍠🍠🍠🍠
하늘	🍠🍠🍠🍠🍠🍠
초록	🍠🍠🍠🍠🍠

🍠100 kg 🍠10 kg

6 푸름 농장의 고구마 수확량은 몇 kg일까요?

( )

7 네 농장의 고구마 수확량은 모두 몇 kg일까요?

( )

8 다음 중 옳지 <u>않은</u> 것을 찾아 기호를 써 보세요.

> ㉠ 고구마 수확량이 400 kg보다 많은 농장 은 없습니다.
> ㉡ 고구마 수확량이 300 kg보다 적은 농장 은 초록 농장입니다.
> ㉢ 푸름 농장의 고구마 수확량은 초록 농장 의 고구마 수확량보다 더 많습니다.

( )

정프 6~8번 그림그래프에서 고구마 수확량이 많은 농장부터 차례대로 써 보세요.

( )

3 그림그래프로 나타내기

• 표를 보고 그림그래프로 나타내는 방법
 ① 그림을 몇 가지로 나타낼 것인지 정하기
 ② 어떤 그림으로 나타낼 것인지 정하기
 ③ 조사한 수에 맞게 그림 그리기
 ④ 알맞은 제목 붙이기

조사한 수에 맞게 큰 그림을 먼저 그리고 작은 그림을 그리자.

[9~10] 재민이네 학교 3학년 학생들이 좋아하는 꽃 을 조사하였습니다. 물음에 답하세요.

좋아하는 꽃

튤립	장미	백합	국화
●●●●●●●●●●●●●●	●●●●●●●●●●●●●	●●●●●	●●●●●●●●

9 자료를 표와 그림그래프로 나타내어 보세요.

좋아하는 꽃별 학생 수

꽃	튤립	장미	백합	국화	합계
학생 수(명)					

좋아하는 꽃별 학생 수

꽃	학생 수
튤립	
장미	
백합	
국화	

◎10명
○1명

10 가장 많은 학생이 좋아하는 꽃은 무엇이고, 몇 명이 좋아하나요?

(,)

[11~12] 공장에서 월별로 생산한 자동차 수를 조사하여 표로 나타내었습니다. 물음에 답하세요.

월별로 생산한 자동차 수

월	3월	4월	5월	6월	합계
자동차 수(대)	103	90	230		565

11 6월에 생산한 자동차는 몇 대일까요?

(   )

12 표를 보고 그림그래프로 나타내어 보세요.

월별로 생산한 자동차 수

월	자동차 수
3월	
4월	
5월	
6월	

■100대 ◎10대 ○1대

13 마을별 초등학생 수를 조사하여 나타낸 표와 그림그래프를 완성해 보세요.

마을별 초등학생 수

마을	샘터	은하	파란	금빛	합계
학생 수(명)	27		61		

마을별 초등학생 수

마을	초등학생 수
샘터	
은하	◎◎◎◎○○
파란	
금빛	◎◎◎○○○○○

◎10명 ○1명

가게에서 종류별 팔린 아이스크림 수

종류	아이스크림 수
딸기 맛	
초콜릿 맛	
포도 맛	
바닐라 맛	

가장 많이 팔린 아이스크림

다음날 이 가게에서는 초콜릿 맛을 더 많이 준비하는 것이 좋겠습니다.

10개 1개

그림그래프의 자료 수를 비교하여 그림그래프에 나타나지 않은 점도 예상할 수 있어.

[14~15] 어느 음식점에서 일주일 동안 팔린 김밥 수를 그림그래프로 나타내었습니다. 물음에 답하세요.

종류별 팔린 김밥 수

종류	김밥 수
김치	
참치	
치즈	
불고기	

10줄 1줄

14 김치 김밥은 치즈 김밥보다 몇 줄 더 많이 팔렸나요?

(   )

점프 가장 많이 팔린 김밥 수와 가장 적게 팔린 김밥 수의 차는 몇 줄일까요?

(   )

15 음식점 주인은 다음 주에 어떤 김밥의 재료를 더 많이 또는 더 적게 준비하면 좋을지 써 보세요.

_____

_____

⊕ 자주 틀리는 유형

정답과 풀이 62쪽

1 그림그래프에서 수량 비교

알고 풀어요 ❗

큰 그림의 수를 비교한 다음 작은 그림의 수를 비교해.

서우네 마을 도서관의 종류별 책의 수를 조사하여 그림그래프로 나타내었습니다.
책의 수가 위인전보다 더 많은 책의 수는 몇 권일까요?

종류별 책의 수

종류	책의 수
과학책	
동화책	
위인전	
만화책	

100권
10권
1권

( )

2 그림의 단위를 바꾸어 그리기

알고 풀어요 ❗

◎가 10, △가 5, ○가 1을 나타낼 경우
◎○○○○○○
△
➡ ◎△○

왼쪽 그림그래프의 그림의 단위를 바꾸어 오른쪽 그림그래프로 나타내어 보세요.

좋아하는 과일별 학생 수

과일	학생 수
사과	◎○○○○○○○
귤	◎◎○○○○○
딸기	◎◎◎○○○
포도	◎○○

◎10명 ○1명

좋아하는 과일별 학생 수

과일	학생 수
사과	
귤	
딸기	
포도	

◎10명 △5명 ○1명

수시 평가 대비

[1~4] 어느 빵집에서 한 달 동안 종류별 팔린 빵의 수를 조사하여 그림그래프로 나타내었습니다. 물음에 답하세요.

종류별 팔린 빵의 수

종류	빵의 수
단팥빵	🍞🍞🍞
도넛	🍞🍞🍞🍞🍞
식빵	🍞🍞🍞🍞🍞🍞🍞
크림빵	🍞🍞🍞🍞

🍞100개 🍞10개

1 그림 🍞과 🍞은 각각 몇 개를 나타내나요?

🍞 (   )

🍞 (   )

2 팔린 개수가 300개인 빵은 무엇인지 써 보세요.

(   )

3 그림그래프를 보고 표로 나타내어 보세요.

종류별 팔린 빵의 수

종류	단팥빵	도넛	식빵	크림빵	합계
빵의 수(개)					

4 가장 적게 팔린 빵은 무엇이고 몇 개인지 써 보세요.

(,   )

[5~8] 지훈이네 학교 3학년 학생들이 태어난 계절을 조사하여 표로 나타내었습니다. 물음에 답하세요.

태어난 계절별 학생 수

계절	봄	여름	가을	겨울	합계
학생 수(명)	12	26	19	31	88

5 위의 표를 그림그래프로 나타낼 때 그림 ☺과 ☺을 사용하려고 합니다. 각각 몇 명을 나타내는 것이 좋을까요?

☺ (   )

☺ (   )

6 표를 보고 그림그래프를 완성해 보세요.

태어난 계절별 학생 수

계절	학생 수
봄	☺ ☺ ☺
여름	
가을	☺ ☺ ☺ ☺ ☺ ☺ ☺ ☺ ☺
겨울	

☺ ☐ 명 ☺ ☐ 명

7 태어난 학생 수가 가장 많은 계절을 써 보세요.

(   )

8 계절별로 태어난 학생 수를 한눈에 비교하는 데 표와 그림그래프 중에서 어느 것이 더 편리할까요?

(   )

[9~11] 윤비가 월별로 마신 우유 수를 조사하여 표와 그림그래프로 나타내었습니다. 물음에 답하세요.

월별로 마신 우유 수

월	9월	10월	11월	12월	합계
우유 수(개)	18		25		

월별로 마신 우유 수

월	우유 수
9월	
10월	◎◎◎
11월	
12월	◎○○○

◎ 10개 ○ 1개

9 그림그래프를 보고 표를 완성해 보세요.

10 표를 보고 그림그래프를 완성해 보세요.

11 10번 그림그래프의 그림의 단위를 바꾸어 그림그래프로 나타내어 보세요.

월별로 마신 우유 수

월	우유 수
9월	
10월	
11월	
12월	

◎ 10개 △ 5개 ○ 1개

[12~15] 마을별 자전거 수를 조사하여 표로 나타내었습니다. 물음에 답하세요.

마을별 자전거 수

마을	가	나	다	라	합계
자전거 수(대)	32	41	16	20	109

12 표를 보고 그림그래프로 나타내어 보세요.

마을별 자전거 수

마을	자전거 수
가	
나	
다	
라	

◎ 10대 ○ 1대

13 자전거 수가 30대보다 많은 마을을 모두 써 보세요.

( )

14 가 마을의 자전거 수는 다 마을의 자전거 수의 몇 배일까요?

( )

15 라 마을의 자전거 수와 차가 가장 적은 마을은 어느 마을이고, 몇 대 차이가 날까요?

(,)

16 우영이네 모둠 친구들이 가지고 있는 구슬 수를 조사하여 그림그래프로 나타내었습니다. 모둠 친구들이 가지고 있는 구슬이 모두 90개라면 예준이가 가지고 있는 구슬은 몇 개일까요?

친구별 가지고 있는 구슬 수

이름	구슬 수
우영	
승주	
예준	
지호	

⬤10개 ●1개

(　　　　　　　　　　　)

[**17~18**] 농장별 오리 수를 조사하여 표로 나타내었습니다. 햇살 농장의 오리 수가 하늘 농장의 오리 수보다 10마리 더 많을 때 물음에 답하세요.

농장별 오리 수

농장	하늘	소망	사랑	햇살	합계
오리 수(마리)		31	40		167

17 위 표를 완성해 보세요.

18 오리 수가 가장 많은 농장과 오리 수가 가장 적은 농장의 오리 수의 차를 구해 보세요.

(　　　　　　　　　　　)

[**19~20**] 과수원별 귤 수확량을 조사하여 그림그래프로 나타내었습니다. 물음에 답하세요.

과수원별 귤 수확량

과수원	귤 수확량
가	
나	
다	
라	

⬤10상자 ●1상자

19 귤 수확량이 두 번째로 많은 과수원은 어디인지 풀이 과정을 쓰고 답을 구해 보세요.

풀이

답

20 네 과수원에서 수확한 귤을 50상자씩 실을 수 있는 트럭으로 한 번에 옮기려고 합니다. 트럭은 적어도 몇 대 필요한지 풀이 과정을 쓰고 답을 구해 보세요.

풀이

답

한걸음 한걸음 디딤돌을 걷다 보면
수학이 완성됩니다.

● **개념 다지기**
원리, 기본

● **문제해결력 강화**
문제유형, 응용

● **심화 완성**
최상위 수학S, 최상위 수학

● **연산 개념 다지기**
디딤돌 연산

● **개념＋문제해결력 강화를 동시에**
기본＋유형, 기본＋응용

● **상위권의 힘, 사고력 강화**
최상위 사고력

개념 이해

개념 응용

개념 확장

학습 능력과 목표에 따라
맞춤형이 가능한 디딤돌 초등 수학

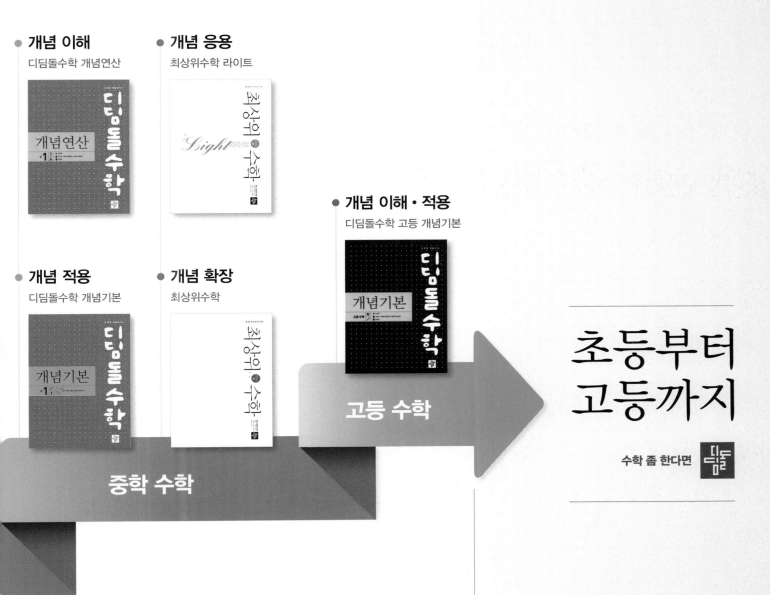

● **개념 이해**
디딤돌수학 개념연산

● **개념 응용**
최상위수학 라이트

● **개념 이해 · 적용**
디딤돌수학 고등 개념기본

● **개념 적용**
디딤돌수학 개념기본

● **개념 확장**
최상위수학

중학 수학

고등 수학

초등부터
고등까지

수학 좀 한다면 디딤돌

개념을 이해하고, 깨우치고, 꺼내 쓰는
올바른 중고등 개념 학습서

상위권의 기준

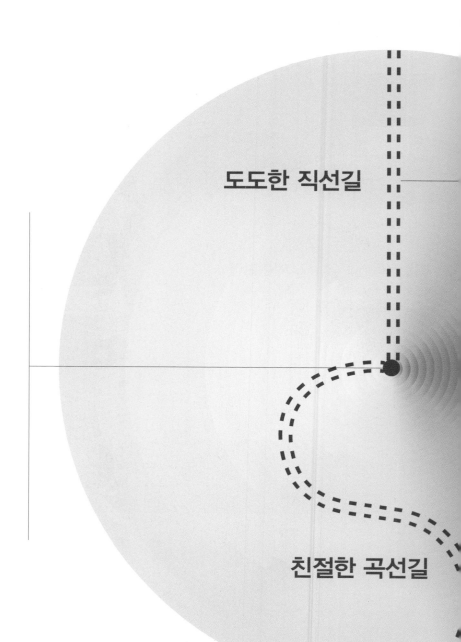

상위권의 기준

최상위
사고력

수학 중 한단면

디딤돌

도도한 직선길

친절한 곡선길

문제유형 | 정답과 풀이

3-2

수학 좀 한다면

디딤돌

1 곱셈

개념을 짚어 보는 문제
8~9쪽

1 2, 268

2 (1) 18 / 60 / 400 / 478 (2) 24 / 60 / 900 / 984

3 (1) 8 / 160 / 800 / 968 (2) 6 / 420 / 3000 / 3426

4 (1) 18 / 1800 (2) 48 / 480

5 (왼쪽에서부터) (1) 25 / 150 / 175 / 2 / 1, 7, 5
(2) 36 / 180 / 216 / 3 / 2, 1, 6

6 (1) 252 / 420 / 672 (2) 415 / 3320 / 3735

---

1 백 모형은 $1 \times 2 = 2$(개), 십 모형은 $3 \times 2 = 6$(개),
일 모형은 $4 \times 2 = 8$(개)이므로 $134 \times 2 = 268$입니다.

2 (1) $239 = 200 + 30 + 9$이므로 239×2는 200×2,
30×2, 9×2의 합과 같습니다.
(2) $328 = 300 + 20 + 8$이므로 328×3은 300×3,
20×3, 8×3의 합과 같습니다.

4 (1) 60×30은 6×3의 100배입니다.
(2) 12×40은 12×4의 10배입니다.

STEP 1 교과서+익힘책 유형
10~15쪽

1 (1) 286 (2) 609 (3) 963 (4) 848

2 (1) 6 / 60 / 300 / 366 (2) 8 / 80 / 400 / 488

3 693

4 (1) 3 (2) 2

준비 (1) > (2) <

5 (1) < (2) >

6 식 $302 \times 3 = 906$ 답 906 km

7 예 1, 3, 4 / 예 268

8 (1) 852 (2) 540 (3) 696 (4) 951

준비 (1) 6 / 9 / 15 (2) 60 / 80 / 140

9 (1) 206 / 309 / 515 (2) 336 / 448 / 784

10 800, 40, 16 / 856

11

$$
\begin{array}{r}
\overset{1}{}4\ 3\ 7 \\
\times 2 \\
\hline
8\ 7\ 4
\end{array}
$$

이유 예 일의 자리에서 올림한 수 1을 십의 자리 계산에 더하지 않아 잘못되었습니다.

12 곱셈식 $219 \times 4 = 876$

13 식 $137 \times 2 = 274$ 답 274원

14 예 1, 0, 2 / 8

15 (1) 568 (2) 1419 (3) 3105 (4) 4336

16 예 600, 예 1800 / 예 작습니다에 ○표

17 (1) 2 / 448 / 1344 (2) 3 / 969 / 2907

18 1300 / 2478 / 2136

준비 4 / 3 / 2

19 (1) 231 (2) 231

20 3150 m

21 예 660 g

22 (1) 2000 (2) 560 (3) 4200 (4) 380

23 (왼쪽에서부터) 800, 800, 1600 /
1200, 400, 1600

준비 (위에서부터) 18 / 18

24 (위에서부터) (1) 2400 / 2400 (2) 2800 / 2800

25 2940, 2940

26 2240 / 3950

27 ╳ (선 연결)

28 3600초

29 (1) 78 (2) 185 (3) 276 (4) 588

30 (위에서부터) (1) 192 / 64 (2) 192 / 48

31 (1) 12, 320 / 332 (2) 120, 32 / 152

32 예 아령 들기, 196회

33 366개

34 (1) 16 (2) 25

35 (1) 884 (2) 1944 (3) 1003 (4) 1316

36 (왼쪽에서부터) 2520, 756, 3276 /
3120, 156, 3276

준비 (계산 순서대로) 10, 30 / 15, 30

37 (계산 순서대로) (1) 60, 480 / 120, 480
(2) 260, 2340 / 468, 2340

38 (1) 400 (2) 3404

39 924, =, 924

40 식 $89 \times 14 = 1246$ 답 1246 m

41 예 15, 42

2 (1) $122 = 100 + 20 + 2$이므로 122×3은 100×3, 20×3, 2×3의 합과 같습니다.
(2) 122×4는 100×4, 20×4, 2×4의 합과 같습니다.

3 231씩 3번 뛰어 세었으므로 $231 \times 3 = 693$입니다.

4 (1) $999 = 333 \times 3$이고 $333 = 111 \times 3$이므로 공통으로 들어가는 수는 3입니다.
(2) $808 = 404 \times 2$이고 $404 = 202 \times 2$이므로 공통으로 들어가는 수는 2입니다.

5 곱해지는 수가 같을 때에는 곱하는 수가 클수록 곱이 큽니다.

6 1시간에 302 km만큼 이동하므로 3시간 동안 이동할 수 있는 거리는 $302 \times 3 = 906$(km)입니다.

7 수 카드에 적힌 1, 3, 4를 □ 안에 써넣어 곱셈식을 만들면 $134 \times 2 = 268$, $143 \times 2 = 286$, $314 \times 2 = 628$, $341 \times 2 = 682$, $413 \times 2 = 826$, $431 \times 2 = 862$를 완성할 수 있습니다.

8 (1)
```
    1
  2 1 3
×     4
  8 5 2
```
(2)
```
    4
  1 0 8
×     5
  5 4 0
```
(3)
```
    3
  1 1 6
×     6
  6 9 6
```
(4)
```
    2
  3 1 7
×     3
  9 5 1
```

9 (1) 103×5 < 103×2 / 103×3
   2 3
(2) 112×7 < 112×3 / 112×4
   3 4

10 200×4, 10×4, 4×4의 합은 214×4와 같습니다.
➡ $800 + 40 + 16 = 856$

11
평가 기준
잘못 계산한 부분의 이유를 설명했나요?
잘못 계산한 부분을 바르게 계산했나요?

12 219를 4번 더한 값은 219×4와 같습니다.

13 1크로나가 137원이므로 2크로나는 $137 \times 2 = 274$(원)입니다.

14 일의 자리 곱이 6이 되는 (세 자리 수)×(한 자리 수)를 먼저 찾습니다. $102 \times 8 = 816$, $204 \times 4 = 816$을 완성할 수 있습니다.

15 (1)
```
    1
  2 8 4
×     2
  5 6 8
```
(2)
```
    2
  4 7 3
×     3
1 4 1 9
```
(3)
```
    1
  6 2 1
×     5
3 1 0 5
```
(4)
```
  3 1
  5 4 2
×     8
4 3 3 6
```

16 예 594를 백의 자리로 어림하면 600이므로 594×3은 $600 \times 3 = 1800$보다 작습니다.

17 (1) $224 \times \boxed{6} = 1344$
$\underline{224 \times 2 \times 3} = 1344$
  448
(2) $323 \times \boxed{9} = 2907$
$\underline{323 \times 3 \times 3} = 2907$
  969

18 $325 \times 4 = 1300$
$413 \times 6 = 2478$
$267 \times 8 = 2136$

19 (1) $231 \times 6 = \underbrace{231 + 231 + 231 + 231 + 231}_{231 \times 5} + 231$
(2) $231 \times 4 = \underbrace{231 + 231 + 231 + 231 + 231}_{231 \times 5} - 231$

20 지구는 1초 동안 450 m를 움직이므로 7초 동안 $450 \times 7 = 3150$(m) 움직입니다.

21 (빨간색 쌓기나무를 선택한 경우) $= 132 \times 5 = 660$(g)
(파란색 쌓기나무를 선택한 경우) $= 658 \times 5 = 3290$(g)
(초록색 쌓기나무를 선택한 경우) $= 276 \times 5 = 1380$(g)
(보라색 쌓기나무를 선택한 경우) $= 493 \times 5 = 2465$(g)

22 (3) $60 \times 70 = 4200$
(4) $19 \times 20 = 380$

23 · 80=40+40이므로 20×80은 20×40과 20×40의 합과 같습니다.
· 80=60+20이므로 20×80은 20×60과 20×20의 합과 같습니다.

24 (1) 80×30=2400
$$\downarrow$$
2400÷30=80
(2) 70×40=2800
$$\downarrow$$
2800÷40=70

25 곱셈에서 두 수를 바꾸어 곱해도 계산 결과는 같습니다.

26 빈칸은 양쪽의 두 수를 곱한 값이므로
56×40=2240, 79×50=3950입니다.

27
$$15 \times 40 \qquad 45 \times 80 \qquad 35 \times 60$$
$$\times 2\downarrow \quad \uparrow \times 2 \qquad \times 2\downarrow \quad \uparrow \times 2 \qquad \times 2\downarrow \quad \uparrow \times 2$$
$$30 \times 20 \qquad 90 \times 40 \qquad 70 \times 30$$
$$(=20\times30) \qquad (=40\times90) \qquad (=30\times70)$$

28 예 1시간은 60분이고 1분은 60초이므로
60×60=3600(초)입니다.

평가 기준
1시간은 몇 초인지 구하는 식을 세웠나요?
1시간은 몇 초인지 구했나요?

29 (1)
$$\begin{array}{r} 1 \\ 3 \\ \times\ 2\ 6 \\ \hline 7\ 8 \end{array}$$
(2)
$$\begin{array}{r} 3 \\ 5 \\ \times\ 3\ 7 \\ \hline 1\ 8\ 5 \end{array}$$
(3)
$$\begin{array}{r} 3 \\ 4 \\ \times\ 6\ 9 \\ \hline 2\ 7\ 6 \end{array}$$
(4)
$$\begin{array}{r} 2 \\ 7 \\ \times\ 8\ 4 \\ \hline 5\ 8\ 8 \end{array}$$

30 (1) 8× 24 =192
$$\underline{8\times8\times3}=192$$
$$64$$
(2) 8× 24 =192
$$\underline{8\times6\times4}=192$$
$$48$$

31 (1) 83=80+3이므로 4×83은 4×3과 4×80의 합과 같습니다.

(2) 38=30+8이므로 4×38은 4×30과 4×8의 합과 같습니다.

☺ 내가 만드는 문제
32 일주일은 7일이므로 7×(선택한 운동의 하루에 해야 하는 횟수)를 계산합니다.
(윗몸 말아 올리기를 선택한 경우)=7×13=91(회)
(아령 들기를 선택한 경우)=7×28=196(회)
(줄넘기를 선택한 경우)=7×44=308(회)
(훌라후프 돌리기를 선택한 경우)=7×52=364(회)

33 예 3월은 31일, 4월은 30일로 3월과 4월의 날수를 모두 더하면 61일입니다. 하루에 6개씩 먹어야 하므로 두 달 동안 모두 6×61=366(개)를 먹어야 합니다.

평가 기준
3월과 4월의 날수를 구했나요?
3, 4월 두 달 동안 섭취한 딸기의 개수를 구했나요?

34 (1) ★을 4번 더하면 64이므로 4×★=64입니다.
4×16=64이므로 ★=16입니다.
(2) ●을 5번 더하면 125이므로 5×●=125입니다.
5×25=125이므로 ●=25입니다.

35 (1)
$$\begin{array}{r} 6\ 8 \\ \times\ 1\ 3 \\ \hline 2\ 0\ 4 \\ 6\ 8\ 0 \\ \hline 8\ 8\ 4 \end{array}$$
(2)
$$\begin{array}{r} 3\ 6 \\ \times\ 5\ 4 \\ \hline 1\ 4\ 4 \\ 1\ 8\ 0\ 0 \\ \hline 1\ 9\ 4\ 4 \end{array}$$
(3)
$$\begin{array}{r} 5\ 9 \\ \times\ 1\ 7 \\ \hline 4\ 1\ 3 \\ 5\ 9\ 0 \\ \hline 1\ 0\ 0\ 3 \end{array}$$
(4)
$$\begin{array}{r} 4\ 7 \\ \times\ 2\ 8 \\ \hline 3\ 7\ 6 \\ 9\ 4\ 0 \\ \hline 1\ 3\ 1\ 6 \end{array}$$

36 · 84×39 ➡
$$\begin{array}{r} 84 \times 30 = 2520 \\ 84 \times\ 9 =\ 756 \\ \hline 84 \times 39 = 3276 \end{array}$$
30 9
· 84×39 ➡
$$\begin{array}{r} 80 \times 39 = 3120 \\ 4 \times 39 =\ 156 \\ \hline 84 \times 39 = 3276 \end{array}$$
80 4

37 (1) 4×8=8×4=32이므로
15×4×8=15×8×4=15×32입니다.
(2) 5×9=9×5=45이므로
52×5×9=52×9×5=52×45입니다.

38 (1) 삼각형 안에 있는 수는 25와 16이므로
$25 \times 16 = 400$입니다.
(2) 사각형 안에 있는 수는 37과 92이므로
$37 \times 92 = 3404$입니다.

39 곱해지는 수가 커진 만큼 곱하는 수가 작아지면 곱의 결과는 같습니다.

40 재채기를 할 때 내뱉는 숨은 1초에 89 m만큼 이동하므로 14초 동안 $89 \times 14 = 1246$(m) 이동합니다.

😊 내가 만드는 문제
41 42와 곱할 곱하는 수를 정하고 42×16과 등식이 성립하기 위해 더해야 할 수를 정합니다.
예 $42 \times 16 = \underbrace{42 + 42 + \cdots + 42 + 42 + 42}_{42 \times 15}$
$= \underbrace{42 \times 15 + 42}_{①②}$

STEP 2 자주 틀리는 유형 16~18쪽

42 244 / 366 / 610 **43** 306 / 408 / 7, 714
44 669, 446 / 1115 **45** 2000 / 4000
46 900 / 1800 **47** 3000 / 3000
48
```
  1 2
  5 3 9
×     3
1 6 1 7
```
49
```
  1 4
  4 2 7
×     6
2 5 6 2
```
50
```
    5
  2 0 6
×     9
1 8 5 4
```
51 3 **52** 38 / 76 **53** 21 / 48
54 20 **55** 16 / 64 **56** 25 / 15
57 1395분 **58** 1680개 **59** 798쪽

42 $5 = 2 + 3$이므로 122×5는 122×2와 122×3의 합과 같습니다.

---

43 $3 + 4 = 7$이므로 102×7은 102×3과 102×4의 합과 같습니다.

44 $223 \times 5 \Rightarrow$
$\begin{matrix} 223 \times 3 = & 669 \\ 223 \times 2 = & 446 \\ \hline 223 \times 5 = & 1115 \end{matrix}$ (3, 2)

45 $40 \times 50 = 2000, \quad 80 \times 50 = 4000$

46 $45 \times 20 = 900, \quad 45 \times 40 = 1800$

47 $75 \times 40 = 3000, \quad 50 \times 60 = 3000$

48 일의 자리 계산 $9 \times 3 = 27$에서 2는 십의 자리로 올림하고, 십의 자리 계산 $3 \times 3 + 2 = 11$에서 1은 백의 자리로 올림합니다. 백의 자리 계산 $5 \times 3 + 1 = 16$에서 1은 천의 자리에 씁니다.

49 일의 자리 계산 $7 \times 6 = 42$에서 4는 십의 자리로 올림하고, 십의 자리 계산 $2 \times 6 + 4 = 16$에서 1은 백의 자리로 올림합니다. 백의 자리 계산 $4 \times 6 + 1 = 25$에서 2는 천의 자리에 씁니다.

50 일의 자리 계산 $6 \times 9 = 54$에서 5는 십의 자리로 올림하고, 십의 자리 계산 $0 \times 9 + 5 = 5$이므로 5는 십의 자리에 씁니다. 백의 자리 계산 $2 \times 9 = 18$에서 1은 천의 자리에 씁니다.

51 $243 \times 4 = \underbrace{243 + 243 + 243 + 243}_{243 \times 3}$

52 $38 \times 12 = \underbrace{38 + 38 + \cdots + 38 + 38 + 38}_{38 \times 11}$
$= \underbrace{38 + 38 + \cdots + 38 + 38}_{38 \times 10} + \underbrace{38 + 38}_{38 \times 2}$

53 $7 \times 53 = \underbrace{7 + 7 + \cdots + 7 + 7}_{7 \times 50} + \underbrace{7 + 7 + 7}_{7 \times 3}$
$= \underbrace{7 + 7 + \cdots + 7 + 7}_{7 \times 48} + \underbrace{7 + 7 + 7 + 7 + 7}_{7 \times 5}$

54 13에서 39로 곱해지는 수가 커진 만큼 곱하는 수가 60에서 작아지면 20입니다.

다른 풀이

$$13 \times 60 = 39 \times 20$$

(위 식: 왼쪽 $\times 3$, 아래 $\times 3$)

55 24에서 48로 곱해지는 수가 커진 만큼 곱하는 수가 32에서 작아지면 16입니다.
24에서 12로 곱해지는 수가 작아진 만큼 곱하는 수가 32에서 커지면 64입니다.

다른 풀이

$$24 \times 32 = 48 \times 16 \qquad 24 \times 32 = 12 \times 64$$

(왼쪽 식: $\times 2$ / $\times 2$, 오른쪽 식: $\times 2$ / $\times 2$)

56 8에서 24로 곱해지는 수가 커진 만큼 곱하는 수가 75에서 작아지면 25입니다.
8에서 40으로 곱해지는 수가 커진 만큼 곱하는 수가 75에서 작아지면 15입니다.

다른 풀이

$$8 \times 75 = 24 \times 25 \qquad 8 \times 75 = 40 \times 15$$

(왼쪽 식: $\times 3$ / $\times 3$, 오른쪽 식: $\times 5$ / $\times 5$)

57 10월 한 달은 31일입니다.
(10월 한 달 동안 독서를 한 시간)
$=$(하루의 독서 시간)$\times$(날수)
$=45 \times 31 = 1395$(분)

58 9월 한 달은 30일입니다.
(9월 한 달 동안 접은 종이학의 수)
$=$(하루에 접는 종이학 수)$\times$(날수)
$=56 \times 30 = 1680$(개)

59 3주일은 $7 \times 3 = 21$(일)입니다.
(3주일 동안 읽은 역사책 쪽수)
$=$(하루에 읽은 역사책 쪽수)$\times$(날수)
$=38 \times 21 = 798$(쪽)

60 3295	**61** 2590	**62** 5248
63 520분	**64** 252개	**65** 455쪽
66 8, 9	**67** 5	**68** 4, 5, 6
69 (위에서부터) 2 / 6	**70** (위에서부터) 7 / 5	
71 (위에서부터) 6 / 8 / 8 / 7		**72** 535개
73 771개	**74** 663개	**75** 3시간 20분
76 5시간 4분	**77** 4시간 48분	**78** 1413
79 1238	**80** 3069	

81 예 8, 2 / 5, 4 / 4428   **82** 예 3, 6 / 4, 9 / 1764
83 예 83, 75, 6225 / 예 15, 37, 555

60 $\square \div 5 = 659$
$5 \times 659 = \square$, $\square = 3295$

61 $\square \div 70 = 37$
$70 \times 37 = \square$, $\square = 2590$

62 어떤 수를 $\square$라고 하면
$\square \div 64 = 82$
$64 \times 82 = \square$, $\square = 5248$입니다.

63 월요일, 수요일, 금요일은 모두 13일입니다.
따라서 윤성이가 한 달 동안 태권도를 한 시간은 모두
$13 \times 40 = 520$(분)입니다.

64 월요일, 화요일, 목요일은 모두 14일입니다.
따라서 아영이가 한 달 동안 외운 한자의 개수는 모두
$14 \times 18 = 252$(개)입니다.

65 수요일, 토요일, 일요일은 모두 13일입니다.
따라서 성아가 한 달 동안 읽은 과학책의 쪽수는 모두
$13 \times 35 = 455$(쪽)입니다.

66 $24 \times 70 = 1680 < 1800$, $24 \times 80 = 1920 > 1800$, $24 \times 90 = 2160 > 1800$이므로 $\square$ 안에 들어갈 수 있는 수는 8, 9입니다.

67 36×19=684이므로 125×□<684입니다.
125×5=625<684, 125×6=750>684이므로
□ 안에 들어갈 수 있는 가장 큰 수는 5입니다.

68 77을 80으로 생각하면 80×30=2400,
80×70=5600이므로□ 안에 4, 5, 6, 7을 넣어 봅니다.
77×40=3080(○), 77×50=3850(○),
77×60=4620(○), 77×70=5390(×)이므로
□ 안에 들어갈 수 있는 수는 4, 5, 6입니다.

69
```
      ㉠ 1 3
  ×       ㉡
  1 2 7 8
```
• 일의 자리 계산에서 3×㉡의 일의 자리 숫자가 8이므로
㉡=6입니다.
• ㉡=6일 때 백의 자리 계산에서 ㉠×6=12이므로
㉠=2입니다.

70
```
        ㉠
  ×   ㉡ 3
  3 7 1
```
• 일의 자리 계산에서 ㉠×3의 일의 자리 숫자가 1이므로
㉠=7입니다.
• 7×3=21이고 7×㉡+2=37에서 7×㉡=35,
㉡=5입니다.

71
```
        ㉠ 4
  ×     2 ㉡
    5 1 2
  1 2 ㉢ 0
  1 ㉣ 9 2
```
• ㉢=4×2=8, ㉠×2=12이므로 ㉠=6입니다.
• 4×㉡의 일의 자리 숫자가 2이므로 ㉡=3 또는
㉡=8입니다. 64×3=192(×), 64×8=512(○)
이므로 ㉡=8입니다.
• ㉣=5+2=7입니다.

72
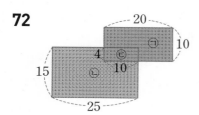

㉠의 개수: 20×10=200(개)
㉡의 개수: 25×15=375(개)
㉢의 개수: 10×4=40(개)

➡ (색칠한 칸의 개수)=㉠+㉡-㉢
=200+375-40=535(개)

73
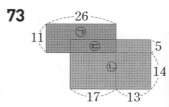

㉠의 개수: 26×11=286(개)
㉡의 개수: 30×19=570(개)
㉢의 개수: 17×5=85(개)
➡ (색칠한 칸의 개수)=㉠+㉡-㉢
=286+570-85=771(개)

74
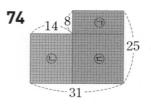

㉠의 개수: 17×8=136(개)
㉡의 개수: 14×17=238(개)
㉢의 개수: 17×17=289(개)
➡ (색칠한 칸의 개수)=㉠+㉡+㉢
=136+238+289=663(개)

75 통나무를 1번 자르면 2도막, 2번 자르면 3도막이 되므로
11도막이 되려면 10번 잘라야 합니다.
통나무를 1번 자르는 데 20분이 걸리므로 10번을 자르
는 데 20×10=200(분)이 걸립니다.
따라서 60분=1시간이므로 200분은 3시간 20분입니다.

76 통나무가 20도막이 되려면 19번 잘라야 합니다.
통나무를 1번 자르는 데 16분이 걸리므로 19번을 자르
는 데 16×19=304(분)이 걸립니다.
따라서 60분=1시간이므로 304분은 5시간 4분입니다.

77 통나무를 3번 자르는 데 36분이 걸리므로 1번 자르는 데
36÷3=12(분)이 걸립니다.
통나무가 25도막이 되려면 24번 잘라야 하므로
12×24=288(분)이 걸립니다.
따라서 60분=1시간이므로 288분은 4시간 48분입니다.

78 157♥3=157×3×3
=471×3
=1413

79 $28 \clubsuit 41 = 28 \times 41 + 90$
$= 1148 + 90$
$= 1238$

80 ㉠=63, ㉡=30이므로 ㉢=63+30=93,
㉣=63−30=33입니다.
따라서 63★30=93×33=3069입니다.

81 ㉠>㉡>㉢>㉣의 숫자로 곱이 가장 큰 (두 자리 수)×
(두 자리 수)를 만드는 방법은 ㉠㉣×㉡㉢ 또는
㉡㉢×㉠㉣입니다.
따라서 8>5>4>2이므로 곱이 가장 큰 곱셈식은
82×54=4428 또는 54×82=4428입니다.

82 ㉠>㉡>㉢>㉣의 숫자로 곱이 가장 작은 (두 자리 수)
×(두 자리 수)를 만드는 방법은 ㉣㉡×㉢㉠ 또는
㉢㉠×㉣㉡입니다.
따라서 9>6>4>3이므로 곱이 가장 작은 곱셈식은
36×49=1764 또는 49×36=1764입니다.

83 • 곱이 가장 큰 경우: 가장 작은 수인 1을 빼면 나머지
4장은 8>7>5>3이므로 곱이 가장 큰 곱셈식은
83×75=6225 또는 75×83=6225입니다.
• 곱이 가장 작은 경우: 가장 큰 수인 8을 빼면 나머지
4장은 7>5>3>1이므로 곱이 가장 작은 곱셈식은
15×37=555 또는 37×15=555입니다.

---

1. 곱셈　　　**기출 단원 평가**　　　23~25쪽

1 4, 808　　　　　　**2** (1) 975　(2) 4167

3 (1) 9 / 30 / 300 / 339　(2) 12 / 40 / 400 / 452

4 666 / 888 / 7, 1554

5 (1) 6 / 90 / 540　(2) 4 / 100 / 900

6 (1) <　(2) >

7

×	30	31	32
50	1500	1550	1600

---

8 (1) 245, 5　(2) 528, 8　　**9** ㉠

10
$$\begin{array}{r} 7\;3 \\ \times\;2\;3 \\ \hline 2\;1\;9 \\ 1\;4\;6\;0 \\ \hline 1\;6\;7\;9 \end{array}$$

11 (1) 60　(2) 40

12 (1) 12　(2) 23

13 ㉡, ㉢, ㉠　　　　**14** 312 / 936

15 350개　　　　　**16** (위에서부터) 6 / 7 / 2

17 5887　　　　　**18** 1, 2, 3, 4

19 1668 kcal　　　**20** 6643

1 202를 4번 더했으므로 202×4로 나타냅니다.
따라서 202×4=808입니다.

2 (1)
$$\begin{array}{r} 1 \\ 3\;2\;5 \\ \times\quad\;\;3 \\ \hline 9\;7\;5 \end{array}$$
(2)
$$\begin{array}{r} 5\;2 \\ 4\;6\;3 \\ \times\quad\;\;9 \\ \hline 4\;1\;6\;7 \end{array}$$

3 (1) 113=100+10+3이므로 113×3은 100×3,
10×3, 3×3의 합과 같습니다.
(2) 113×4는 100×4, 10×4, 3×4의 합과 같습니다.

4 3+4=7이므로 222×7은 222×3과 222×4의 합과
같습니다.

5 (1) $15 \times \boxed{36} = 540$
$\underline{15 \times 6 \times 6} = 540$
　　　90
(2) $25 \times \boxed{36} = 900$
$\underline{25 \times 4 \times 9} = 900$
　　　100

6 (1) 8×97=776, 40×20=800이므로 776<800입니다.
(2) 7×68=476, 21×21=441이므로 476>441입니다.

7 곱하는 수가 1씩 커질 때마다 계산 결과는 50씩 커집니다.

8 곱셈에서 두 수를 바꾸어 곱해도 계산 결과는 같습니다.

9 ㉠ 275×3=825
ㄴ 416×2=832
ㄷ 208×4=832
따라서 곱이 다른 하나는 ㉠입니다.

10 73×2는 실제로 73×20을 나타내므로
73×20=1460을 자리에 맞춰 써야 합니다.

11 (1) 60×80=4800

(2) 17×40=680

12 (1) 6×84=42×□
×7

12×7=84이므로 □=12입니다.

(2) 9×92=36×□
×4

23×4=92이므로 □=23입니다.

13 ㉠ 809+809+809=809×3=2427
ㄴ 73×40=2920
ㄷ 32×90=2880
따라서 2920>2880>2427이므로 계산 결과가 큰 것
부터 차례로 기호를 쓰면 ㄴ, ㄷ, ㉠입니다.

14 312×8
$=\underbrace{312+312+312+312+312+312+312+312}_{312×7}$

$=\underbrace{312+312+312+312+312}_{312×5}+\underbrace{312+312+312}_{312×3}$

15 월요일, 수요일, 금요일은 모두 14일입니다.
따라서 윤지가 한 달 동안 외운 영어 단어의 개수는 모두
14×25=350(개)입니다.

16
```
       4 ㉠
   ×    ㄴ 3
     1 3 8
   3 ㄷ 2 0
   3 3 5 8
```
• ㉠×3의 일의 자리 숫자가 8이므로 ㉠=6입니다.
• ㉠×ㄴ=6×ㄴ의 일의 자리 숫자가 2이므로 ㄴ=2
또는 ㄴ=7입니다.
46×2=92(×), 46×7=322(○)
➡ ㄴ=7, ㄷ=2

17 29◆7=29×29×7
=841×7
=5887

18 52×34=1768이므로 1768>418×□입니다.
418×1=418(○), 418×2=836(○),
418×3=1254(○), 418×4=1672(○),
418×5=2090(×)이므로
□ 안에 들어갈 수 있는 수는 1, 2, 3, 4입니다.

19 예 케이크 한 조각의 열량은 417 kcal이므로 케이크 4
조각의 열량은 케이크 한 조각의 열량의 4배입니다.
따라서 417×4=1668(kcal)입니다.

평가 기준	배점
케이크 4조각의 열량을 구하는 식을 세웠나요?	2점
케이크 4조각의 열량을 구했나요?	3점

20 예 ㉠>ㄴ>ㄷ>ㄹ의 숫자로 곱이 가장 큰
(두 자리 수)×(두 자리 수)를 만드는 방법은
㉠ㄹ×ㄴㄷ 또는 ㄴㄷ×㉠ㄹ입니다.
따라서 9>7>3>1이므로 곱이 가장 큰 곱셈식은
91×73=6643 또는 73×91=6643입니다.

평가 기준	배점
곱이 가장 큰 (두 자리 수)×(두 자리 수)의 곱셈식을 만들었나요?	3점
가장 큰 곱을 구했나요?	2점

2 나눗셈

개념을 짚어 보는 문제
28~29쪽

1 (1) 20 (2) 25

2 (1) 2, 3 / 9 / 9 / 0 (2) 2, 1 / 8 / 4 / 4 / 0

3 (1) 10 / 8 / 18 (2) 10 / 3 / 13

4 4, 3 / 4, 3, 3

5 (왼쪽에서부터) 15 / 16 / 15 / 1
확인 15, 45 / 45, 46

6 (1) 69 / 18 / 27 / 27 / 0 (2) 123 / 4 / 8 / 12 / 1

1 (1) 십 모형 8개를 4묶음으로 똑같이 나누면 한 묶음에 십 모형이 2개씩입니다.
(2) 십 모형 1개를 낱개 모형 10개로 바꾸어 계산합니다.

2 십의 자리, 일의 자리 순서로 계산합니다.

3 (1) 36＝20＋16이므로 36÷2의 몫은 20÷2와 16÷2의 몫의 합과 같습니다.
(2) 65＝50＋15이므로 65÷5의 몫은 50÷5와 15÷5의 몫의 합과 같습니다.

4 35÷8＝4…3이므로 몫은 4이고 나머지는 3입니다.

5 나누는 수와 몫의 곱에 나머지를 더하면 나누어지는 수가 되어야 합니다.

6 (1) 백의 자리 숫자가 나누는 수보다 작으므로 몫은 두 자리 수입니다.

STEP 1 교과서＋익힘책 유형
30~36쪽

1 (1) 4, 40 (2) 3, 30   2 (1) 10 (2) 12

준비 6 / 6   3 35 / 35

4 12   5 (1) 15 / 30 (2) 15 / 45

6 ㉢   7 식 40÷4＝10 답 10개

---

8 예 (1) 8, 0, 4 (2) 9, 0, 3

9 (1) 21 (2) 12

10 (1) 1 / 30 / 31 (2) 2 / 10 / 12

11 (1) 33 / 22 / 11 (2) 12 / 22 / 32

12 12, 3   13 63 / 63

14 (1) 5 (2) 2   15 21 cm

16 34   17 (1) 13 (2) 14

18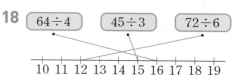

준비 (위에서부터) 3 / 9   19 (위에서부터) 14 / 42

20 (1) 2 (2) 6   21 114

22 15 g

23 (위에서부터) (1) 6 / 1 / 1, 6 (2) 5 / 2 / 2, 5

24 (1) 4…3 (2) 3…5   25 7, 8에 ×표

26 (위에서부터) 9, 1 / 45, 45, 46

27 지윤   28 (1) 9, 4 (2) 11, 2

29 나눗셈식 52÷9＝5…7
뺄셈식 52－9－9－9－9－9＝7

30 6   31 (1) 25…2 (2) 26…1

32 (1) 10 / 5, 2 / 15, 2 (2) 30 / 7, 1 / 37, 1

33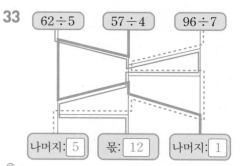

34 예 9, 5, 4, 23, 3   35 59÷3＝19…2

준비 ( ) (○) ( )   36 16 cm, 1 cm

37 (1) 112 (2) 87…1   38 (1) ＞ (2) ＜

39 예 128÷4＝32

40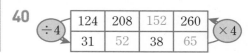

41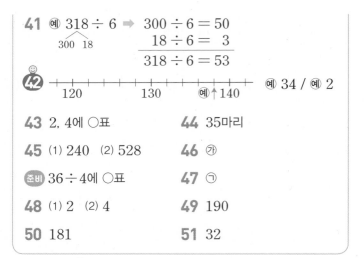

예) $318 \div 6 \Rightarrow$

$300 \div 6 = 50$
$18 \div 6 = \ \ 3$
$318 \div 6 = 53$

42 예) 34 / 예) 2

43 2, 4에 ○표 **44** 35마리

45 (1) 240 (2) 528 **46** ㉮

준비 $36 \div 4$에 ○표 **47** ㉠

48 (1) 2 (2) 4 **49** 190

50 181 **51** 32

1 나누어지는 수가 10배가 되면 몫도 10배가 됩니다.

2 (1)
```
   1 0
5)5 0
  5
  0
```
(2)
```
   1 2
5)6 0
  5
  1 0
  1 0
    0
```

3 $70 \div 2 = 35 \Rightarrow 2 \times 35 = 70$

4 $60 \div 5 = 12$

5 (1) 나누어지는 수가 2배가 되면 몫도 2배가 됩니다.
(2) 나누어지는 수가 3배가 되면 몫도 3배가 됩니다.

6 ㉠ $60 \div 4 = 15$ ㉡ $90 \div 6 = 15$ ㉢ $80 \div 5 = 16$
따라서 몫이 다른 하나는 ㉢입니다.

7 (전체 잎의 수)÷(네잎클로버 한 개의 잎의 수)
$= 40 \div 4 = 10$(개)

😊 내가 만드는 문제
8 (1) $8 \div 4 = 2$ $80 \div 4 = 20$
$6 \div 3 = 2$ $60 \div 3 = 20$
$4 \div 2 = 2 \Rightarrow 40 \div 2 = 20$
$2 \div 1 = 2$ $20 \div 1 = 20$

9 (1)
```
   2 1
3)6 3
  6
  3
  3
  0
```
(2)
```
   1 2
4)4 8
  4
  8
  8
  0
```

10 (1) $62 = 2 + 60$이므로 $62 \div 2$의 몫은 $2 \div 2$와 $60 \div 2$의 몫의 합과 같습니다.
(2) $36 = 6 + 30$이므로 $36 \div 3$의 몫은 $6 \div 3$과 $30 \div 3$의 몫의 합과 같습니다.

11 (1) 나누어지는 수가 같고 나누는 수가 커지면 몫은 작아집니다.
(2) 나누는 수가 같고 나누어지는 수가 커지면 몫도 커집니다.

12 앞의 수를 2로 나누는 규칙입니다.
$24 \div 2 = 12$, $6 \div 2 = 3$

13 $3 \times 21 = 63 \Rightarrow 63 \div 3 = 21$

14 (1) 보기 의 수를 넣어 보면 $55 \div 5 = 11$이므로 □=5입니다.
(2) 보기 의 수를 넣어 보면 $26 \div 2 = 13$이므로 □=2입니다.

15 점과 점을 이은 선이 4개이므로 점과 점 사이의 거리는 $84 \div 4 = 21$(cm)입니다.

16 예) ●●●●●●◆♥♥♥는 ●이 6개이므로 60, ◆이 1개이므로 5, ♥이 3개이므로 3입니다.
따라서 $60 + 5 + 3 = 68$이므로 $68 \div 2 = 34$입니다.

평가 기준
나눗셈식으로 바르게 나타냈나요?
나눗셈의 몫을 구했나요?

17 (1)
```
   1 3
4)5 2
  4
  1 2
  1 2
    0
```
(2)
```
   1 4
4)5 6
  4
  1 6
  1 6
    0
```

18 $64 \div 4 = 16$, $45 \div 3 = 15$, $72 \div 6 = 12$

19 $6 = 2 \times 3$이므로 $84 \div 6$은 84를 2로 나눈 후 그 몫을 3으로 나눈 것과 같습니다.

20 (1) 나누어지는 수가 반이 되었으므로 나누는 수도 반이 되어야 몫이 같습니다.

(2) 나누어지는 수가 2배가 되었으므로 나누는 수도 2배가 되어야 몫이 같습니다.

21 $57 \uparrow = 57 \div 3 = 19$
$19 \rightarrow = 19 \times 6 = 114$

22 전체 무게에서 초록색 구슬의 무게를 **빼면**
$79 - 4 = 75(g)$입니다.
따라서 빨간색 구슬 한 개의 무게는 $75 \div 5 = 15(g)$입니다.

23 (1)
```
      2 4
  4 ) 9 ㉠
      8
    ㉡ 6
    ㉢ ㉣
      0
```
$㉠ = ㉣ = 6$, $㉡ = 9 - 8 = 1$,
$4 \times 4 = 16$에서 $㉢ = 1$입니다.

(2)
```
      1 5
  5 ) 7 ㉠
      5
    ㉡ 5
    ㉢ ㉣
      0
```
$㉠ = ㉣ = 5$, $㉡ = 7 - 5 = 2$,
$5 \times 5 = 25$에서 $㉢ = 2$입니다.

24 (1)
```
      4
  5 ) 2 3
      2 0
      3
```
(2)
```
      3
  6 ) 2 3
      1 8
      5
```

25 어떤 수를 7로 나누면 나올 수 있는 나머지는 7보다 작은 수입니다.

26 나누는 수와 몫의 곱에 나머지를 더하면 나누어지는 수가 되는지 확인합니다.

27 $69 \div 6 = 11 \cdots 3$이므로 몫은 11이고 나머지는 3입니다.

28 (1) $\heartsuit \div \blacktriangle = 76 \div 8 = 9 \cdots 4$
(2) $\bigstar \div \bullet = 57 \div 5 = 11 \cdots 2$

29 $52 \div 9 = 5 \cdots 7$이므로 52에서 9를 5번 **빼면** 7이 남습니다.

30 예 나눗셈식으로 나타내면 $44 \div \blacksquare = 7 \cdots 2$입니다.
$\blacksquare \times 7 = 44 - 2$이므로 $\blacksquare \times 7 = 42$입니다.
따라서 $\blacksquare = 42 \div 7 = 6$입니다.

31 (1)
```
      2 5
  3 ) 7 7
      6
      1 7
      1 5
      2
```
(2)
```
      2 6
  3 ) 7 9
      6
      1 9
      1 8
      1
```

32 (1) 47은 30과 17의 합이므로 $47 \div 3$의 몫과 나머지는 $30 \div 3$과 $17 \div 3$의 몫과 나머지의 합과 같습니다.
(2) 75는 60과 15의 합이므로 $75 \div 2$의 몫과 나머지는 $60 \div 2$와 $15 \div 2$의 몫과 나머지의 합과 같습니다.

33 $62 \div 5 = 12 \cdots 2$, $57 \div 4 = 14 \cdots 1$, $96 \div 7 = 13 \cdots 5$

😊 내가 만드는 문제
34 다양한 나눗셈식을 만들 수 있습니다.
$45 \div 9 = 5 \cdots 0$ $49 \div 5 = 9 \cdots 4$
$54 \div 9 = 6 \cdots 0$ $59 \div 4 = 14 \cdots 3$
$94 \div 5 = 18 \cdots 4$

35 $59 \div 3 = 19 \cdots 2$를 확인한 식이므로 계산한 나눗셈식의 몫은 19, 나머지는 2입니다.

36 $65 \div 4 = 16 \cdots 1$이므로 한 변의 길이는 16 cm이고 남는 철사는 1 cm입니다.

37 (1)
```
      1 1 2
  7 ) 7 8 4
      7
      8
      7
      1 4
      1 4
      0
```
(2)
```
      8 7
  9 ) 7 8 4
      7 2
      6 4
      6 3
      1
```

38 (1) 나누어지는 수가 같을 때 나누는 수가 작을수록 몫은 커집니다.
(2) 나누는 수가 같을 때 나누어지는 수가 클수록 몫은 커집니다.

39 4학년 과정인 $128 \div 32 = 4$라고 해도 정답입니다.

40 위의 수를 4로 나눈 몫을 아래에 쓴 것입니다.
$208 \div 4 = 52$, $\square \div 4 = 38$, $\square = 4 \times 38 = 152$,
$260 \div 4 = 65$

41 계산하기 편한 방법으로 가르기 하여 계산할 수 있습니다.

😊 내가 만드는 문제
㊷ 수직선의 눈금 한 칸의 크기는 2입니다.
㉠ 138을 고른다면 $138 \div 4 = 34 \cdots 2$입니다.

43 $164 \div 2 = 82$, $164 \div 3 = 54 \cdots 2$, $164 \div 4 = 41$,
$164 \div 5 = 32 \cdots 4$, $164 \div 6 = 27 \cdots 2$
따라서 ♥에 알맞은 수는 2, 4입니다.

44 박쥐의 다리는 4개이므로 $140 \div 4 = 35$(마리)입니다.

45 나누는 수가 2배가 되면 나누어지는 수도 2배가 되어야 몫이 같습니다.

46 ㉠ $114 \div 3 = 38$, ㉡ $114 \div 4 = 28 \cdots 2$이므로
㉠ 서랍장에 넣어야 합니다.

47 나누어지는 수가 같을 때 나누는 수가 작을수록 몫이 큽니다.
$2 < 4 < 5 < 7$이므로 몫을 가장 크게 하는 수는 ㉠입니다.

48 (1) $576 \div 8 = 72$이므로 $72 = 70 + 2$입니다.
(2) $576 \div 6 = 96$이므로 $96 = 100 - 4$입니다.

49 색 테이프를 똑같이 5로 나눈 것 중의 한 도막의 길이는
$475 \div 5 = 95$(cm)입니다.
따라서 □ 안에 알맞은 길이는 $95 \times 2 = 190$(cm)입니다.

50 ㉠ $7 \times 25 = 175$, $175 + 6 = 181$이므로 □ 안에 알맞은 수는 181입니다.

평가 기준
나누어지는 수를 구하는 방법을 알고 □ 안에 알맞은 수를 구했나요?

51 $130 \div 4 = 32 \cdots 2$이므로 $4 \times 32 = 128$, $4 \times 33 = 132$
에서 □ 안에 들어갈 수 있는 가장 큰 자연수는 32입니다.

STEP 2 자주 틀리는 유형

52 4, 2에 ○표 **53** ㉠, ㉢ **54** 8
55 ㉠ **56** ㉢ **57** 84, 336
58 ㉡ **59** ㉢ **60** ㉢

61
$$\begin{array}{r} 6 \\ 8\overline{)5\,2} \\ 4\,8 \\ \hline 4 \end{array}$$

62
$$\begin{array}{r} 2\,7 \\ 2\overline{)5\,4} \\ 4 \\ \hline 1\,4 \\ 1\,4 \\ \hline 0 \end{array}$$

63
$$\begin{array}{r} 1\,7 \\ 5\overline{)8\,8} \\ 5 \\ \hline 3\,8 \\ 3\,5 \\ \hline 3 \end{array}$$
이유 ㉠ 나머지 8이 나누는 수 5보다 크므로 잘못되었습니다.

64 144 **65** 94 **66** 204
67 12봉지 **68** 11상자 **69** 22일

52 나머지는 항상 나누는 수보다 작아야 합니다.
따라서 어떤 수를 6으로 나누었을 때 나머지가 될 수 있는 수는 6보다 작은 수입니다.

53 나머지가 5가 될 수 있는 식은 나누는 수가 5보다 큰 $\square \div 6$과 $\square \div 8$입니다.

54 나머지는 나누는 수보다 항상 작아야 합니다. 나머지가 될 수 있는 수 중에서 가장 큰 자연수는 (나누는 수)-1이므로 8입니다.

55 ㉠ $68 \div 4 = 17$ ㉡ $78 \div 4 = 19 \cdots 2$
따라서 나누어떨어지는 나눗셈은 ㉠입니다.

56 ㉠ $46 \div 6 = 7 \cdots 4$ ㉡ $141 \div 9 = 15 \cdots 6$
㉢ $98 \div 7 = 14$
따라서 나누어떨어지는 나눗셈은 ㉢입니다.

57 $172 \div 7 = 24 \cdots 4$, $84 \div 7 = 12$
$198 \div 7 = 28 \cdots 2$, $336 \div 7 = 48$
따라서 7로 나누어떨어지는 수는 84, 336입니다.

58 ㉠ $88 \div 6 = 14 \cdots 4$ ㉡ $81 \div 5 = 16 \cdots 1$
㉢ $115 \div 8 = 14 \cdots 3$
따라서 몫이 15보다 큰 것은 ㉡입니다.

59 ㉠ $89 \div 4 = 22 \cdots 1$ ㉡ $150 \div 7 = 21 \cdots 3$
㉢ $112 \div 6 = 18 \cdots 4$
따라서 몫이 20보다 작은 것은 ㉢입니다.

60 ㉠ $77 \div 9 = 8 \cdots 5$ ㉡ $92 \div 8 = 11 \cdots 4$
㉢ $502 \div 8 = 62 \cdots 6$ ㉣ $325 \div 7 = 46 \cdots 3$
따라서 나머지가 5보다 큰 것은 ㉢입니다.

61 나머지 12가 나누는 수 8보다 크므로 몫을 1 크게 합니다.

62 십의 자리를 나누고 남은 수 1은 내림하여 일의 자리와 함께 계산합니다.

63 나머지는 나누는 수보다 작아야 하므로 몫을 1 크게 합니다.

64 $\square \div 6 = 24 \Rightarrow \square = 6 \times 24 = 144$

65 $4 \times 23 = 92$, $92 + 2 = 94$이므로 $\square = 94$입니다.

66 어떤 수를 $\square$라 하면 $\square \div 9 = 22 \cdots 6$입니다.
$9 \times 22 = 198$, $198 + 6 = 204$이므로 어떤 수는 204입니다.

67 $77 \div 6 = 12 \cdots 5$이므로 12봉지를 팔 수 있습니다.

68 $95 \div 8 = 11 \cdots 7$이므로 11상자를 팔 수 있습니다.

69 $192 \div 9 = 21 \cdots 3$
남은 3쪽을 읽는 데도 하루가 걸리므로 동화책을 다 읽는 데는 $21 + 1 = 22$(일)이 걸립니다.

STEP 3 응용 유형
40~43쪽

70 12 **71** 35 **72** 3
73 (위에서부터) 6 / 7 / 4, 2
74 (위에서부터) 6 / 9 / 5, 4

75 (위에서부터) 4 / 2 / 3 / 2
76 2, 5, 8 **77** 2개 **78** 1, 6
79 16그루 **80** 18그루 **81** 66그루
82 2 **83** 3 **84** 4
85 22 **86** 28 **87** 43
88 31, 1 **89** 3, 4 **90** 246, 1
91 52, 59 **92** 61, 70 **93** 46, 54

70 $\blacksquare \div 3 = 16 \Rightarrow \blacksquare = 3 \times 16 = 48$
$\blacksquare \div 4 = 48 \div 4 = 12$이므로 $\heartsuit = 12$입니다.

71 $\bullet \div 5 = 14 \Rightarrow \bullet = 5 \times 14 = 70$
$\bullet \div 2 = 70 \div 2 = 35$이므로 $\blacksquare = 35$입니다.

72 $\blacksquare \div 5 = 24 \cdots 3 \Rightarrow 5 \times 24 = 120$, $120 + 3 = 123$이므로 $\blacksquare = 123$입니다.
$\blacksquare \div 4 = 123 \div 4 = 30 \cdots 3$이므로 $\bigstar = 3$입니다.

73
나누는 수는 나머지 6보다 커야 합니다.
$48 - ㉢㉣ = 6$이므로 ㉢㉣ $= 42$입니다.
$\Rightarrow$ ㉢ $= 4$, ㉣ $= 2$
㉡ $\times$ ㉠ $= 42$이므로 ㉡ $= 7$, ㉠ $= 6$ 또는
㉡ $= 6$, ㉠ $= 7$입니다. 이때 나머지가 6이므로 나누는 수 ㉡ $= 7$이고 몫 ㉠ $= 6$이 됩니다.

74
$61 - ㉢㉣ = 7$에서 ㉢㉣ $= 61 - 7 = 54$입니다.
$\Rightarrow$ ㉢ $= 5$, ㉣ $= 4$
㉡ $\times$ ㉠ $= 54$이므로 ㉡ $= 6$, ㉠ $= 9$ 또는
㉡ $= 9$, ㉠ $= 6$입니다. 이때 나머지가 7이므로 나누는 수는 7보다 큰 9입니다.
따라서 ㉡ $= 9$, ㉠ $= 6$입니다.

75
㉢은 3이고 나머지가 1이므로 ㉣은 2입니다.
㉡ $\times$ 1 $= 2$이므로 ㉡ $= 2$,
㉡ $\times$ ㉠ $= 2 \times$ ㉠ $= 8$이므로 ㉠ $= 4$입니다.
따라서 ㉠ $= 4$, ㉡ $= 2$, ㉢ $= 3$, ㉣ $= 2$입니다.

76

$$3\overline{)7\square}$$
상단 몫 $2\,☆$, 아래 6, $1\square$

1□÷3이 나누어떨어져야 합니다.
3×4=12, 3×5=15, 3×6=18이므로
□ 안에 들어갈 수 있는 수는 2, 5, 8입니다.

77

$$5\overline{)6\square}$$
상단 몫 $1\,☆$, 아래 5, $1\square$

1□÷5가 나누어떨어져야 합니다.
5×2=10, 5×3=15이므로 □ 안에 들어
갈 수 있는 수는 0, 5로 2개입니다.

78

$$5\overline{)8\square}$$
상단 몫 $1\,☆$, 아래 5, $3\square$

3□÷5=☆…1에서
5×6=30 ➡ 30+1=31 ➡ □=1
5×7=35 ➡ 35+1=36 ➡ □=6
따라서 □ 안에 들어갈 수 있는 수는 1, 6입니다.

79 도로의 처음과 끝에도 나무를 심으므로
(나무 수)=(간격의 수)+1입니다.
(간격의 수)=75÷5=15(개)이므로 필요한 나무의 수는
15+1=16(그루)입니다.

80 (나무 수)=(간격의 수)이므로 필요한 나무의 수는
108÷6=18(그루)입니다.

81 (간격의 수)=256÷8=32(개)
➡ (도로의 한쪽에 필요한 나무의 수)
　=32+1=33(그루)
따라서 도로의 양쪽에 필요한 나무의 수는
33×2=66(그루)입니다.

82 2, 4, 5의 3개의 숫자가 반복되는 규칙입니다.
31번째 오는 숫자는 31÷3=10…1이므로 2, 4, 5가
10번 반복되고 첫 번째 오는 숫자인 2입니다.

83 1, 3, 3, 2의 4개의 숫자가 반복되는 규칙입니다.
42번째 오는 숫자는 42÷4=10…2이므로 1, 3, 3, 2가
10번 반복되고 두 번째 오는 숫자인 3입니다.

84 1, 2, 5, 4, 6, 8의 6개의 숫자가 반복되는 규칙입니다.
100번째 오는 숫자는 100÷6=16…4이므로 1, 2, 5,
4, 6, 8이 16번 반복되고 네 번째 오는 숫자인 4입니다.

85 연속한 세 자연수를 □−1, □, □+1이라 하면 세 수
의 합은 □−1+□+□+1입니다.
따라서 □+□+□=66이므로 □×3=66입니다.
➡ □=66÷3=22이므로 가운데 수는 22입니다.

86 연속한 세 자연수를 □−1, □, □+1이라 하면 세 수
의 합은 □−1+□+□+1입니다.
따라서 □+□+□=84이므로 □×3=84입니다.
➡ □=84÷3=28이므로 가운데 수는 28입니다.

87 연속한 세 자연수를 □−1, □, □+1이라 하면 세 수
의 합은 □−1+□+□+1입니다.
따라서 □+□+□=126이므로 □×3=126입니다.
➡ □=126÷3=42이므로 가장 큰 수는 42+1=43
입니다.

88 몫이 가장 크려면 가장 큰 두 자리 수를 가장 작은 한 자
리 수로 나누어야 합니다. 만들 수 있는 가장 큰 두 자리
수는 94이므로 94÷3=31…1입니다.

89 몫이 가장 작으려면 가장 작은 두 자리 수를 가장 큰 한
자리 수로 나누어야 합니다. 만들 수 있는 가장 작은 두
자리 수는 25이므로 25÷7=3…4입니다.

90 몫이 가장 크려면 가장 큰 세 자리 수를 가장 작은 한 자
리 수로 나누어야 합니다. 만들 수 있는 가장 큰 세 자리
수는 985이므로 985÷4=246…1입니다.

91 7단 곱셈구구 중에서 그 곱보다 3 큰 수를 구합니다.
7×6=42 ➡ 42+3=45(×)
7×7=49 ➡ 49+3=52(○)
7×8=56 ➡ 56+3=59(○)
7×9=63 ➡ 63+3=66(×)
이 중에서 50보다 크고 65보다 작은 수는 52, 59입니다.

92 9단 곱셈구구 중에서 그 곱보다 7 큰 수를 구합니다.
9×5=45 ➡ 45+7=52(×)
9×6=54 ➡ 54+7=61(○)
9×7=63 ➡ 63+7=70(○)
9×8=72 ➡ 72+7=79(×)
이 중에서 60보다 크고 75보다 작은 수는 61, 70입니다.

93 8단 곱셈구구 중에서 그 곱보다 6 큰 수를 구합니다.
8×4=32 ➡ 32+6=38(×)
8×5=40 ➡ 40+6=46(○)
8×6=48 ➡ 48+6=54(○)
8×7=56 ➡ 56+6=62(×)
이 중에서 45보다 크고 60보다 작은 수는 46, 54입니다.

기출 단원 평가

44~46쪽

1 (1) 3, 30　(2) 2, 20

2 (1) 1 / 20 / 21　(2) 3 / 10 / 13

3 (1) 17　(2) 36

4 13, 2 /　확인　13, 65 / 65, 2, 67

5 12 / 24　　　　　　　**6** ㉢

7 (선으로 연결)

8 (1) >　(2) <

9 나눗셈식　$44 \div 8 = 5 \cdots 4$
　　뺄셈식　$44 - 8 - 8 - 8 - 8 - 8 = 4$

10 11 g

11 (1) 136 / 136　(2) 168 / 168

12 6, 3　　　　　　**13** 173개

14 89　　　　　　　**15** 45

16 6

17 (위에서부터) 2 / 8 / 8 / 1, 8 / 6

18 291, 1　　　　　**19** 12개

20 56그루

---

1 나누어지는 수가 10배가 되면 몫도 10배가 됩니다.

2 (1) $63 = 3 + 60$이므로 $63 \div 3$의 몫은 $3 \div 3$과 $60 \div 3$의 몫의 합과 같습니다.
(2) $52 = 12 + 40$이므로 $52 \div 4$의 몫은 $12 \div 4$와 $40 \div 4$의 몫의 합과 같습니다.

3 (1)
```
    1 7
 4)6 8
    4
    2 8
    2 8
      0
```
(2)
```
     3 6
 5)1 8 0
   1 5
     3 0
     3 0
       0
```

4 나누는 수와 몫의 곱에 나머지를 더하면 나누어지는 수가 되는지 확인합니다.

5 나누어지는 수가 2배가 되면 몫도 2배가 됩니다.

6 나머지는 나누는 수보다 항상 작아야 하므로 나머지가 5가 될 수 없는 식은 ㉢입니다.

7 $78 \div 6 = 13$, $48 \div 4 = 12$, $70 \div 5 = 14$

8 (1) $78 \div 5 = 15 \cdots 3$, $92 \div 6 = 15 \cdots 2$
　　➡ 3 > 2
(2) $74 \div 4 = 18 \cdots 2$, $125 \div 7 = 17 \cdots 6$
　　➡ 2 < 6

9 $44 \div 8 = 5 \cdots 4$이므로 44에서 8을 5번 빼면 4가 남습니다.

10 (구슬 한 개의 무게)$= 55 \div 5 = 11$(g)

11 (1) $\square \div 8 = 17$ ➡ $\square = 8 \times 17 = 136$
(2) $\square \div 6 = 28$ ➡ $\square = 6 \times 28 = 168$

12 일주일은 7일입니다.
$45 \div 7 = 6 \cdots 3$이므로 미라의 생일은 오늘부터 6주일과 3일 후입니다.

13 처음에 있던 감자의 수를 $\square$개라 하면 $\square \div 7 = 24 \cdots 5$입니다.
$7 \times 24 = 168$, $168 + 5 = 173$이므로 처음에 있던 감자는 173개입니다.

14 $7 \times 12 = 84$, $84 + 5 = 89$ ➡ $\square = 89$

15 $\bullet \div 6 = 15$ ➡ $\bullet = 6 \times 15 = 90$
$\bullet \div 2 = 90 \div 2 = 45$이므로 $\blacksquare = 45$입니다.

16
```
    1 ☆
 8)9 □
   8
   1 □
```
$1\square \div 8$이 나누어떨어져야 합니다.
$8 \times 2 = 16$이므로 □ 안에 들어갈 수 있는 수는 6입니다.

17
```
     ㉠ 4
 4)9 ㉡
   ㉢
   ㉣ ㉤
   1 ㉥
     2
```
$4 \times 2 = 8$이므로 ㉠$=2$, ㉢$=8$입니다.
$4 \times 4 = 16$이므로 ㉥$=6$입니다.
㉣㉤$-16 = 2$이므로 ㉣$=1$, ㉤$=$㉡$=8$입니다.

18 몫이 가장 크려면 가장 큰 세 자리 수를 가장 작은 한 자리 수로 나누어야 합니다. 만들 수 있는 가장 큰 세 자리 수는 874이므로 874÷3=291…1입니다.

19 예 (전체 귤의 수)=18×4=72(개)
(한 상자에 담을 귤의 수)=72÷6=12(개)

평가 기준	배점
전체 귤의 수를 구했나요?	2점
한 상자에 담을 귤의 수를 구했나요?	3점

20 예 (간격의 수)=162÷6=27(개)
➡ (도로의 한쪽에 필요한 나무의 수)
　=27+1=28(그루)
따라서 도로의 양쪽에 필요한 나무의 수는
28×2=56(그루)입니다.

평가 기준	배점
간격의 수를 구하여 도로 한쪽에 심을 나무의 수를 구했나요?	3점
도로 양쪽에 심을 나무의 수를 구했나요?	2점

사고력이 반짝　47쪽

31

삼각형의 각 꼭짓점에 놓이는 수를 ⓒ, ⓒ, ㉣이라 하면 삼각형 안에 있는 수는 ⓒ÷ⓒ을 계산한 값에 ㉣을 더하는 규칙입니다.
따라서 ㉠에 알맞은 수는 132÷6=22, 22+9=31입니다.

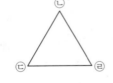

---

3 원

※ 선분 ㄱㄴ과 같이 기호를 나타낼 때 선분 ㄴㄱ으로 읽어도 정답으로 인정합니다.

개념을 짚어 보는 문제　50~51쪽

1 (1) 점 ㄴ　(2) 선분 ㅇㅁ　(3) 선분 ㄴㅂ
2 (1) 8 / 4　(2) 10 / 5
➡ 2

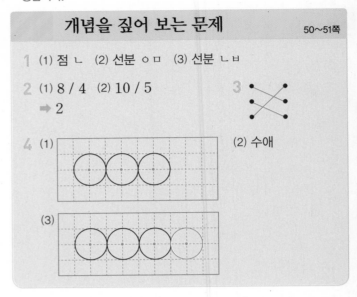

3
4 (1)
　(2) 수애
　(3)

1 (1) 원의 중심은 원의 한가운데에 있는 점입니다.
　(2) 원의 반지름은 원의 중심과 원 위의 한 점을 이은 선분입니다.
　(3) 원의 지름은 원의 중심을 지나도록 원 위의 두 점을 이은 선분입니다.

3 컴퍼스의 침과 연필심 사이의 길이가 원의 반지름입니다.

4 (1) 컴퍼스의 침을 꽂아야 할 곳은 원의 중심이므로 원의 중심을 모두 표시합니다.
　(2) 반지름이 모눈 1칸인 원을 서로 맞닿도록 원의 중심을 오른쪽으로 옮겨 가며 그렸습니다.
　(3) 원의 중심을 오른쪽으로 2칸 옮겨 반지름이 모눈 1칸인 원을 그립니다.

STEP 1 교과서+익힘책 유형　52~58쪽

준비 원　　　1

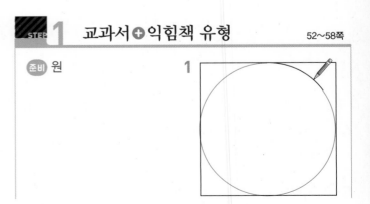

2 중심 / 반지름

3 (1)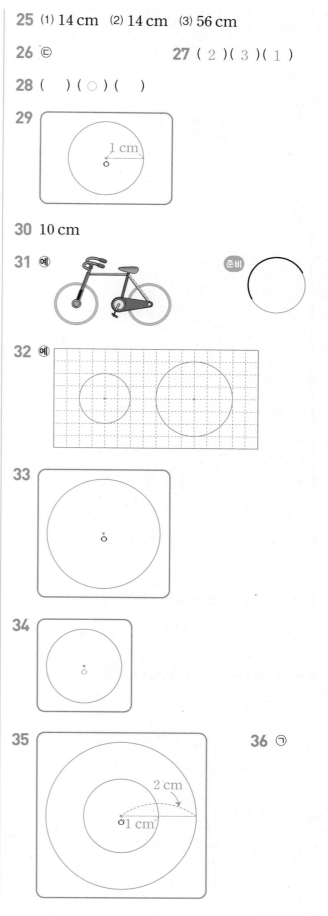

(2)

4 (1) ㄹ에 ○표 (2) ㄱ에 ○표   **5** 중심

6 예

7 예   / 3 cm

8 예
원의 반지름
8원의 중심

9 선분 ㅇㄱ, 선분 ㅇㄹ   **10** 12 cm

11 (1)   (2)

12
2 cm
원의 중심

13 (1) 5 cm   (2) 8 cm

14 (1) ③   (2) 원의 지름

15 (위에서부터) 2, 4

16 (1) 5 / 10   (2) 6 / 12

17 (1) 5   (2) 4

18 ㄴ, ㄹ   **19** 가

20 (위에서부터) 예 5, 10 / 9, 18 / 15, 30

21 1 m   **22** 20 cm

23 2 cm   **24** (1) 16 cm   (2) 24 cm

25 (1) 14 cm   (2) 14 cm   (3) 56 cm

26 ㄷ   **27** (2)(3)(1)

28 (   )(○)(   )

29
1 cm

30 10 cm

31 예   준비

32 예

33

34

35   **36** ㄱ
2 cm
1 cm

준비

37 같고에 ○표 / 3에 ○표

38

39

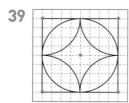

40 (1)　　　　　(2)

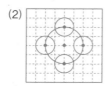

41

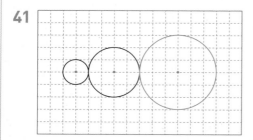

42

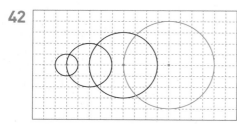

규칙 예 원의 중심이 오른쪽으로 2칸, 3칸, ...씩 옮겨 가고 원의 반지름이 한 칸씩 늘어나는 규칙입니다.

43 예　1 cm
　　　1 cm

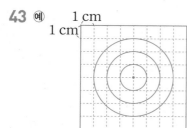

예

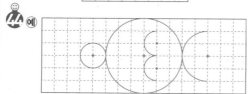

방법 예 점이 찍힌 부분에 컴퍼스의 침을 놓고 원과 반원을 그려 물고기 모양을 그렸습니다.

2 원의 중심은 누름 못과 띠 종이로 원을 그렸을 때 누름 못이 꽂혔던 곳이고, 원의 반지름은 원의 중심과 원 위의 한 점을 이은 선분입니다.

3 참고 | 점이 많아질수록 원 모양에 가까워집니다.

4 (1) 가장 큰 원을 그리려면 누름 못에서 가장 멀리 있는 구멍에 연필심을 넣어야 하므로 ㉣입니다.
　(2) 가장 작은 원을 그리려면 누름 못에서 가장 가까이 있는 구멍에 연필심을 넣어야 하므로 ㉠입니다.

5 원의 지름은 원의 중심을 지납니다.

☺ 내가 만드는 문제
6 자유롭게 다양한 크기의 원 3개를 그립니다.

7 한 원에서 원의 지름은 셀 수 없이 많이 그을 수 있고 그 길이는 3 cm로 모두 같습니다.

9 원의 반지름은 원의 중심 ㅇ과 원 위의 한 점을 이은 선분입니다.

10 원의 중심을 지나고 원 위의 두 점을 이은 선분이 지름이므로 12 cm입니다.

12 원의 중심으로부터 2 cm 떨어진 곳에 점을 찍은 후 점들을 이어 원을 그립니다.
　참고 | 같은 거리에 있는 점을 많이 찍을수록 원 모양에 가깝습니다.

13 (1) 원의 중심과 원 위의 한 점을 이은 선분이 5 cm이므로 원의 반지름은 5 cm입니다.
　(2) 원의 중심과 원 위의 한 점을 이은 선분이 8 cm이므로 원의 반지름은 8 cm입니다.

14 (1) 길이가 가장 긴 선분은 원의 중심을 지나는 선분이므로 ③입니다.
　(2) ③과 같이 원 위의 두 점을 이은 선분 중 원의 중심을 지나는 선분을 원의 지름이라고 합니다.

15 한 원에서 지름은 반지름의 2배입니다.

16 (1) 한 원에서 지름은 반지름의 2배입니다.
　(2) 한 원에서 반지름은 지름의 반입니다.

17 (1) 원의 지름이 $10\,\text{cm}$이므로 반지름은
$10 \div 2 = 5(\text{cm})$입니다.
(2) 원의 지름이 $8\,\text{cm}$이므로 반지름은 $8 \div 2 = 4(\text{cm})$
입니다.

18 ㉠ 한 원에서 반지름은 모두 같습니다.
㉢ 한 원에서 지름은 반지름의 2배입니다.

19 ㉘ 가의 반지름이 $3\,\text{cm}$이므로 지름은 $3 \times 2 = 6(\text{cm})$
입니다. 따라서 가와 나의 지름을 비교하면
$6\,\text{cm} > 5\,\text{cm}$이므로 가의 크기가 더 큽니다.

평가 기준
지름 또는 반지름으로 같게 나타낸 후 두 원의 크기를 비교했나요?
크기가 더 큰 원의 기호를 썼나요?

☺ 내가 만드는 문제
20 한 원에서 지름은 반지름의 2배입니다.

21 한 원에서 지름은 반지름의 2배이므로
$50 \times 2 = 100(\text{cm})$입니다.
따라서 $100\,\text{cm} = 1\,\text{m}$입니다.

22 선분 ㄴㄷ의 길이가 $5\,\text{cm}$이므로 작은 원의 지름은
$5 \times 2 = 10(\text{cm})$입니다.
따라서 큰 원의 반지름이 $10\,\text{cm}$이므로 큰 원의 지름은
$10 \times 2 = 20(\text{cm})$입니다.

23 큰 원의 지름이 $14\,\text{cm}$이므로 큰 원의 반지름은
$14 \div 2 = 7(\text{cm})$입니다.
따라서 작은 원의 반지름은 $7 - 5 = 2(\text{cm})$입니다.

24 (1) 통조림 뚜껑의 지름은 $4 \times 2 = 8(\text{cm})$입니다.
통조림의 높이는 통조림 뚜껑 지름의 2배이므로
$8 \times 2 = 16(\text{cm})$입니다.
(2) 통조림 뚜껑의 지름은 $6 \times 2 = 12(\text{cm})$입니다.
통조림의 높이는 통조림 뚜껑 지름의 2배이므로
$12 \times 2 = 24(\text{cm})$입니다.

25 (1) 한 원에서 지름은 반지름의 2배이므로
$7 \times 2 = 14(\text{cm})$입니다.
(2) 정사각형의 한 변의 길이는 원의 지름과 같으므로
$14\,\text{cm}$입니다.
(3) 정사각형의 네 변의 길이의 합은 정사각형의 한 변의
길이의 4배이므로 $14 \times 4 = 56(\text{cm})$입니다.

26 지름이 $8\,\text{cm}$인 원을 그리려면 반지름인
$8 \div 2 = 4(\text{cm})$만큼 떨어진 구멍에 연필심을 넣어야 합
니다. 따라서 구멍이 $2\,\text{cm}$마다 있으므로 누름 못에서 두
번째 떨어진 구멍 ㉢에 넣어야 합니다.

27 〈컴퍼스를 이용하여 원 그리는 방법〉
① 원의 중심이 되는 점 ㅇ을 정합니다.
② 컴퍼스를 원의 반지름만큼 벌립니다.
③ 컴퍼스의 침을 점 ㅇ에 꽂고 원을 그립니다.

28 컴퍼스의 침과 연필심 사이의 길이가 $2\,\text{cm}$가 되도록 컴
퍼스를 벌린 것을 찾습니다.

30 컴퍼스의 침과 연필심 사이의 길이가 원의 반지름이므로
반지름은 $5\,\text{cm}$입니다.
따라서 원의 지름은 $5 \times 2 = 10(\text{cm})$입니다.

31 컴퍼스의 침을 자전거 바퀴의 중심에 꽂고 원을 그립니다.

33 컴퍼스를 주어진 선분($1.5\,\text{cm}$)만큼 벌리고 컴퍼스의 침
을 점 ㅇ에 꽂고 원을 그립니다.

34 원의 중심인 점 ㅇ을 정하고 컴퍼스를 주어진 원의 반지
름($1\,\text{cm}$)만큼 벌린 다음 점 ㅇ에 컴퍼스의 침을 꽂고 원
을 그립니다.

35 컴퍼스를 반지름인 $1\,\text{cm}$, $2\,\text{cm}$만큼 벌리고 컴퍼스의
침을 점 ㅇ에 꽂고 원을 각각 그립니다.

36 ㉡은 반지름은 같고 원의 중심을 옮겨 가며 그렸습니다.

37 원의 반지름은 같고 원의 중심이 한 선분 위에서 모눈
3칸씩 오른쪽으로 옮겨가는 규칙입니다.

38 원의 중심은 원의 한가운데에 있는 점입니다.

39 점이 찍힌 부분에 컴퍼스의 침을 꽂고 그립니다.

40 (1) 한 변의 길이가 모눈 6칸인 정사각형을 그리고 정사각
형의 가로의 가운데에 컴퍼스의 침을 꽂고 반지름이
모눈 3칸인 반원을 2개 그립니다.
(2) 반지름이 모눈 2칸인 큰 원을 그리고 네 방향으로 반
지름이 모눈 1칸인 작은 원을 4개 그립니다.

41 원의 지름이 모눈 2칸 늘어나므로 원의 반지름은 1칸 늘어납니다. 따라서 원이 맞닿도록 원의 반지름이 3칸인 원을 그립니다.

42

평가 기준
규칙을 찾아 바르게 설명했나요?
규칙에 따라 원을 1개 더 그렸나요?

43 모눈 한 칸의 길이가 1 cm이므로 원의 중심은 같고 반지름이 모눈 1칸, 2칸, 3칸인 원을 그립니다.

STEP 2 자주 틀리는 유형
59~61쪽

45 8 cm	**46** 5 cm	**47** 3, 1, 2
48 선분 ㄷㅅ	**49** 선분 ㅈㄹ	**50** 6 cm
51 ㉡	**52** ㉢	**53** ㉠
54 ⑤	**55** ㉢, ㉠, ㉡, ㉣	**56**
57 3개	**58** 6개	**59** ㉡
60 20 cm	**61** 128 cm	**62** 36 cm

45 컴퍼스의 침과 연필심 사이의 길이가 원의 반지름이므로 반지름은 4 cm입니다.
따라서 원의 지름은 반지름의 2배이므로
$4 \times 2 = 8$(cm)입니다.

46 컴퍼스를 벌린 길이가 원의 반지름이 됩니다.

47 컴퍼스의 침과 연필심 사이의 길이가 원의 반지름이므로 반지름은 왼쪽부터 3 cm, 1 cm, 2 cm입니다.
따라서 원의 반지름이 작을수록 원의 크기가 작으므로
$1 \text{ cm} < 2 \text{ cm} < 3 \text{ cm}$입니다.

48 원 위의 두 점을 이은 선분 중 길이가 가장 긴 선분은 원의 중심을 지나는 원의 지름이므로 선분 ㄷㅅ입니다.

49 원 위의 두 점을 이은 선분 중 길이가 가장 긴 선분은 원의 중심을 지나는 원의 지름이므로 선분 ㅈㄹ입니다.

50 길이가 가장 긴 선분은 원의 지름이므로 선분 ㄱㄷ이고 원의 반지름이 3 cm이므로 원의 지름은 $3 \times 2 = 6$(cm)입니다.

51 더 큰 원을 그리려면 누름 못에서 더 멀리 있는 구멍에 연필심을 넣어야 하므로 ㉡입니다.

52 가장 작은 원을 그리려면 누름 못에서 가장 가까이 있는 구멍에 연필심을 넣어야 하므로 ㉢입니다.

53 가장 큰 원을 그리려면 누름 못에서 가장 멀리 있는 구멍에 연필심을 넣어야 하므로 ㉠입니다.

54 ① 지름 3 cm ② 지름 8 cm
③ 지름 5 cm ④ 지름 9 cm
⑤ 지름 10 cm
지름을 비교하면
$3 \text{ cm} < 5 \text{ cm} < 8 \text{ cm} < 9 \text{ cm} < 10 \text{ cm}$이고 지름이 길수록 원의 크기가 크므로 반지름이 5 cm인 원이 가장 큽니다.

55 ㉡ 지름 10 cm ㉢ 지름 16 cm
➡ 지름을 비교하면
$16 \text{ cm} > 14 \text{ cm} > 10 \text{ cm} > 7 \text{ cm}$이므로 크기가 큰 원부터 차례로 기호를 쓰면 ㉢, ㉠, ㉡, ㉣입니다.

56 지름이 6 cm인 원의 반지름은 $6 \div 2 = 3$(cm)입니다.
지름이 8 cm인 원의 반지름은 $8 \div 2 = 4$(cm)입니다.

57
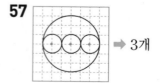
➡ 3개

58
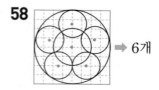
➡ 6개

59

60 직사각형의 가로의 길이는 원의 지름의 2배입니다.
원의 반지름이 5 cm이므로 원의 지름은
5×2=10(cm)입니다.
따라서 직사각형의 가로의 길이는 10×2=20(cm)입니다.

61 직사각형의 세로의 길이는 원의 반지름의 2배이므로
8×2=16(cm), 직사각형의 가로의 길이는 원의 반지름의 6배이므로 8×6=48(cm)입니다.
따라서 직사각형의 네 변의 길이의 합은
16+48+16+48=128(cm)입니다.

62 삼각형 ㄱㄴㄷ은 한 변의 길이가 원의 반지름의 2배와 같고 세 변의 길이가 같은 삼각형입니다.
(삼각형 한 변의 길이)=(원의 반지름의 2배)
　　　　　　　　　　=6×2=12(cm)
➡ (삼각형 ㄱㄴㄷ의 세 변의 길이의 합)
　=(삼각형 한 변의 길이)×3
　=12×3=36(cm)

STEP 3 응용 유형　　　　　　　　62~64쪽

63 5 cm	**64** 9 cm	**65** 7 cm
66 22 cm	**67** 14 cm	**68** 11 cm
69 18 cm	**70** 20 cm	**71** 40 cm
72 9개	**73** 13개	**74** 15개
75 24 cm	**76** 42 cm	**77** 16 cm
78 31 cm	**79** 22 cm	**80** 43 cm

63 큰 원의 반지름은 20÷2=10(cm)이고 작은 원의 지름과 같습니다.
따라서 작은 원의 반지름은 10÷2=5(cm)입니다.

64 큰 원의 반지름은 36÷2=18(cm)이고 작은 원의 지름과 같습니다.
따라서 작은 원의 반지름은 18÷2=9(cm)입니다.

65 가장 큰 원의 반지름은 56÷2=28(cm)이고 중간 크기의 원의 지름과 같습니다. 중간 크기의 원의 반지름은 28÷2=14(cm)이고 가장 작은 원의 지름과 같습니다.
따라서 가장 작은 원의 반지름은 14÷2=7(cm)입니다.

66 선분 ㄱㅁ의 길이는 큰 원의 지름과 작은 원의 지름을 합한 길이입니다.
큰 원의 지름은 8×2=16(cm)이고
작은 원의 지름은 3×2=6(cm)이므로
선분 ㄱㅁ의 길이는 16+6=22(cm)입니다.

67 선분 ㄱㄴ의 길이는 두 원의 반지름을 합한 길이입니다.
➡ (선분 ㄱㄴ)=5+9=14(cm)

68 선분 ㄱㅁ의 길이는 중간 크기의 원의 반지름, 가장 작은 원의 지름, 가장 큰 원의 반지름을 합한 것과 같습니다.
(선분 ㄱㅁ)=(중간 크기의 원의 반지름)
　　　　　+(가장 작은 원의 지름)
　　　　　+(가장 큰 원의 반지름)
　　　　　=3+4+4=11(cm)

69 가장 작은 원의 반지름은 6÷2=3(cm)입니다. 가장 큰 원의 반지름은 가장 작은 원의 반지름의 3배이므로 3×3=9(cm)입니다.
따라서 가장 큰 원의 지름은 9×2=18(cm)입니다.

70 반지름이 2 cm씩 커지는 규칙으로 원을 5개 그렸으므로 가장 큰 원의 반지름은 2×5=10(cm)입니다.
따라서 가장 큰 원의 지름은 10×2=20(cm)입니다.

71 가장 큰 원의 반지름은 반지름이 2 cm인 원에서부터 반지름이 3 cm씩 4번, 2 cm씩 3번 커진 것입니다.
➡ (가장 큰 원의 반지름)=2+12+6=20(cm)
　(가장 큰 원의 지름)=20×2=40(cm)

72 원의 지름은 직사각형의 세로의 길이와 같으므로 5 cm
입니다. 직사각형의 가로의 길이는 지름의
$45 \div 5 = 9$(배)이므로 원을 9개까지 그릴 수 있습니다.

73 원의 지름은 직사각형의 세로의 길이와 같으므로 6 cm
입니다. 직사각형의 가로의 길이는 지름의
$78 \div 6 = 13$(배)이므로 원을 13개까지 그릴 수 있습니다.

74 원을 겹치지 않게 그릴 때 $24 \div 3 = 8$(개) 그릴 수 있습
니다. 원 2개 위에 원 1개가 겹쳐진 것과 같으므로
$8 - 1 = 7$(개) 더 그릴 수 있습니다.
따라서 원을 모두 $8 + 7 = 15$(개)까지 그릴 수 있습니다.

75 선분 ㄱㄴ의 길이는 원의 반지름의 4배와 같습니다.
원의 반지름은 6 cm이므로 선분 ㄱㄴ의 길이는
$6 \times 4 = 24$(cm)입니다.

76 선분 ㄱㄴ의 길이는 원의 지름의 3배와 같습니다.
원의 지름은 14 cm이므로 선분 ㄱㄴ의 길이는
$14 \times 3 = 42$(cm)입니다.

77 (원의 반지름)$= 64 \div 8 = 8$(cm)
➡ (원의 지름)$= 8 \times 2 = 16$(cm)

78 (선분 ㄱㄷ)$= 10$ cm, (선분 ㄴㄷ)$= 7$ cm,
(선분 ㄱㄴ)$= 10 + 7 - 3 = 14$(cm)
따라서 삼각형 ㄱㄴㄷ의 세 변의 길이의 합은
$14 + 7 + 10 = 31$(cm)입니다.

79 (선분 ㄱㄷ)$= 8$ cm, (선분 ㄴㄷ)$= 4$ cm,
(선분 ㄱㄴ)$= 8 + 4 - 2 = 10$(cm)
따라서 삼각형 ㄱㄴㄷ의 세 변의 길이의 합은
$10 + 4 + 8 = 22$(cm)입니다.

80 (선분 ㄱㄷ)$= 9$ cm, (선분 ㄴㄷ)$= 15$ cm,
(선분 ㄱㄴ)$= 9 + 15 - 5 = 19$(cm)
따라서 삼각형 ㄱㄴㄷ의 세 변의 길이의 합은
$19 + 15 + 9 = 43$(cm)입니다.

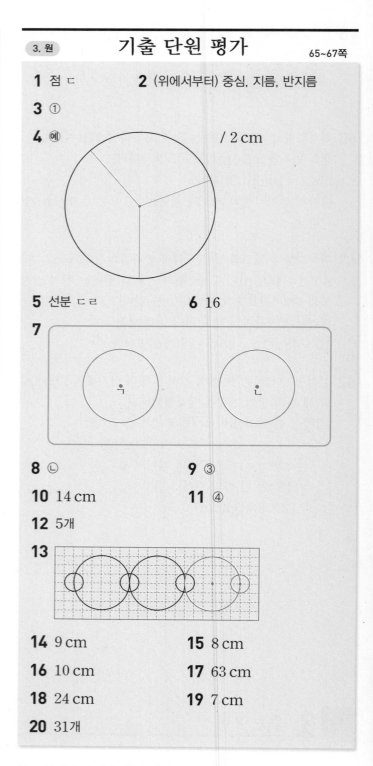

3. 원 **기출 단원 평가** 65~67쪽

1 점 ㄷ   **2** (위에서부터) 중심, 지름, 반지름

3 ①

4 예 / 2 cm

5 선분 ㄷㄹ   **6** 16

7

8 ㉡   **9** ③

10 14 cm   **11** ④

12 5개

13

14 9 cm   **15** 8 cm

16 10 cm   **17** 63 cm

18 24 cm   **19** 7 cm

20 31개

1 원에서 한가운데에 있는 점을 찾으면 점 ㄷ입니다.

2 원의 한가운데에 있는 점은 원의 중심이고, 원의 중심과
원 위의 한 점을 이은 선분은 원의 반지름, 원 위의 두 점
을 이은 선분이 원의 중심을 지나면 원의 지름입니다.

3 누름 못이 꽂힌 곳에서 가장 먼 ①에 연필심을 넣어야 가
장 큰 원을 그릴 수 있습니다.

4 원의 반지름은 원 위의 한 점의 위치에 따라 셀 수 없이 많이 그을 수 있습니다. 원의 중심과 원 위의 한 점을 이은 선분의 길이를 재어 보면 2 cm입니다.

5 선분 ㄱㄴ과 같이 원의 중심을 지나는 선분은 지름입니다. 한 원에서 지름은 모두 같으므로 다른 지름을 찾습니다.

6 원의 반지름은 8 cm입니다. 한 원에서 지름은 반지름의 2배이므로 지름은 $8 \times 2 = 16$(cm)입니다.

7 반지름이 1 cm인 원은 컴퍼스를 1 cm만큼 벌리고 컴퍼스의 침을 점 ㄱ에 꽂아 원을 그립니다. 지름이 2 cm인 원은 반지름이 $2 \div 2 = 1$(cm)이므로 같은 방법으로 컴퍼스를 1 cm만큼 벌리고 컴퍼스의 침을 점 ㄴ에 꽂아 원을 그립니다.

8 컴퍼스의 침이 자의 눈금 0에 위치하고 연필심의 끝이 자의 눈금 4에 위치하도록 컴퍼스를 벌린 것을 찾습니다.

9 ① 지름 12 cm ③ 지름 18 cm ⑤ 지름 16 cm
지름이 길수록 원의 크기가 크므로 지름을 비교해 보면 $12\,\text{cm} < 14\,\text{cm} < 15\,\text{cm} < 16\,\text{cm} < 18\,\text{cm}$이므로 반지름이 9 cm인 원이 가장 큽니다.

10 시계의 중심으로부터 초바늘의 길이가 7 cm이므로 원의 반지름은 7 cm입니다.
따라서 초바늘이 시계를 한 바퀴 돌면서 만들어지는 원의 지름은 $7 \times 2 = 14$(cm)입니다.

11 ①, ③, ⑤는 원의 크기가 같으므로 반지름은 같고 원의 중심은 다릅니다.
②는 원의 중심이 같고 반지름이 다릅니다.
④는 원의 중심도 다르고 반지름도 다릅니다.

12
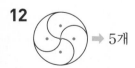 ➡ 5개

13 반지름이 모눈 1칸인 원과 반지름이 모눈 3칸인 원이 반복되어 나타나는 규칙입니다.

14 삼각형의 한 변의 길이는 원의 지름과 같습니다.
(원의 지름)$= 54 \div 3 = 18$(cm)
➡ (원의 반지름)$= 18 \div 2 = 9$(cm)

15 큰 원의 반지름은 $32 \div 2 = 16$(cm)이고 작은 원의 지름과 같습니다.
따라서 작은 원의 반지름은 $16 \div 2 = 8$(cm)입니다.

16 (선분 ㄱㄷ)
$=$ (가장 큰 원의 반지름)$+$(가장 작은 원의 지름)
$\quad +$ (중간 크기의 원의 반지름)
$= 5 + 2 + 3 = 10$(cm)

17 선분 ㄱㄴ의 길이는 원의 반지름의 7배이므로
$9 \times 7 = 63$(cm)입니다.

18 (사각형 ㄱㄴㄷㄹ의 네 변의 길이의 합)
$=$ (선분 ㄱㄴ)$+$(선분 ㄴㄷ)$+$(선분 ㄷㄹ)$+$(선분 ㄹㄱ)
$= 4 + 8 + 8 + 4 = 24$(cm)

19 예 원의 지름과 정사각형의 한 변의 길이는 같습니다.
따라서 원의 지름이 14 cm이므로 원의 반지름은
$14 \div 2 = 7$(cm)입니다.

평가 기준	배점
원의 지름이 정사각형의 한 변의 길이와 같음을 알았나요?	3점
원의 반지름은 몇 cm인지 구했나요?	2점

20 예 원을 겹치지 않게 그릴 때 $64 \div 4 = 16$(개) 그릴 수 있습니다. 원 2개 위에 원 1개가 겹쳐진 것과 같으므로 $16 - 1 = 15$(개) 더 그릴 수 있습니다.
따라서 원을 모두 $16 + 15 = 31$(개)까지 그릴 수 있습니다.

평가 기준	배점
직사각형 안에 그릴 수 있는 원의 개수를 구하는 식을 세웠나요?	2점
직사각형 안에 그릴 수 있는 원의 최대 개수를 구했나요?	3점

4 분수

개념을 짚어 보는 문제 70~71쪽

1 (1) 5 (2) $\frac{1}{5}$ **2** (1) 1, 4 (2) 2, 8

3 (1) 4 (2) 8

4

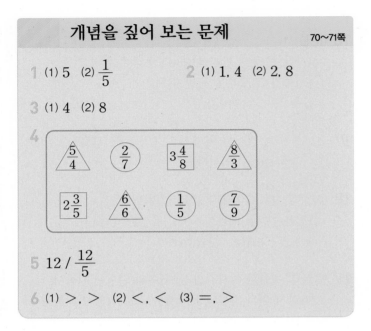

5 12 / $\frac{12}{5}$

6 (1) >, > (2) <, < (3) =, >

1 (2) 15를 3씩 묶으면 3은 전체 5묶음 중의 1묶음이므로 15의 $\frac{1}{5}$입니다.

2 (1) 16의 $\frac{1}{4}$은 16을 똑같이 4묶음으로 나눈 것 중의 1묶음이므로 4입니다.

(2) 16의 $\frac{2}{4}$는 16을 똑같이 4묶음으로 나눈 것 중의 2묶음이므로 4×2=8입니다.

3 (1) 28 cm의 $\frac{1}{7}$은 28 cm를 똑같이 7부분으로 나눈 것 중의 1부분이므로 4 cm입니다.

(2) 28 cm의 $\frac{2}{7}$는 28 cm를 똑같이 7부분으로 나눈 것 중의 2부분이므로 4×2=8(cm)입니다.

4 진분수는 분자가 분모보다 작은 분수이므로 $\frac{2}{7}$, $\frac{1}{5}$, $\frac{7}{9}$ 입니다.

가분수는 분자가 분모와 같거나 분모보다 큰 분수이므로 $\frac{5}{4}$, $\frac{8}{3}$, $\frac{6}{6}$입니다.

대분수는 자연수와 진분수로 이루어진 분수이므로 $3\frac{4}{8}$, $2\frac{3}{5}$입니다.

5 $2\frac{2}{5}$에서 자연수 2를 가분수 $\frac{10}{5}$으로 나타내면 $\frac{1}{5}$이 모두 12개이므로 $2\frac{2}{5}=\frac{12}{5}$입니다.

6 (1) 분자의 크기를 비교하면 10>7이므로 $\frac{10}{7}>\frac{7}{7}$입니다.

(2) 자연수 부분이 같으므로 분자의 크기를 비교하면 1<4이므로 $3\frac{1}{6}<3\frac{4}{6}$입니다.

(3) 대분수를 가분수로 나타내면 $2\frac{3}{5}=\frac{13}{5}$이므로 $\frac{14}{5}>2\frac{3}{5}$입니다.

STEP 1 교과서＋익힘책 유형 72~77쪽

1 (1) 1 (2) 2   **준비** (1) $\frac{2}{6}$ (2) $\frac{5}{8}$

2 (1) $\frac{3}{5}$ (2) $\frac{2}{4}$ **3** (1) $\frac{2}{5}$ (2) $\frac{3}{4}$

4 지수   **5** $\frac{4}{7}$, $\frac{3}{7}$

6 $\frac{6}{9}$ **7** (1) 6 (2) 3

8 (1) 32÷8, 3 (2) 27÷9, 5

9 예

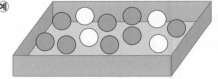

10 예

 (1) 6장 (2) 4장
(3) 분홍색

11 16개, 6개   **12** (1) 54 (2) 35

준비 (1) 예    (2) 예

13 예

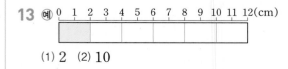

(1) 2 (2) 10

14 (1) 100　(2) 160　　**15** <

16 (1) ×　(2) ○　　**17** 45 cm

18 현정　　**19** 16 cm

20 (1) 예 [그림], 가
(2) 예 [그림], 진

준비

21 (1) 쓰기 $1\dfrac{4}{6}$　읽기 1과 6분의 4
(2) 쓰기 $2\dfrac{1}{4}$　읽기 2와 4분의 1

22 (1) $\dfrac{16}{8}$　(2) $\dfrac{15}{5}$

23

진분수	가분수	대분수
$\dfrac{5}{9}, \dfrac{3}{8}$	$\dfrac{11}{3}, \dfrac{7}{7}, \dfrac{6}{5}$	$1\dfrac{4}{6}, 5\dfrac{1}{2}$

24 (1) $\dfrac{14}{10}, 1\dfrac{4}{10}, 1.4$　(2) $\dfrac{27}{10}, 2\dfrac{7}{10}, 2.7$

25 (1) $\dfrac{1}{3}, \dfrac{2}{3}$　(2) 예 $\dfrac{3}{3}, \dfrac{4}{3}, \dfrac{5}{3}, \dfrac{6}{3}, \dfrac{7}{3}$　(3) $4\dfrac{1}{3}, 4\dfrac{2}{3}$

26 예 $\dfrac{2}{5}$ / 예 $\dfrac{4}{3}$ / 예 $3\dfrac{1}{5}$　　**27** $\dfrac{7}{3}$

28 (위에서부터) 1, $\dfrac{4}{6}$ / $1\dfrac{4}{6}$

29 (1) 5, 1, 11　(2) 6, 3, 27

30 (왼쪽에서부터) (1) 8, 1, 8, 1　(2) 4, 5, 4, 5

31 (1) $\dfrac{13}{3}$　(2) $\dfrac{21}{8}$　(3) $3\dfrac{3}{5}$　(4) $2\dfrac{6}{7}$

32 $\dfrac{1}{8}$이 5개와 $1\dfrac{3}{8}$에 ○표　　**33** $\dfrac{19}{2}$

준비 (1) 예 , <
(2) 예 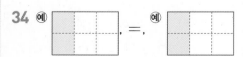, >

34 예 [그림], =, 예 [그림]

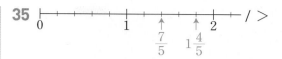

35 [수직선] / >

36 (1) >　(2) <　(3) <　(4) >

37 (1) 1, 2, 3, 4에 ○표　(2) 3, 4, 5에 ○표

38 $\dfrac{11}{8}, \dfrac{12}{8}, \dfrac{13}{8}, \dfrac{14}{8}$　　**39** ㉠

40 예 2, 예 26

1 (1) 18을 똑같이 3묶음으로 나누면 1묶음은 6입니다.
따라서 6은 3묶음 중의 1묶음이므로 18의 $\dfrac{1}{3}$입니다.
(2) 12는 3묶음 중의 2묶음이므로 18의 $\dfrac{2}{3}$입니다.

2 (1) 색칠한 부분은 전체를 똑같이 5묶음으로 나눈 것 중의 3묶음이므로 전체의 $\dfrac{3}{5}$입니다.
(2) 색칠한 부분은 전체를 똑같이 4묶음으로 나눈 것 중의 2묶음이므로 전체의 $\dfrac{2}{4}$입니다.

3 (1) 20을 4씩 묶으면 5묶음이고 8은 전체 5묶음 중의 2묶음이므로 20의 $\dfrac{2}{5}$입니다.
(2) 20을 5씩 묶으면 4묶음이고 15는 전체 4묶음 중의 3묶음이므로 20의 $\dfrac{3}{4}$입니다.

4 사탕 24개를 6개씩 나누면 4묶음, 8개씩 나누면 3묶음, 4개씩 나누면 6묶음으로 똑같이 나눌 수 있습니다. 사탕 24개를 5개씩 나누면 4묶음이 되고 4개가 남으므로 잘못 말한 학생은 지수입니다.

5 아침: 전체 7개 중 4개를 분수로 나타내면 $\dfrac{4}{7}$입니다.
저녁: 전체 7개 중 3개를 분수로 나타내면 $\dfrac{3}{7}$입니다.

6 예 45를 5씩 묶으면 9묶음입니다. 10은 전체 9묶음 중의 2묶음이므로 45의 $\dfrac{2}{9}$입니다.
따라서 30은 전체 9묶음 중의 6묶음이므로 45의 $\dfrac{6}{9}$입니다.

평가 기준
30은 전체 묶음 중의 몇 묶음인지 구했나요?
30은 45의 몇 분의 몇인지 구했나요?

7 (1) 18을 똑같이 3묶음으로 나눈 것 중의 1묶음은 6입니다.
(2) 18을 똑같이 6묶음으로 나눈 것 중의 1묶음은 3입니다.

9 전체 공은 12개이므로 12의 $\frac{4}{6}$는 12를 똑같이 6묶음으로 나눈 것 중의 4묶음이므로 8입니다.
따라서 초록색으로 공 8개를 색칠합니다.

10 10의 $\frac{1}{5}$은 10을 똑같이 5묶음으로 나눈 것 중의 1묶음이므로 2입니다.
(1) 10의 $\frac{3}{5}$은 10을 똑같이 5묶음으로 나눈 것 중의 3묶음이므로 $2 \times 3 = 6$입니다.
(2) 10의 $\frac{2}{5}$는 10을 똑같이 5묶음으로 나눈 것 중의 2묶음이므로 $2 \times 2 = 4$입니다.
(3) 분홍색 타일은 6장, 파란색 타일은 4장이므로 더 많은 타일은 분홍색 타일입니다.

11 무선이는 20개의 $\frac{4}{5}$만큼 가지고 있으므로 20을 똑같이 5묶음으로 나눈 것 중의 4묶음은 16입니다.
수애는 16개의 $\frac{3}{8}$만큼 가지고 있으므로 16을 똑같이 8묶음으로 나눈 것 중의 3묶음은 6입니다.
따라서 구슬을 무선이는 16개, 수애는 6개를 가지고 있습니다.

12 (1) □를 똑같이 6묶음으로 나눈 것 중의 1묶음이 9이므로 □ $= 9 \times 6 = 54$입니다.
(2) □를 똑같이 5묶음으로 나눈 것 중의 3묶음이 21이므로 똑같이 5묶음으로 나눈 것 중의 1묶음은 $21 \div 3 = 7$입니다. 따라서 □ $= 7 \times 5 = 35$입니다.

13 (1) 12 cm의 $\frac{1}{6}$은 12 cm를 똑같이 6부분으로 나눈 것 중의 1부분이므로 2 cm입니다.
(2) 12 cm의 $\frac{5}{6}$는 12 cm를 똑같이 6부분으로 나눈 것 중의 5부분이므로 $2 \times 5 = 10$(cm)입니다.

14 (1) 2 m의 $\frac{1}{2}$은 2 m $= 200$ cm를 똑같이 2부분으로 나눈 것 중의 1부분이므로 100 cm입니다.
(2) 2 m의 $\frac{4}{5}$는 2 m $= 200$ cm를 똑같이 5부분으로 나눈 것 중의 4부분이므로 160 cm입니다.

15 15 cm의 $\frac{2}{3}$는 15 cm를 똑같이 3부분으로 나눈 것 중의 2부분이므로 10 cm이고, 15 cm의 $\frac{4}{5}$는 15 cm를 똑같이 5부분으로 나눈 것 중의 4부분이므로 12 cm입니다. ➡ 10 cm < 12 cm

16 (1) 1시간의 $\frac{1}{4}$은 1시간 $= 60$분을 똑같이 4부분으로 나눈 것 중의 1부분이므로 15분입니다.
(2) 2시간의 $\frac{2}{3}$는 2시간 $= 120$분을 똑같이 3부분으로 나눈 것 중의 2부분이므로 80분입니다.

17 하체의 길이는 72 cm의 $\frac{5}{8}$입니다. 72의 $\frac{1}{8}$이 9이므로 72의 $\frac{5}{8}$는 $9 \times 5 = 45$입니다.
따라서 조각상의 하체의 길이는 45 cm입니다.

18 • 율희가 잔 시간: 24시간의 $\frac{1}{4}$은 24시간을 똑같이 4부분으로 나눈 것 중의 1부분이므로 6시간입니다.
• 영우가 잔 시간: 12시간의 $\frac{2}{3}$는 12시간을 똑같이 3부분으로 나눈 것 중의 2부분이므로 8시간입니다.
• 현정이가 잔 시간: 하루는 24시간이므로 24시간의 $\frac{3}{8}$은 24시간을 똑같이 8부분으로 나눈 것 중의 3부분이므로 9시간입니다.
따라서 6 < 8 < 9이므로 잠을 가장 많이 잔 친구는 현정입니다.

19 쌓기나무 6개의 긴 쪽의 길이가 48 cm이므로 색칠된 쌓기나무 2개의 긴 쪽의 길이는 48 cm의 $\frac{2}{6}$입니다.
따라서 48 cm의 $\frac{2}{6}$는 48 cm를 똑같이 6부분으로 나눈 것 중의 2부분이므로 16 cm입니다.

20 (1) $\frac{3}{2}$은 $\frac{1}{2}$을 3칸 색칠하고 1보다 크므로 가분수입니다.

(2) $\frac{2}{3}$는 $\frac{1}{3}$을 2칸 색칠하고 1보다 작으므로 진분수입니다.

21 (1) 1과 $\frac{4}{6}$는 $1\frac{4}{6}$라고 씁니다.

(2) 2와 $\frac{1}{4}$은 $2\frac{1}{4}$이라고 씁니다.

22 (1) 2는 $\frac{1}{8}$이 16칸 색칠되어 있으므로 $\frac{16}{8}$입니다.

(2) 3은 $\frac{1}{5}$이 15칸 색칠되어 있으므로 $\frac{15}{5}$입니다.

23 진분수는 분자가 분모보다 작은 분수이므로 $\frac{5}{9}$, $\frac{3}{8}$입니다.

가분수는 분자가 분모와 같거나 분모보다 큰 분수이므로 $\frac{11}{3}$, $\frac{7}{7}$, $\frac{6}{5}$입니다.

대분수는 자연수와 진분수로 이루어진 분수이므로 $1\frac{4}{6}$, $5\frac{1}{2}$입니다.

24 (1) $\frac{1}{10}$이 14칸 색칠되어 있으므로 가분수로 $\frac{14}{10}$입니다.

1과 $\frac{4}{10}$는 대분수로 $1\frac{4}{10}$이고, 소수로 나타내면 1과 0.4이므로 1.4입니다.

(2) $\frac{1}{10}$이 27칸 색칠되어 있으므로 가분수로 $\frac{27}{10}$입니다.

2와 $\frac{7}{10}$은 대분수로 $2\frac{7}{10}$이고, 소수로 나타내면 2와 0.7이므로 2.7입니다.

25 (1) 분모가 3인 진분수의 분자는 3보다 작아야 합니다.

(2) 분모가 3인 가분수의 분자는 3이거나 3보다 커야 합니다.

(3) 자연수 부분이 4이고 분모가 3인 대분수의 분자는 3보다 작아야 합니다.

😊 내가 만드는 문제
26 1, 2, 3, 4, 5의 숫자를 한 번씩만 사용하여 분자가 분모보다 작은 진분수, 분자가 분모와 같거나 분모보다 큰 가분수, 자연수와 진분수로 이루어진 대분수를 각각 자유롭게 만듭니다.

27 $2\frac{1}{3}$에서 자연수 2를 가분수 $\frac{6}{3}$으로 나타내면 $\frac{1}{3}$이 모두 7개이므로 $2\frac{1}{3}=\frac{7}{3}$입니다.

28 $\frac{10}{6}$에서 자연수로 표현할 수 있는 가분수 $\frac{6}{6}$을 자연수 1로 나타내면 1과 $\frac{4}{6}$이므로 $\frac{10}{6}=1\frac{4}{6}$입니다.

29 가분수의 분자는 대분수의 자연수 부분과 분모를 곱하고 대분수의 분자를 더하는 방법으로 나타낼 수 있습니다.

30 가분수의 분자를 분모로 나누었을 때, 몫이 대분수의 자연수 부분이 되고 나머지가 대분수의 분자가 됩니다.

31 (1) $4\frac{1}{3}$은 $4(=\frac{12}{3})$와 $\frac{1}{3}$이므로 $\frac{13}{3}$입니다.

(2) $2\frac{5}{8}$는 $2(=\frac{16}{8})$와 $\frac{5}{8}$이므로 $\frac{21}{8}$입니다.

(3) $\frac{18}{5}$은 $\frac{15}{5}(=3)$와 $\frac{3}{5}$이므로 $3\frac{3}{5}$입니다.

(4) $\frac{20}{7}$은 $\frac{14}{7}(=2)$와 $\frac{6}{7}$이므로 $2\frac{6}{7}$입니다.

32 $\frac{1}{8}$이 13개이므로 가분수로 $\frac{13}{8}$이고, 대분수로 나타내면 $1\frac{5}{8}$입니다. 따라서 1보다 $\frac{5}{8}$ 큰 수입니다.

33 예 자연수 부분이 9이고 분모가 2인 대분수의 분자는 2보다 작은 수인 1이므로 $9\frac{1}{2}$입니다.

$9\frac{1}{2}$에서 $9=\frac{18}{2}$이므로 $\frac{1}{2}$이 19개인 $\frac{19}{2}$로 나타냅니다.

평가 기준
주어진 조건에 알맞은 대분수를 구했나요?
대분수를 가분수로 나타냈나요?

34 $\frac{2}{6}$는 6칸 중의 2칸을 색칠합니다. $\frac{1}{3}$은 전체를 똑같이 3묶음으로 나눈 것 중의 1묶음이므로 2칸을 색칠합니다. 따라서 색칠한 칸수가 같으므로 $\frac{2}{6}$와 $\frac{1}{3}$은 크기가 같습니다.

35 수직선에서 오른쪽으로 갈수록 더 큰 수입니다.

36 (1) 분자의 크기를 비교하면 13>9이므로 $\frac{13}{8}>\frac{9}{8}$입니다.

(2) 자연수 부분의 크기를 비교하면 2<3이므로
$2\frac{5}{6}<3\frac{2}{6}$입니다.

(3) 자연수 부분이 같으므로 분자의 크기를 비교하면
4<7이므로 $5\frac{4}{9}<5\frac{7}{9}$입니다.

(4) 대분수를 가분수로 나타내면 $7\frac{1}{3}=\frac{22}{3}$이므로
$\frac{23}{3}>7\frac{1}{3}$입니다.

37 (1) 분자의 크기를 비교하면 □<5이므로 □=1, 2, 3,
4입니다.

(2) 분자의 크기를 비교하면 □>2이고 대분수의 분자는
분모보다 작으므로 2<□<6입니다.
따라서 □=3, 4, 5입니다.

38 $1\frac{7}{8}=\frac{15}{8}$이므로 $\frac{10}{8}<\frac{\square}{8}<\frac{15}{8}$일 때 분자의 크기를
비교하면 10<□<15입니다.
따라서 □ 안에 들어갈 수 있는 자연수는 11, 12, 13,
14이므로 $\frac{10}{8}$보다 크고 $1\frac{7}{8}$보다 작은 가분수는 $\frac{11}{8}$,
$\frac{12}{8}$, $\frac{13}{8}$, $\frac{14}{8}$입니다.

39 예 ㉡ $\frac{1}{9}$이 13개인 수는 $\frac{13}{9}$이고 ㉢ $1\frac{5}{9}=\frac{14}{9}$입니다.
따라서 $\frac{17}{9}>\frac{14}{9}>\frac{13}{9}>\frac{9}{9}$이므로 ㉠ $\frac{17}{9}$이 가장
큽니다.

평가 기준
분수의 표현을 통일하여 나타냈나요?
분수의 크기를 비교하여 가장 큰 분수를 구했나요?

☺ 내가 만드는 문제
40 ① 대분수의 분자를 정합니다.
② 대분수를 가분수로 나타내었을 때의 분자보다 큰 수를
가분수의 분자로 정합니다.

STEP 2 자주 틀리는 유형 78~80쪽

41 $3\frac{2}{4}$, $5\frac{6}{7}$에 ○표

42 3개   **43** 5개

44 $\frac{7}{4}$ **45** $1\frac{2}{6}$

46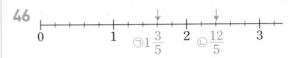

47 $\frac{6}{6}$ **48** $\frac{13}{9}$

49 $2\frac{5}{10}$

50 예

51 예

52 예

53 <

54 (1) >   (2) =

55 (○) (   ) (   )

56 $\frac{13}{4}$, $\frac{16}{4}$, $\frac{18}{4}$

57 $4\frac{5}{9}$, $4\frac{8}{9}$, $5\frac{1}{9}$, $5\frac{4}{9}$

58 $\frac{15}{7}$, $2\frac{5}{7}$, $\frac{21}{7}$, $3\frac{3}{7}$

41 $\frac{6}{6}$은 분자와 분모가 같은 분수이므로 가분수입니다.
$1\frac{4}{3}$와 $2\frac{8}{5}$은 자연수와 가분수로 이루어진 분수이므로
대분수라고 할 수 없습니다.

42 대분수는 자연수와 진분수로 이루어진 분수입니다.

➡ $2\frac{5}{9}$, $6\frac{1}{3}$, $1\frac{7}{8}$

$5\frac{4}{4}$, $7\frac{3}{2}$: 자연수와 가분수로 이루어진 분수이므로 대분수라고 할 수 없습니다.

$\frac{8}{5}$: 가분수, $\frac{4}{7}$: 진분수

43 분모가 6인 진분수는 $\frac{1}{6}$, $\frac{2}{6}$, $\frac{3}{6}$, $\frac{4}{6}$, $\frac{5}{6}$이므로 자연수 부분이 3이고 분모가 6인 대분수는 $3\frac{1}{6}$, $3\frac{2}{6}$, $3\frac{3}{6}$, $3\frac{4}{6}$, $3\frac{5}{6}$로 모두 5개입니다.

44 1을 똑같이 4칸으로 나누었으므로 작은 눈금 한 칸의 크기는 $\frac{1}{4}$입니다. ↓가 나타내는 분수는 $\frac{1}{4}$이 7개이므로 $\frac{7}{4}$입니다.

45 1을 똑같이 6칸으로 나누었으므로 작은 눈금 한 칸의 크기는 $\frac{1}{6}$입니다. ↓가 나타내는 분수는 1에서 $\frac{2}{6}$만큼 더 갔으므로 대분수로 나타내면 $1\frac{2}{6}$입니다.

46 1을 똑같이 5칸으로 나누었으므로 작은 눈금 한 칸의 크기는 $\frac{1}{5}$입니다.

㉠ 1에서 3칸 더 간 지점에 ↓로 나타냅니다.
㉡ 0에서 12칸 간 지점에 ↓로 나타냅니다.

47 4개의 분수를 크기 순대로 나열합니다.
분자의 크기가 3<4<5<7이므로 분수를 크기 순대로 나열하면 $\frac{3}{6}$<$\frac{4}{6}$<$\frac{5}{6}$<$\frac{7}{6}$입니다. 따라서 중간에 분자 6이 빠져 있으므로 중간에 빠진 분수는 $\frac{6}{6}$입니다.

48 5개의 분수를 크기 순대로 나열하면 분자의 크기가 10<11<12<14<15이므로 $\frac{10}{9}$<$\frac{11}{9}$<$\frac{12}{9}$<$\frac{14}{9}$<$\frac{15}{9}$입니다.

따라서 중간에 분자 13이 빠져 있으므로 중간에 빠진 분수는 $\frac{13}{9}$입니다.

49 5개의 분수를 크기 순대로 나열하면 대분수의 자연수 부분이 같고 분자의 크기가 3<4<6<7<8이므로 $2\frac{3}{10}$<$2\frac{4}{10}$<$2\frac{6}{10}$<$2\frac{7}{10}$<$2\frac{8}{10}$입니다.
따라서 중간에 분자 5가 빠져 있으므로 중간에 빠진 분수는 $2\frac{5}{10}$입니다.

50 전체는 14개이므로 14의 $\frac{3}{7}$은 14를 똑같이 7묶음으로 나눈 것 중의 3묶음이므로 6, 14의 $\frac{4}{7}$는 14를 똑같이 7묶음으로 나눈 것 중의 4묶음이므로 8입니다.
따라서 빨간색으로 6개, 파란색으로 8개를 색칠합니다.

51 전체는 16개이므로 16의 $\frac{6}{8}$은 16을 똑같이 8묶음으로 나눈 것 중의 6묶음이므로 12, 16의 $\frac{2}{8}$는 16을 똑같이 8묶음으로 나눈 것 중의 2묶음이므로 4입니다.
따라서 보라색으로 12개, 노란색으로 4개를 색칠합니다.

52 전체는 12칸이므로 12의 $\frac{2}{3}$는 8, 12의 $\frac{1}{3}$은 4입니다.
따라서 주황색으로 8칸, 초록색으로 4칸을 규칙을 만들어 색칠합니다.

53 대분수를 가분수로 나타내어 크기를 비교합니다.
$4\frac{2}{5}=\frac{22}{5}$이므로 $\frac{22}{5}$<$\frac{24}{5}$입니다.
따라서 $4\frac{2}{5}$<$\frac{24}{5}$입니다.

54 대분수를 가분수로 나타내거나 가분수를 대분수로 나타내어 크기를 비교합니다.

(1) $\frac{17}{7}=2\frac{3}{7}$이므로 $2\frac{4}{7}$>$2\frac{3}{7}$입니다. ➡ $2\frac{4}{7}$>$\frac{17}{7}$

(2) $3\frac{6}{8}=\frac{30}{8}$이므로 $\frac{30}{8}=\frac{30}{8}$입니다. ➡ $\frac{30}{8}=3\frac{6}{8}$

55 가분수를 대분수로 나타내어 크기를 비교합니다.

$\dfrac{33}{6}=5\dfrac{3}{6}$이므로 $5\dfrac{2}{6}<5\dfrac{3}{6}<5\dfrac{5}{6}$입니다.

따라서 $5\dfrac{2}{6}<\dfrac{33}{6}<5\dfrac{5}{6}$이므로 크기가 가장 큰 분수는

$5\dfrac{5}{6}$입니다.

56 분자의 크기를 비교하면 $13<16<18$이므로

$\dfrac{13}{4}<\dfrac{16}{4}<\dfrac{18}{4}$입니다.

따라서 수직선에서 오른쪽으로 갈수록 큰 수이므로 왼쪽

부터 $\dfrac{13}{4}$, $\dfrac{16}{4}$, $\dfrac{18}{4}$입니다.

57 대분수의 자연수 부분을 비교하면 $4<5$이고, 자연수 부분이 같을 때 분자의 크기를 비교하면 $5<8$, $1<4$이므로

$4\dfrac{5}{9}<4\dfrac{8}{9}<5\dfrac{1}{9}<5\dfrac{4}{9}$입니다.

따라서 수직선에서 오른쪽으로 갈수록 큰 수이므로 왼쪽

부터 $4\dfrac{5}{9}$, $4\dfrac{8}{9}$, $5\dfrac{1}{9}$, $5\dfrac{4}{9}$입니다.

58 대분수를 가분수로 나타내어 크기를 비교합니다.

$3\dfrac{3}{7}=\dfrac{24}{7}$, $2\dfrac{5}{7}=\dfrac{19}{7}$이므로 $\dfrac{15}{7}<\dfrac{19}{7}<\dfrac{21}{7}<\dfrac{24}{7}$입

니다.

따라서 $\dfrac{15}{7}<2\dfrac{5}{7}<\dfrac{21}{7}<3\dfrac{3}{7}$이므로 왼쪽부터 $\dfrac{15}{7}$,

$2\dfrac{5}{7}$, $\dfrac{21}{7}$, $3\dfrac{3}{7}$입니다.

---

59 예 $\dfrac{2}{4}$	**60** 예 $\dfrac{1}{3}$	**61** 예 $\dfrac{3}{9}$

62 $\dfrac{2}{5}$, $\dfrac{2}{6}$, $\dfrac{5}{6}$, $\dfrac{2}{9}$, $\dfrac{5}{9}$, $\dfrac{6}{9}$

63 $\dfrac{4}{3}$, $\dfrac{5}{3}$, $\dfrac{8}{3}$, $\dfrac{5}{4}$, $\dfrac{8}{4}$, $\dfrac{8}{5}$	**64** $\dfrac{65}{7}$
65 1, 2, 3, 4, 5, 6	**66** 4개
67 38, 39, 40	**68** $\dfrac{11}{14}$, $\dfrac{12}{14}$, $\dfrac{13}{14}$
69 $\dfrac{6}{6}$, $\dfrac{7}{6}$, $\dfrac{8}{6}$, $\dfrac{9}{6}$	**70** 6개

71 6	**72** 10	**73** 32
74 $\dfrac{4}{8}$	**75** $\dfrac{17}{9}$	**76** $3\dfrac{6}{11}$

59 색칠한 부분은 전체를 1씩 묶으면 $\dfrac{4}{8}$, 2씩 묶으면 $\dfrac{2}{4}$,

4씩 묶으면 $\dfrac{1}{2}$로 나타낼 수 있습니다.

60 색칠한 부분은 전체를 1씩 묶으면 $\dfrac{4}{12}$, 2씩 묶으면 $\dfrac{2}{6}$,

4씩 묶으면 $\dfrac{1}{3}$로 나타낼 수 있습니다.

61 색칠한 부분은 전체를 1씩 묶으면 $\dfrac{6}{18}$, 2씩 묶으면 $\dfrac{3}{9}$,

3씩 묶으면 $\dfrac{2}{6}$, 6씩 묶으면 $\dfrac{1}{3}$로 나타낼 수 있습니다.

62 진분수는 분자가 분모보다 작은 분수입니다.

· 분모가 2인 경우: 진분수를 만들 수 없습니다.

· 분모가 5인 경우: $\dfrac{2}{5}$

· 분모가 6인 경우: $\dfrac{2}{6}$, $\dfrac{5}{6}$

· 분모가 9인 경우: $\dfrac{2}{9}$, $\dfrac{5}{9}$, $\dfrac{6}{9}$

63 가분수는 분자가 분모와 같거나 분모보다 큰 분수입니다.

· 분모가 3인 경우: $\dfrac{4}{3}$, $\dfrac{5}{3}$, $\dfrac{8}{3}$

· 분모가 4인 경우: $\dfrac{5}{4}$, $\dfrac{8}{4}$

- 분모가 5인 경우: $\frac{8}{5}$

- 분모가 8인 경우: 가분수를 만들 수 없습니다.

64 가장 큰 대분수를 만들려면 자연수 부분에 가장 큰 수를 쓰고 나머지 두 수로 진분수를 만들어야 하므로 $9\frac{2}{7}$입니다.

따라서 대분수 $9\frac{2}{7}$를 가분수로 나타내면 $9\frac{2}{7}=\frac{65}{7}$입니다.

65 $1\frac{1}{6}=\frac{7}{6}$이므로 $\frac{\square}{6}<\frac{7}{6}$에서 $\square$ 안에 들어갈 수 있는 자연수는 1, 2, 3, 4, 5, 6입니다.

66 $\frac{23}{9}$에서 $\frac{18}{9}=2$로 나타내고 나머지 $\frac{5}{9}$는 진분수로 나타내므로 $2\frac{5}{9}$입니다.

따라서 $2\frac{5}{9}>2\frac{\square}{9}$에서 $\square$ 안에 들어갈 수 있는 자연수는 5보다 작은 수인 1, 2, 3, 4로 모두 4개입니다.

67 $4\frac{5}{8}=\frac{37}{8}$이므로 $\frac{37}{8}<\frac{\square}{8}<\frac{41}{8}$입니다.

따라서 $\square$ 안에 들어갈 수 있는 자연수는 37보다 크고 41보다 작은 수이므로 38, 39, 40입니다.

68 분모가 14인 진분수의 분자는 14보다 작은 수입니다. 이 중 10보다 큰 수는 11, 12, 13이므로 구하려고 하는 진분수는 $\frac{11}{14}$, $\frac{12}{14}$, $\frac{13}{14}$입니다.

69 분모가 6인 가분수는 $\frac{6}{6}$, $\frac{7}{6}$, $\frac{8}{6}$, $\frac{9}{6}$, $\frac{10}{6}$, $\frac{11}{6}$, …이고 이 중에서 분자가 한 자리 수인 것은 $\frac{6}{6}$, $\frac{7}{6}$, $\frac{8}{6}$, $\frac{9}{6}$입니다.

70 분자가 21인 분수 중에서 분모가 15보다 크고 25보다 작은 분수는 $\frac{21}{16}$, $\frac{21}{17}$, $\frac{21}{18}$, $\frac{21}{19}$, $\frac{21}{20}$, $\frac{21}{21}$, $\frac{21}{22}$, $\frac{21}{23}$, $\frac{21}{24}$입니다.

이 중에서 가분수는 $\frac{21}{16}$, $\frac{21}{17}$, $\frac{21}{18}$, $\frac{21}{19}$, $\frac{21}{20}$, $\frac{21}{21}$로 모두 6개입니다.

71 어떤 수의 $\frac{1}{3}$이 8이므로 어떤 수는 $8\times3=24$입니다.

따라서 24의 $\frac{1}{4}$은 24를 똑같이 4묶음으로 나눈 것 중의 1묶음이므로 6입니다.

72 어떤 수의 $\frac{1}{5}$은 $18\div3=6$이므로 어떤 수는 $6\times5=30$입니다.

따라서 30의 $\frac{1}{6}$이 5이므로 $\frac{2}{6}$는 5의 2배인 $5\times2=10$입니다.

73 어떤 수의 $\frac{1}{12}$은 $21\div7=3$이므로 어떤 수는 $3\times12=36$입니다.

따라서 36의 $\frac{1}{9}$이 4이므로 $\frac{8}{9}$은 4의 8배인 $4\times8=32$입니다.

74 분자를 $\square$라고 하면 분모는 $\square+4$입니다.
분자와 분모의 합이 12이므로 $\square+\square+4=12$, $\square+\square=8$, $\square=4$입니다.

따라서 분자가 4이고 분모가 $4+4=8$인 진분수는 $\frac{4}{8}$입니다.

75 분자를 $\square$라고 하면 분모는 $\square-8$입니다.
분자와 분모의 합이 26이므로 $\square+\square-8=26$, $\square+\square=34$, $\square=17$입니다.
따라서 분자가 17이고 분모가 $17-8=9$인 가분수는 $\frac{17}{9}$입니다.

76 3보다 크고 4보다 작은 수이므로 대분수의 자연수 부분은 3입니다.
진분수의 분자를 $\square$라고 하면 분모는 $\square+5$입니다.
분자와 분모의 합이 17이므로 $\square+\square+5=17$, $\square+\square=12$, $\square=6$입니다.

분자가 6이고 분모가 $6+5=11$인 진분수는 $\frac{6}{11}$입니다.

따라서 조건을 만족하는 대분수는 $3\frac{6}{11}$입니다.

4. 분수 ## 기출 단원 평가 84~86쪽

1 (1) 4 (2) 16

2 예) / $\dfrac{5}{9}$

3 $\dfrac{17}{6}$ / $2\dfrac{5}{6}$

4 (1) 14 (2) 18

5 3개

6 ③

7 (1) $4\dfrac{3}{8}$ (2) $\dfrac{31}{9}$

8 10

9 (1) > (2) <

10 ㉡

11 45분

12 7개

13 $2\dfrac{8}{9}$

14 6

15 (1) 42 (2) 72

16 $\dfrac{1}{3}$, $\dfrac{1}{6}$, $\dfrac{3}{6}$, $\dfrac{1}{7}$, $\dfrac{3}{7}$, $\dfrac{6}{7}$

17 45

18 24

19 12개

20 $5\dfrac{8}{14}$

1 (1) 20의 $\dfrac{1}{5}$은 20을 똑같이 5묶음으로 나눈 것 중의 1묶음이므로 4입니다.

(2) 20의 $\dfrac{4}{5}$는 20을 똑같이 5묶음으로 나눈 것 중의 4묶음이므로 $4 \times 4 = 16$입니다.

2 18을 2씩 묶으면 9묶음이고 10은 전체 9묶음 중 5묶음이므로 18의 $\dfrac{5}{9}$입니다.

3 도형 1개를 똑같이 6으로 나눈 것 중의 하나는 $\dfrac{1}{6}$입니다.
$\dfrac{1}{6}$이 17개 있으므로 가분수로 나타내면 $\dfrac{17}{6}$입니다.
도형 2개와 $\dfrac{5}{6}$만큼 색칠하였으므로 대분수로 나타내면 $2\dfrac{5}{6}$입니다.

4 (1) 21 cm의 $\dfrac{2}{3}$는 21 cm를 똑같이 3부분으로 나눈 것 중의 2부분이므로 14 cm입니다.

(2) 21 cm의 $\dfrac{6}{7}$은 21 cm를 똑같이 7부분으로 나눈 것 중의 6부분이므로 18 cm입니다.

5 가분수는 분자가 분모와 같거나 분모보다 큰 분수이므로 $\dfrac{10}{9}$, $\dfrac{5}{5}$, $\dfrac{8}{3}$로 모두 3개입니다.

6 ③ $5 = \dfrac{25}{5}$

7 (1) $\dfrac{35}{8}$는 $\dfrac{32}{8}(=4)$와 $\dfrac{3}{8}$이므로 $4\dfrac{3}{8}$입니다.

(2) $3\dfrac{4}{9}$는 $3(=\dfrac{27}{9})$과 $\dfrac{4}{9}$이므로 $\dfrac{31}{9}$입니다.

8 진분수는 분자가 분모보다 작은 분수이므로 분자는 11보다 작아야 합니다.
따라서 11보다 작은 가장 큰 자연수는 10입니다.

9 (1) 자연수 부분의 크기를 비교하면 3 > 2이므로 $3\dfrac{2}{7} > 2\dfrac{5}{7}$입니다.

(2) 대분수를 가분수로 나타내면 $6\dfrac{3}{4} = \dfrac{27}{4}$이므로 $\dfrac{26}{4} < 6\dfrac{3}{4}$입니다.

10 ㉠ 16의 $\dfrac{6}{8}$ ➡ 12 ㉡ 25의 $\dfrac{3}{5}$ ➡ 15 ㉢ 42의 $\dfrac{2}{6}$ ➡ 14
따라서 가장 큰 수는 ㉡입니다.

11 1시간의 $\dfrac{3}{4}$은 1시간=60분을 똑같이 4부분으로 나눈 것 중의 3부분이므로 45분입니다.

12 분모가 8인 진분수는 $\dfrac{1}{8}$, $\dfrac{2}{8}$, $\dfrac{3}{8}$, $\dfrac{4}{8}$, $\dfrac{5}{8}$, $\dfrac{6}{8}$, $\dfrac{7}{8}$이므로 자연수 부분이 5이고 분모가 8인 대분수는 $5\dfrac{1}{8}$, $5\dfrac{2}{8}$, $5\dfrac{3}{8}$, $5\dfrac{4}{8}$, $5\dfrac{5}{8}$, $5\dfrac{6}{8}$, $5\dfrac{7}{8}$로 모두 7개입니다.

13 $3\frac{2}{4}=\frac{14}{4}$, $4\frac{1}{6}=\frac{25}{6}$, $5\frac{2}{3}=\frac{17}{3}$, $2\frac{8}{9}=\frac{26}{9}$이므로

가분수로 나타내었을 때 분자가 가장 큰 분수는

$\frac{26}{9}=2\frac{8}{9}$입니다.

14 $2\frac{4}{◆}$에서 자연수 2를 가분수 $\frac{◆+◆}{◆}$로 나타내면 $2\frac{4}{◆}$

는 $\frac{1}{◆}$이 (◆+◆+4)개이므로 $2\frac{4}{◆}=\frac{◆+◆+4}{◆}$입

니다. 따라서 ◆+◆+4=16에서 ◆+◆=12,

◆=6입니다.

15 (1) □를 똑같이 6묶음으로 나눈 것 중의 4묶음이 28이

므로 똑같이 6묶음으로 나눈 것 중의 1묶음은

28÷4=7입니다. 따라서 □=7×6=42입니다.

(2) □를 똑같이 9묶음으로 나눈 것 중의 5묶음이 40이

므로 똑같이 9묶음으로 나눈 것 중의 1묶음은

40÷5=8입니다. 따라서 □=8×9=72입니다.

16 진분수는 분자가 분모보다 작은 분수입니다.

• 분모가 1인 경우: 진분수를 만들 수 없습니다.

• 분모가 3인 경우: $\frac{1}{3}$

• 분모가 6인 경우: $\frac{1}{6}$, $\frac{3}{6}$

• 분모가 7인 경우: $\frac{1}{7}$, $\frac{3}{7}$, $\frac{6}{7}$

17 $6\frac{4}{7}=\frac{46}{7}$이므로 $\frac{□}{7}<\frac{46}{7}$에서 □<46입니다.

따라서 □ 안에 들어갈 수 있는 자연수 중에서 가장 큰

수는 45입니다.

18 어떤 수의 $\frac{1}{8}$은 45÷5=9이므로 어떤 수는 9×8=72

입니다. 따라서 72의 $\frac{1}{9}$이 8이므로 $\frac{3}{9}$은 8의 3배인

8×3=24입니다.

19 예) 32개의 $\frac{3}{8}$은 32를 똑같이 8묶음으로 나눈 것 중의

3묶음입니다. 32를 똑같이 8묶음으로 나눈 것 중의

1묶음은 4이므로 3묶음은 4×3=12입니다.

따라서 지민이가 먹은 딸기는 12개입니다.

평가 기준	배점
지민이가 먹은 딸기의 개수를 구하는 식을 세웠나요?	2점
지민이가 먹은 딸기의 개수를 구했나요?	3점

20 예) 5보다 크고 6보다 작은 수이므로 대분수의 자연수 부

분은 5입니다.

진분수의 분자를 □라고 하면 분모는 □+6입니다.

분자와 분모의 합이 22이므로 □+□+6=22,

□+□=16, □=8입니다.

분자가 8이고 분모가 8+6=14인 진분수는 $\frac{8}{14}$입

니다.

따라서 조건을 만족하는 대분수는 $5\frac{8}{14}$입니다.

평가 기준	배점
대분수의 자연수 부분과 분자, 분모를 구했나요?	4점
조건을 만족하는 대분수를 구했나요?	1점

💡 사고력이 반짝

87쪽

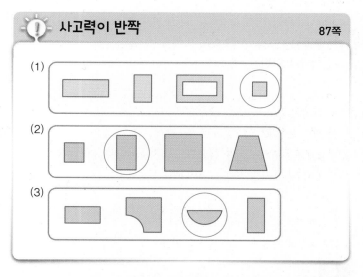

보이지 않는 면의 모양은 마주 보고 있는 면의 모양을 통해 유

추할 수 있습니다.

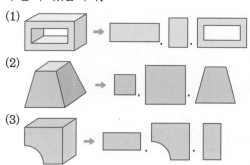

5 들이와 무게

개념을 짚어 보는 문제

90~91쪽

1 음료수병에 ○표

2 (1) 1 / 1000 / 1300 (2) 3000 / 3 / 3, 500

3 (1) 4, 700 (2) 3, 500

4 (1) 8 (2) 5 (3) 3

5 (1) kg에 ○표 (2) t에 ○표

6 (1) 3, 700 (2) 2, 400

---

1 음료수병에 물이 가득 차지 않았으므로 음료수병의 들이가 더 많습니다.

2 1 L＝1000 mL임을 이용합니다.

3 L 단위의 수끼리, mL 단위의 수끼리 계산합니다.

4 (3) 가위는 바둑돌 8개, 풀은 바둑돌 5개의 무게와 같으므로 가위는 풀보다 바둑돌 8－5＝3(개)만큼 더 무겁습니다.

5 1 t＝1000 kg, 1 kg＝1000 g임을 생각하며 물건의 무게에 알맞은 단위를 알아봅니다.

6 kg 단위의 수끼리, g 단위의 수끼리 계산합니다.

STEP 1 교과서+익힘책 유형

92~97쪽

1 컵

준비 ( )( )(○)

2 ㉡, ㉠, ㉢

3 가 그릇, 2개

4 3배

5 예 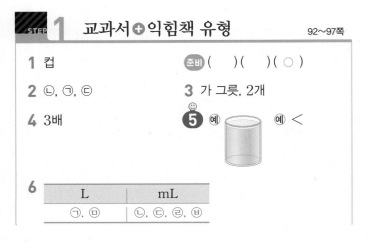 예 ＜

6

L	mL
㉠, ㉢	㉡, ㉢, ㉣, ㉤

---

7 300, 2300

8 (1) ＜ (2) ＜

9 서아

바르게 고치기 예 내 컵의 들이는 300 mL정도 돼.

10 (1) 3 L (2) 1 L 500 mL

11 4번

준비 (1) 6 m 20 cm (2) 3 m 50 cm

12 (1) 6 L 200 mL (2) 3 L 500 mL

13 4, 100

14 (1) 1200 mL(＝1 L 200 mL)
  (2) 1850 mL(＝1 L 850 mL)

15 2 L 100 mL

16 3 L 600 mL

17 (왼쪽에서부터) 예 800, 8 L 300 mL(＝8300 mL)
  / 1200, 6 L 300 mL(＝6300 mL)

18 사과주스

준비 5 g

19 초콜릿, 사탕, 3

20 예 벽돌

21 **이유** 예 100원짜리 동전과 50원짜리 동전의 무게는 같지 않으므로 잘못 비교했습니다.

22 참외

23 파란색 구슬

24 (1) 3500 (2) 5, 600 (3) 8

25 1 kg 600 g

26 (1) 농구공 (2) 트럭

27 멜론 1통에 ○표

28 ㉡

29 ㉡, ㉢, ㉠

준비 (1) 2.5 (2) 2500

30 (1) 2200 (2) 2500

31 (1) 8 kg 200 g (2) 3 kg 300 g

32 5 kg 200 g

33 2 kg 400 g

34 400 kg

35 예 7 kg 900 g

36 3 kg 500 g(＝3500 g)

37 4 kg 950 g

---

1 주스병에 가득 채운 물을 컵에 옮겨 담았을 때 물이 넘쳤으므로 컵의 들이는 주스병의 들이보다 더 적습니다.

2 모양과 크기가 같은 큰 그릇에 옮겨 담았을 때의 높이를 비교합니다. 그릇의 들이가 많은 것부터 차례로 기호를 쓰면 ㉡, ㉠, ㉢입니다.

3 ⑩ 가 그릇은 컵 5개, 나 그릇은 컵 3개이므로 가 그릇이 나 그릇보다 컵 5−3=2(개)만큼 들이가 더 많습니다.

평가 기준
어느 그릇이 컵 몇 개만큼 더 많은지 구했나요?

4 주전자는 컵 6개, 물병은 컵 2개이므로 주전자의 들이는 물병의 들이의 6÷2=3(배)입니다.

😊 내가 만드는 문제
5 나에 그리는 물의 양에 따라 들이 비교는 달라질 수 있습니다. 가보다 낮게 그리면 가>나, 가보다 높게 그리면 가<나입니다.

6 적은 들이는 mL, 많은 들이는 L를 사용하는 것이 편리합니다.

7 물이 채워진 그림의 눈금을 읽으면 큰 눈금 2칸, 작은 눈금 3칸이므로 2 L 300 mL입니다.
➡ 2 L 300 mL=2300 mL

8 (1) 4 L=4000 mL ➡ 3400 mL<4000 mL
(2) 7 L 600 mL=7600 mL
➡ 7060 mL<7600 mL

9 컵의 들이는 mL로 나타냅니다.

평가 기준
단위를 잘못 사용한 사람의 이름을 쓰고 바르게 고쳤나요?

10 (1) 6 L의 반이므로 약 3 L입니다.
(2) 3 L의 반이므로 약 1 L 500 mL입니다.

11 250 mL의 4배가 1000 mL=1 L이므로 컵으로 4번 부어야 합니다.

준비 (1)
$$\begin{array}{r} {\scriptstyle 1} \\ 2\,m\ \ 70\,cm \\ +\ 3\,m\ \ 50\,cm \\ \hline 6\,m\ \ 20\,cm \end{array}$$
(2)
$$\begin{array}{r} {\scriptstyle 4}\quad {\scriptstyle 100} \\ 5\,m\ \ 30\,cm \\ -\ 1\,m\ \ 80\,cm \\ \hline 3\,m\ \ 50\,cm \end{array}$$

12 (1)
$$\begin{array}{r} {\scriptstyle 1} \\ 2\,L\ \ 700\,mL \\ +\ 3\,L\ \ 500\,mL \\ \hline 6\,L\ \ 200\,mL \end{array}$$
(2)
$$\begin{array}{r} {\scriptstyle 4}\quad {\scriptstyle 1000} \\ 5\,L\ \ 300\,mL \\ -\ 1\,L\ \ 800\,mL \\ \hline 3\,L\ \ 500\,mL \end{array}$$

(1) mL 단위의 수끼리의 합이 1000이거나 1000보다 크면 1000 mL를 1 L로 받아올림합니다.
(2) mL 단위의 수끼리 뺄 수 없을 때에는 1 L를 1000 mL로 받아내림합니다.

13 2 L 800 mL+1 L 300 mL=4 L 100 mL

14 (1) ㉠+㉢=350 mL+850 mL
=1200 mL(=1 L 200 mL)
(2) ㉠+㉡+㉣=350 mL+600 mL+900 mL
=1850 mL(=1 L 850 mL)

15 자격루의 종이 3번 울린 것은 700 mL의 물이 3번 흘러 들어간 것이므로
700 mL+700 mL+700 mL
=2100 mL=2 L 100 mL입니다.

16 8 L 40 mL=8040 mL, 4 L 800 mL=4800 mL 이므로 들이가 가장 많은 것은 8400 mL, 가장 적은 것은 4 L 800 mL입니다.
➡ 8400 mL−4 L 800 mL
=8 L 400 mL−4 L 800 mL
=3 L 600 mL

😊 내가 만드는 문제
17 ⑩ 7 L 500 mL+800 mL=8 L 300 mL
⑩ 7 L 500 mL−1200 mL=6 L 300 mL

18 3000원으로 살 수 있는 주스의 양을 구합니다.
(사과주스의 양)=1 L 400 mL+1 L 400 mL
=2 L 800 mL
(오렌지주스의 양)=900 mL+900 mL+900 mL
=2 L 700 mL
➡ 2 L 800 mL>2 L 700 mL이므로 3000원으로 더 많은 양을 살 수 있는 주스는 사과주스입니다.

19 사탕은 바둑돌 4개의 무게와 같고 초콜릿은 바둑돌 7개의 무게와 같습니다. 따라서 초콜릿이 사탕보다 바둑돌 3개만큼 더 무겁습니다.

😊 내가 만드는 문제
20 저울을 이용하여 무게를 비교할 때에는 접시가 내려간 쪽의 물건이 더 무겁습니다.
따라서 오이보다 무거운 물건을 씁니다.

21 무게를 비교할 때에는 같은 단위를 사용해야 합니다.

평가 기준
무게를 잘못 비교한 이유를 바르게 설명했나요?

22 참외는 사과보다 무겁고 사과는 귤보다 무겁습니다.
따라서 가장 무거운 과일은 참외입니다.

23 (파란색 구슬 10개)=(빨간색 구슬 13개)이므로 한 개의 무게가 더 무거운 것은 파란색 구슬입니다.

24 1 kg=1000 g, 1 t=1000 kg임을 이용합니다.

25 저울은 1500 g에서 작은 눈금 한 칸을 더 지났으므로 1600 g입니다. ➡ 1600 g=1 kg 600 g

26 (1) 600 g의 무게에 적당한 무게는 농구공입니다.
(2) 2 t의 무게에 적당한 무게는 트럭입니다.

27 저울이 가쪽으로 내려갔으므로 500 g보다 무거운 물건은 멜론 1통입니다.

28 상자의 무게는 2+1=3(kg)과 같으므로 3 kg짜리 추를 올려야 합니다.

29 1 kg 200 g=1200 g, 1 kg 500 g=1500 g이므로 무게가 무거운 것부터 차례로 기호를 쓰면 ⓒ, ⓒ, ㉠입니다.

30 (1) 2 kg=2000 g이므로 2.2 kg=2200 g입니다.
(2) $\frac{1}{2}$ kg=500 g이므로 $2\frac{1}{2}$ kg=2500 g입니다.

31 (1)
$$\begin{array}{r} \overset{1}{} 4\ kg\quad 500\ g \\ +\ 3\ kg\quad 700\ g \\ \hline 8\ kg\quad 200\ g \end{array}$$
(2)
$$\begin{array}{r} \overset{5}{}6\ kg\ \overset{1000}{100}\ g \\ -\ 2\ kg\quad 800\ g \\ \hline 3\ kg\quad 300\ g \end{array}$$
(1) g 단위의 수끼리의 합이 1000이거나 1000보다 크면 1000 g을 1 kg으로 받아올림합니다.
(2) g 단위의 수끼리 뺄 수 없을 때에는 1 kg을 1000 g으로 받아내림합니다.

32 8 kg 500 g−3 kg 300 g=5 kg 200 g

33 설탕 한 봉지의 무게는 1200 g이므로 2봉지의 무게는 1200 g+1200 g=2400 g입니다. ➡ 2 kg 400 g

34 상자의 무게는 모두
800 kg+500 kg+300 kg=1600 kg입니다.
2 t=2000 kg이므로 트럭에 더 실을 수 있는 무게는
2000 kg−1600 kg=400 kg입니다.

35 예) 토끼와 강아지를 고른다면 무게의 합은
2 kg 300 g+5 kg 600 g=7 kg 900 g입니다.

36 보라색 구슬 5개가 5 kg이므로 보라색 구슬 1개의 무게는 1 kg이고, 초록색 구슬 4개의 무게가 2 kg이므로 초록색 구슬 1개의 무게는 500 g입니다.
따라서 주어진 구슬의 무게는
1 kg+1 kg+1 kg+500 g=3 kg 500 g입니다.

37 예) (소고기 2근)=600 g+600 g=1200 g
=1 kg 200 g
➡ (소고기 2근)+(양파 1관)
=1 kg 200 g+3 kg 750 g=4 kg 950 g

평가 기준
소고기 2근의 무게를 구했나요?
소고기 2근과 양파 1관의 무게의 합을 구했나요?

STEP 2 자주 틀리는 유형
98~100쪽

38 (1) 4300 (2) 4030 (3) 4003

39 (1) 7, 500 (2) 7, 50 (3) 7, 5

40 (교차 연결)
41 (1) > (2) <
42 ㉠

43 ⓒ, ㉣, ㉠, ⓒ
44 (○)( )
45 ⓒ

46 진호
47 영진
48 오이

49 민주
50 1 kg 300 g
51 1 kg 400 g

52 1 kg 800 g
53 (위에서부터) 2 / 400

54 (위에서부터) 300 / 3
55 (위에서부터) 8 / 450

---

38 (1) 4 L 300 mL=4 L+300 mL
=4000 mL+300 mL
=4300 mL
(2) 4 L 30 mL=4 L+30 mL
=4000 mL+30 mL=4030 mL
(3) 4 L 3 mL=4 L+3 mL=4000 mL+3 mL
=4003 mL

39 (1) $7500 \text{ mL} = 7000 \text{ mL} + 500 \text{ mL} = 7 \text{ L } 500 \text{ mL}$
　　(2) $7050 \text{ mL} = 7000 \text{ mL} + 50 \text{ mL} = 7 \text{ L } 50 \text{ mL}$
　　(3) $7005 \text{ mL} = 7000 \text{ mL} + 5 \text{ mL} = 7 \text{ L } 5 \text{ mL}$

40 (1) $6 \text{ L } 38 \text{ mL} = 6 \text{ L} + 38 \text{ mL}$
　　　　　　　$= 6000 \text{ mL} + 38 \text{ mL} = 6038 \text{ mL}$
　　(2) $6 \text{ L } 30 \text{ mL} = 6 \text{ L} + 30 \text{ mL}$
　　　　　　　$= 6000 \text{ mL} + 30 \text{ mL} = 6030 \text{ mL}$
　　(3) $6 \text{ L } 3 \text{ mL} = 6 \text{ L} + 3 \text{ mL} = 6000 \text{ mL} + 3 \text{ mL}$
　　　　　　　$= 6003 \text{ mL}$

41 (1) $5 \text{ kg } 400 \text{ g} = 5400 \text{ g} \Rightarrow 5400 \text{ g} > 4500 \text{ g}$
　　(2) $3 \text{ t} = 3000 \text{ kg} \Rightarrow 3000 \text{ kg} < 3300 \text{ kg}$

42 ⓒ $8 \text{ t} = 8000 \text{ kg}$
　➡ $8900 \text{ kg} > 8000 \text{ kg} > 9 \text{ kg } 800 \text{ g}$이므로 무게가
　　가장 무거운 것은 ⓒ 8900 kg입니다.

43 ㉠ $5 \text{ kg } 350 \text{ g} = 5350 \text{ g}$　ⓒ $5 \text{ kg } 500 \text{ g} = 5500 \text{ g}$
　➡ $5030 \text{ g} < 5300 \text{ g} < 5350 \text{ g} < 5500 \text{ g}$이므로 무게
　　가 가벼운 것부터 차례로 기호를 쓰면 ⓒ, ㉣, ㉠, ⓒ
　　입니다.

44 볼링공의 무게는 kg, 솜사탕의 무게는 g을 사용하는 것
　이 적당합니다.

45 ㉠ 코끼리 1마리: 3 t　ⓒ 쌀 1가마: 80 kg

46 진호: 방에 있는 의자의 무게는 4 kg이야.

47 실제 무게와 준서는 300 g, 영진이는 150 g 차이가 납
　니다. 따라서 멜론의 무게를 실제 무게에 더 가깝게 어림
　한 사람은 영진입니다.

48 저울에 잰 무게와 호박은 150 g, 오이는 50 g 차이가 납니
　다. 따라서 실제 무게에 더 가깝게 어림한 것은 오이입니다.

49 실제 무게와 지아는 200 g, 민주는 150 g, 은미는
　300 g 차이가 납니다. 따라서 상자의 무게를 실제 무게
　에 가장 가깝게 어림한 사람은 민주입니다.

50 (바나나의 무게)＋(그릇의 무게)＝$2 \text{ kg } 500 \text{ g}$
　　(그릇의 무게)＝$1 \text{ kg } 200 \text{ g}$
　➡ (바나나의 무게)＝$2 \text{ kg } 500 \text{ g} - 1 \text{ kg } 200 \text{ g}$
　　　　　　　　　　　$= 1 \text{ kg } 300 \text{ g}$

51 (수박의 무게)＋(그릇의 무게)＝$3 \text{ kg } 200 \text{ g}$
　　(수박의 무게)＝$1 \text{ kg } 800 \text{ g}$
　➡ (빈 그릇의 무게)＝$3 \text{ kg } 200 \text{ g} - 1 \text{ kg } 800 \text{ g}$
　　　　　　　　　　　$= 1 \text{ kg } 400 \text{ g}$

52 (상자의 무게)＋(책의 무게)＝$4 \text{ kg } 100 \text{ g}$
　　(책의 무게)＝$2 \text{ kg } 300 \text{ g}$
　➡ (빈 상자의 무게)＝$4 \text{ kg } 100 \text{ g} - 2 \text{ kg } 300 \text{ g}$
　　　　　　　　　　　$= 1 \text{ kg } 800 \text{ g}$

53 g 단위의 계산: $800 + \square = 1200$,
　　　　　　　　　$\square = 1200 - 800 = 400$
　kg 단위의 계산: $1 + \square + 3 = 6$, $\square = 6 - 4 = 2$

54 mL 단위의 계산: $1000 + \square - 850 = 450$,
　　　　　　　　　$\square + 150 = 450$, $\square = 300$
　L 단위의 계산: $6 - 1 - \square = 2$, $\square = 5 - 2 = 3$

55 g 단위의 계산: $1000 + 180 - \square = 730$,
　　　　　　　　　$\square = 1180 - 730 = 450$
　kg 단위의 계산: $\square - 1 - 4 = 3$, $\square = 3 + 1 + 4 = 8$

STEP 3 응용 유형
101~104쪽

56 나	**57** 나, 가, 다, 라	
58 다현, 현주, 소진, 지윤	**59** 100 g	
60 240 g	**61** 200 g	
62 24배	**63** 20배	**64** 15배

65 방법 예 가 컵에 물을 가득 담아 물통에 3번 붓고, 나 컵
　에 물을 가득 담아 물통에 1번 붓습니다.

66 방법 예 나 그릇에 물을 가득 담아 물통에 2번 붓고, 가
　그릇에 물을 가득 담아 물통에 1번 붓습니다.

67 방법 예 가 그릇에 물을 가득 담아 물통에 2번 붓고, 나
　그릇에 가득 차도록 물통에서 물을 담아 덜어 냅
　니다.

68 4대	**69** 5대	**70** 4대
71 5 kg	**72** 8 kg	**73** $3 \text{ kg } 200 \text{ g}$
74 5번	**75** 3번	**76** 4번
77 100 g	**78** 900 g	**79** 500 g

56 들이가 많을수록 적은 횟수만큼 부어야 하므로 들이가 가장 많은 것은 나 컵입니다.

57 부운 횟수가 적을수록 들이가 많습니다. 따라서 들이가 많은 컵부터 차례로 기호를 쓰면 나, 가, 다, 라입니다.

58 덜어 낸 횟수가 많을수록 들이가 적습니다.
따라서 들이가 적은 컵을 가진 사람부터 차례로 이름을 쓰면 다현, 현주, 소진, 지윤입니다.

59 (배 1개의 무게)=(사과 2개의 무게)
➡ (사과 1개의 무게)=600÷2=300(g)
(귤 3개의 무게)=(사과 1개의 무게)이므로
(귤 1개의 무게)=300÷3=100(g)입니다.

60 (가지 1개의 무게)=(피망 2개의 무게)
➡ (피망 1개의 무게)=160÷2=80(g)
(양파 1개의 무게)=(피망 3개의 무게)
=80×3=240(g)

61 (호박 1개의 무게)=(당근 3개의 무게)
➡ (당근 1개의 무게)=900÷3=300(g)
(당근 2개의 무게)=300+300=600(g)이므로 오이 1개의 무게는 600÷3=200(g)입니다.

62 (수조의 들이)=(물병의 들이)×6이고
(물탱크의 들이)=(수조의 들이)×4
=(물병의 들이)×6×4
=(물병의 들이)×24
따라서 물탱크의 들이는 물병의 들이의 24배입니다.

63 (주전자의 들이)=(컵의 들이)×4이고
(항아리의 들이)=(주전자의 들이)×5
=(컵의 들이)×4×5
=(컵의 들이)×20
따라서 항아리의 들이는 컵의 들이의 20배입니다.

64 (가 그릇의 들이)=(나 그릇의 들이)×3
(다 그릇의 들이)=(가 그릇의 들이)×5
=(나 그릇의 들이)×3×5
=(나 그릇의 들이)×15
따라서 다 그릇의 들이는 나 그릇의 들이의 15배입니다.

65 500 mL+500 mL+500 mL+600 mL
=2100 mL=2 L 100 mL

66 2 L 500 mL+2 L 500 mL+1 L 200 mL
=5 L+1 L 200 mL=6 L 200 mL

67 2 L 600 mL+2 L 600 mL-1 L 400 mL
=5 L 200 mL-1 L 400 mL
=3 L 800 mL

68 (옥수수 350상자의 무게)
=20×350=7000(kg) ➡ 7 t
7÷2=3…1이므로 트럭은 적어도 4대 필요합니다.

69 (사과 600상자의 무게)
=15×600=9000(kg) ➡ 9 t
9÷2=4…1이므로 트럭은 적어도 5대 필요합니다.

70 (밀가루 500포대의 무게)
=10×500=5000(kg) ➡ 5 t
(쌀 300포대의 무게)=20×300=6000(kg) ➡ 6 t
밀가루와 쌀의 무게는 모두 5+6=11(t)이므로
11÷3=3…2에서 트럭은 모두 4대 필요합니다.

71 민아가 주운 밤의 무게를 □ kg이라 하면 소희가 주운 밤의 무게는 (□-2) kg입니다.
□+□-2=8, □+□=10, □=5
따라서 민아가 주운 밤의 무게는 5 kg입니다.

72 진영이가 딴 딸기의 무게를 □ kg이라 하면 예진이가 딴 딸기의 무게는 (□-4) kg입니다.
□+□-4=20, □+□=24, □=12
따라서 진영이는 12 kg, 예진이는 12-4=8(kg)을 땄습니다.

73 돼지고기의 무게를 □ kg이라 하면 소고기의 무게는 (□-2) kg입니다.
□+□-2 kg=8 kg 400 g
➡ □+□=10 kg 400 g, □=5 kg 200 g
따라서 돼지고기의 무게는 5 kg 200 g, 소고기의 무게는 5 kg 200 g-2 kg=3 kg 200 g입니다.

74 (500 mL들이 그릇으로 3번 부은 물의 양)

$=500\ \text{mL}+500\ \text{mL}+500\ \text{mL}$

$=1500\ \text{mL}$

(더 부어야 하는 물의 양)$=3\ \text{L}-1500\ \text{mL}$

$=1500\ \text{mL}$

1500 mL는 300 mL의 5배이므로 300 mL들이 그릇으로 적어도 5번 더 물을 부어야 합니다.

75 (800 mL들이 그릇으로 4번 부은 물의 양)

$=800\ \text{mL}+800\ \text{mL}+800\ \text{mL}+800\ \text{mL}$

$=3200\ \text{mL}$

(더 부어야 하는 물의 양)$=5\ \text{L}-3200\ \text{mL}$

$=1800\ \text{mL}$

1800 mL는 600 mL의 3배이므로 600 mL들이 그릇으로 적어도 3번 더 물을 부어야 합니다.

76 (300 mL들이 컵으로 4번 부은 물의 양)

$=300\ \text{mL}+300\ \text{mL}+300\ \text{mL}+300\ \text{mL}$

$=1200\ \text{mL}$

(주전자에 들어 있는 물의 양)

$=1\ \text{L}\ 600\ \text{mL}+1200\ \text{mL}=2800\ \text{mL}$

(더 부어야 할 물의 양)$=4\ \text{L}-2800\ \text{mL}$

$=1200\ \text{mL}$

1200 mL는 300 mL의 4배이므로 300 mL들이 컵으로 적어도 4번 더 물을 부어야 합니다.

77 (복숭아 3개의 무게)$=2\ \text{kg}\ 800\ \text{g}-1\ \text{kg}\ 900\ \text{g}$

$=900\ \text{g}$

900 g$=300\ \text{g}+300\ \text{g}+300\ \text{g}$이므로 복숭아 1개의 무게는 300 g입니다.

(복숭아 6개의 무게)$=300\ \text{g}\times6=1800\ \text{g}$

$\Rightarrow 1\ \text{kg}\ 800\ \text{g}$

(바구니만의 무게)$=1\ \text{kg}\ 900\ \text{g}-1\ \text{kg}\ 800\ \text{g}$

$=100\ \text{g}$

78 (자몽 5개의 무게)$=2\ \text{kg}\ 500\ \text{g}-1\ \text{kg}\ 500\ \text{g}$

$=1\ \text{kg}$

1 kg$=1000\ \text{g}=200\ \text{g}\times5$이므로 자몽 1개의 무게는 200 g입니다.

(자몽 8개의 무게)$=200\ \text{g}\times8=1600\ \text{g}$

$\Rightarrow 1\ \text{kg}\ 600\ \text{g}$

(바구니만의 무게)$=2\ \text{kg}\ 500\ \text{g}-1\ \text{kg}\ 600\ \text{g}$

$=900\ \text{g}$

79 (참외 3개의 무게)$=3\ \text{kg}\ 300\ \text{g}-2100\ \text{g}$

$=3300\ \text{g}-2100\ \text{g}$

$=1200\ \text{g}$

1200 g$=400\ \text{g}\times3$이므로 참외 1개의 무게는 400 g입니다.

(참외 7개의 무게)$=400\ \text{g}\times7=2800\ \text{g}$

(그릇만의 무게)$=3\ \text{kg}\ 300\ \text{g}-2800\ \text{g}$

$=3300\ \text{g}-2800\ \text{g}$

$=500\ \text{g}$

---

5. 들이와 무게　**기출 단원 평가**　105~107쪽

1 물병

2 (1) 1400　(2) 4, 500

3 (1) mL　(2) L

4 1 kg 400 g

5 (1) 5 L 800 mL　(2) 3 L 600 mL

6 키위, 10개

7 세희

8 (1) <　(2) >

9 예 1000 mL(=1 L)

10 나, 다, 가

11 (위에서부터) 300 / 2

12 3 kg 500 g

13 1 kg 970 g

14 100배

15 방법 예 가 그릇에 물을 가득 담아 물통에서 2번 붓고, 나 그릇에 가득 차도록 물통에서 물을 담아 덜어 냅니다.

16 200 g

17 800 g

18 4번

19 2배

20 11 kg

---

1 물병의 물이 가득 차지 않았으므로 들이가 더 많은 것은 물병입니다.

2 1 kg$=1000\ \text{g}$

3 들이가 적은 것은 mL, 들이가 많은 것은 L를 사용합니다.

4 배추의 무게는 1 kg에서 작은 눈금 4칸 더 간 곳을 가리키므로 1400 g=1 kg 400 g입니다.

5 (1)
$$\begin{array}{r} 3\text{ L} \quad 500\text{ mL} \\ +\ 2\text{ L} \quad 300\text{ mL} \\ \hline 5\text{ L} \quad 800\text{ mL} \end{array}$$

(2)
$$\begin{array}{r} \overset{4}{5}\text{ L} \quad \overset{1000}{100}\text{ mL} \\ -\ 1\text{ L} \quad 500\text{ mL} \\ \hline 3\text{ L} \quad 600\text{ mL} \end{array}$$

L 단위의 수끼리, mL 단위의 수끼리 계산합니다.

6 키위는 바둑돌 25개의 무게와 같고 귤은 바둑돌 15개의 무게와 같습니다. 키위가 귤보다 바둑돌 25−15=10(개)만큼 더 무겁습니다.

7 버스 한 대의 무게는 약 10 t입니다.

8 (2) 5900 mL=5 L 900 mL
➡ 5900 mL>5 L 90 mL

9 주스병은 500 mL 우유갑으로 2번 정도 들어갈 것 같으므로 들이는 약 1000 mL(=1 L)입니다.

10 물을 부은 횟수가 적을수록 컵의 들이가 많습니다.

11 mL 단위의 계산: 1000+□−400=900,
600+□=900, □=300
L 단위의 계산: 5−1−□=2, □=2

12 (강아지의 무게)=38 kg−34 kg 500 g
=3 kg 500 g

13 ⓒ 5 kg 800 g=5800 g, ⓔ 5 kg 30 g=5030 g이므로 가장 무거운 무게는 ⓒ, 가장 가벼운 무게는 ⓔ입니다.
➡ 7000 g−5030 g=1970 g=1 kg 970 g

14 5 t=5000 kg이고 50의 100배는 5000이므로 코끼리의 무게는 민석이의 몸무게의 약 100배입니다.

15 3 L 300 mL+3 L 300 mL−1 L 500 mL
=6 L 600 mL−1 L 500 mL=5 L 100 mL

16 (오이 1개의 무게)=(피망 3개의 무게)
➡ (피망 1개의 무게)=300÷3=100(g)
(당근 2개의 무게)=(피망 4개의 무게)
=100×4=400(g)이므로
당근 1개의 무게는 400÷2=200(g)입니다.

17 (사과 5개의 무게)=2 kg 200 g−1 kg 200 g=1 kg
1 kg=1000 g=200 g×5이므로 사과 1개의 무게는 200 g입니다.
(사과 7개의 무게)=200 g×7=1400 g
➡ 1 kg 400 g
(바구니만의 무게)=2 kg 200 g−1 kg 400 g
=800 g

18 (600 mL들이 그릇으로 4번 부은 물의 양)
=600 mL+600 mL+600 mL+600 mL
=2400 mL
(더 부어야 하는 물의 양)=4 L−2400 mL
=1600 mL
1600 mL는 400 mL의 4배이므로 400 mL들이 그릇으로 적어도 4번 더 물을 부어야 합니다.

19 예 세숫대야는 컵 8개, 물병은 컵 4개이므로 세숫대야의 들이는 물병의 들이의 8÷4=2(배)입니다.

평가 기준	배점
세숫대야의 들이는 물병의 들이의 몇 배인지 구했나요?	5점

20 예 은호가 딴 귤의 무게를 □ kg이라 하면 지혜가 딴 귤의 무게는 (□+2) kg입니다.
□+□+2=20, □+□=18, □=9
따라서 지혜가 딴 귤의 무게는 9+2=11(kg)입니다.

평가 기준	배점
문제에 알맞은 식을 세웠나요?	3점
지혜가 딴 귤의 무게를 구했나요?	2점

6 자료의 정리

개념을 짚어 보는 문제 110~111쪽

1 4, 6, 23 / 23

2 (○)( )

3 마을별 병원 수

마을	병원 수
하늘	◎◎◎○○○○○○
바다	◎◎○○
꿈	◎○○○○○○○○
햇빛	◎◎○○○○

◎10개
○ 1개

4 (1) 피자 (2) 12 (3) 햄버거

---

1 표에서 합계를 보면 조사한 전체 학생 수를 알 수 있습니다.

2 오른쪽 그래프는 나: 2그루, 다: 31그루를 나타내므로 잘못 그렸습니다.

3 꿈 마을은 ◎ 1개, ○ 8개를 그리고 햇빛 마을은 ◎ 2개, ○ 4개를 그립니다.

4 (2) 햄버거: 33명, 치킨: 21명
➡ 33−21=12(명)
(3) 가장 많은 학생들이 좋아하는 음식이 햄버거이므로 음식을 나누어 주려면 햄버거를 준비하는 것이 좋겠습니다.

STEP 1 교과서+익힘책 유형 112~116쪽

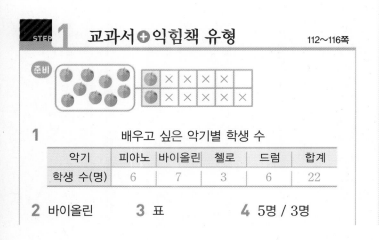

1 배우고 싶은 악기별 학생 수

악기	피아노	바이올린	첼로	드럼	합계
학생 수(명)	6	7	3	6	22

2 바이올린 **3** 표 **4** 5명 / 3명

---

5 좋아하는 중화요리별 학생 수

요리	짜장면	짬뽕	볶음밥	탕수육	합계
남학생 수(명)	5	2	3	4	14
여학생 수(명)	3	2	5	6	16

6 30명 **7** 11명 **준비** 4명

8 10명, 1명 **9** 32명 **10** 장미

11 140자루 **12** 700자루 **13** ©

14 좋아하는 과일별 학생 수

과일	사과	포도	참외	키위	합계
학생 수(명)	15	22	12	7	56

15 10명, 1명에 ○표

16 좋아하는 과일별 학생 수

과일	학생 수
사과	◎○○○○○
포도	◎○◎○
참외	◎○○
키위	○○○○○○○

◎10명
○ 1명

17 키위

18 모둠별 받은 붙임딱지 수

모둠	붙임딱지 수
가	♥♥♥♥
나	♥♥♥♥♥
다	♥♥♥♥
라	♥♥♥♥♥♥

♥10장
♥ 1장

19 가 모둠

20 보고 싶은 문화재별 학생 수

문화재	학생 수
다보탑	☺☺☺☺☺
첨성대	☺☺☺☺☺
숭례문	☺☺☺

☺100명
☺10명

21 좋아하는 운동별 학생 수

운동	학생 수
축구	◎◎◎◎●●●●●
농구	◎◎◎●●●●
야구	◎◎●●●●●●
배구	◎◎●●

◎10명
● 1명

22 예
좋아하는 운동별 학생 수

운동	학생 수
축구	◎◎◎◎◎ ●
농구	◎◎◎◎
야구	◎◎○ ●●
배구	◎◎ ●●

◎10명　○5명　●1명

23 예 여러 번 그려야 하는 것을 더 간단히 그릴 수 있습니다.

24 105그루

25
마을별 심은 나무 수

마을	나무 수
가	🌳🌱🌱🌱🌱
나	🌱🌱🌱🌱🌱🌱🌱
다	🌳🌱🌱🌱🌱🌱
라	🌳🌱🌱🌱

🌳100그루　🌱10그루　·1그루

26 34, 50, 150 /
과수원별 사과 생산량

과수원	생산량
사랑	🍎🍎🍎🍎 ●●●●
소망	🍎🍎🍎 ●●●
믿음	🍎🍎🍎🍎🍎
축복	🍎🍎 ●●●

🍎10상자　●1상자

27 가　　　　**28** 17 g

29 봄

30
일주일 동안 팔린 음식별 그릇 수

음식	비빔밥	냉면	불고기	갈비탕	합계
그릇 수(그릇)	310	240	400	140	1090

31 불고기, 비빔밥, 냉면, 갈비탕　　**32** 90그릇

33 예 가장 많이 팔린 음식인 불고기의 재료를 많게, 가장 적게 팔린 갈비탕의 재료를 적게 준비합니다.

2 학생 수가 가장 많은 악기는 7명인 바이올린입니다.

3 악기별 학생 수를 알아보기 편리한 것은 표입니다.

4 파란색이 5개, 주황색이 3개이므로 남학생은 5명, 여학생은 3명입니다.

6 표에서 남학생이 14명, 여학생이 16명이므로 조사한 학생은 모두 14＋16＝30(명)입니다.

7 예 탕수육을 좋아하는 여학생 수는 6명이고 짜장면을 좋아하는 남학생 수는 5명이므로 학생 수의 합은 6＋5＝11(명)입니다.

평가 기준
탕수육을 좋아하는 여학생 수와 짜장면을 좋아하는 남학생 수를 구했나요?
학생 수의 합을 구했나요?

8 큰 그림은 10명, 작은 그림은 1명을 나타냅니다.

9 튤립은 큰 그림이 3개, 작은 그림이 2개이므로 32명입니다.

10 큰 그림의 수가 가장 많은 꽃은 장미입니다.

11 11월은 큰 그림 1개, 작은 그림 4개이므로 140자루입니다.

12 9월: 310자루, 10월: 250자루, 11월: 140자루
➡ 310＋250＋140＝700(자루)

13 ⓒ 다 마을의 귤 수확량은 241상자, 나 마을의 귤 수확량은 310상자이므로 나 마을의 귤 수확량이 더 많습니다.

14 (합계)＝15＋22＋12＋7＝56(명)

15 학생 수를 십의 자리, 일의 자리 2가지로 하는 것이 좋습니다.

17 키위는 ◎ 그림이 없으므로 가장 적은 학생들이 좋아하는 과일입니다.

19 나 모둠보다 큰 그림이 더 많은 모둠은 가 모둠입니다.

20 큰 그림은 100명, 작은 그림은 10명을 나타냅니다.

😊 내가 만드는 문제
22 예 ◎는 10명, ○는 5명, ●는 1명으로 하여 그려 봅니다.

23

평가 기준
그림의 단위가 많아졌을 때의 편리한 점을 썼나요?

24 (가, 나, 라 마을의 나무 수의 합)
$=140+62+113=315$(그루)
➡ (다 마을의 나무 수)$=420-315=105$(그루)

26 그림그래프에서 🍎는 10상자, 🍎는 1상자를 나타내므로 사랑 마을의 사과 생산량은 34상자, 믿음 마을의 사과 생산량은 50상자입니다.
(합계)$=34+42+50+24=150$(상자)
표에서 소망 마을의 사과 생산량은 42상자이므로 🍎 4개, 🍎 2개로 나타내고, 축복 마을의 사과 생산량은 24상자이므로 🍎 2개, 🍎 4개로 나타냅니다.

27 가: 31 g, 나: 23 g, 다: 14 g이므로 설탕이 가장 많이 들어 있는 젤리는 가입니다.

28 $31-14=17$(g)

29 강수일수가 가장 적은 계절이 봄이기 때문입니다.

30 큰 그림은 100그릇, 작은 그림은 10그릇을 나타냅니다.

31 비빔밥: 310그릇, 냉면: 240그릇, 불고기: 400그릇, 갈비탕: 140그릇이므로 많이 팔린 음식부터 차례로 쓰면 불고기, 비빔밥, 냉면, 갈비탕입니다.

32 불고기: 400그릇, 비빔밥: 310그릇
➡ $400-310=90$(그릇)

33 가장 많이 팔린 음식의 재료를 많게, 가장 적게 팔린 음식의 재료를 적게 준비하는 것이 좋습니다.

평가 기준
어떤 재료를 더 많이, 더 적게 준비하면 좋을지 설명했나요?

STEP 2 자주 틀리는 유형
117~118쪽

34
학교별 학생 수

학교	학생 수
가	☺☺☺☺☺☺
나	☺☺☺
다	☺☺☺
라	☺☺☺☺☺☺

☺ 100명
☺ 10명

35
학년별 안경을 쓴 학생 수

학년	학생 수
3학년	◎○○○●●
4학년	◎◎○○○○
5학년	◎○●●●●
6학년	◎○○●●●●

◎ 50 명
○ 10 명
● 1 명

36 13마리

37 520상자

38
좋아하는 과목별 학생 수

수학	국어	영어
◎◎◎ △○	◎ △	◎◎△○○

◎10명 △5명 ○1명

39
반별 모은 빈병의 수

반	빈병의 수
1반	◎◎◎△○○○
2반	◎◎◎△
3반	◎△○

◎10병
△ 5병
○ 1병

40 40, 25 /
반별 학급 문고의 수

반	학급 문고의 수
1반	◎◎◎◎◎
2반	◎◎◎○○○○
3반	◎◎○○○

◎10권
○ 1권

41 310, 230 /
밭별 수박 생산량

밭	생산량
가	🍉 ●●●●●●
나	🍉🍉🍉●
다	🍉🍉●●●●

🍉100통
●10통

34 가 학교를 ☺☺☺☺☺☺으로 나타냈으므로 ☺는 100명, ☺는 10명을 나타냅니다.

35 3학년 82명을 ◎○○○●●로 나타냈으므로 ◎는 50명, ○는 10명, ●는 1명을 나타냅니다.

36 큰 그림의 수가 나 가구보다 적은 가구는 라 가구이고 라 가구의 닭의 수는 13마리입니다.

37 큰 그림의 수가 나 마을보다 많은 마을을 찾아보면 가 마을입니다.
가 마을의 고구마 생산량은 520상자입니다.

38 수학: 36명이므로 ◎◎◎△○,
국어: 15명이므로 ◎△,
영어: 27명이므로 ◎◎△○○로 나타냅니다.

39 1반: 28병이므로 ◎◎△○○○,
2반: 35병이므로 ◎◎◎△,
3반: 16병이므로 ◎△○로 나타냅니다.

40 1반의 학급 문고의 수가 40권이므로
(2반의 학급 문고의 수)=98−40−33
=25(권)입니다.

41 나 밭의 생산량이 310통이므로
(다 밭의 생산량)=700−160−310
=230(통)입니다.

STEP 3 응용 유형
119~122쪽

42 민속촌　　　　**43** 농구

44
좋아하는 곤충별 학생 수

나비	잠자리	메뚜기
☺ ☺ ☺ ☺ ☺	☺ ☺	☺ ☺ ☺

☺10명　☺1명

45
좋아하는 색깔별 학생 수

색깔	학생 수
빨간색	◎◎
노란색	◎◎△○○○
보라색	◎△○

◎10명
△5명
○1명

46
일주일 동안 팔린 피자의 수

종류	피자의 수
감자	◎◎◎○○○
불고기	◎◎◎◎○
고구마	◎◎○○○○○
치즈	◎◎◎○

◎10판
○1판

47
농장별 감자 수확량

농장	수확량
가	🥔 🥔🥔🥔🥔🥔
나	🥔 🥔 🥔 🥔
다	🥔 🥔 🥔 🥔🥔🥔
라	🥔 🥔

🥔100 kg
🥔10 kg

48 210회　　**49** 90마리

50 258자루　　**51** 321장

52 129장

53 124 kg

54 5600원

55 8100원

56
마을별 쌀 생산량

마을	쌀 생산량
풍성	◎○○○○○○
가득	◎◎○○○○○
알찬	◎◎◎○○○○○
신선	◎◎○

◎10가마
○1가마

57
동별 소화기 수

동	소화기 수
가	◎◎◎○○
나	◎○○○○○○
다	◎◎○
라	◎○

◎10대
○1대

42 박물관: 4+5=9(명)
미술관: 6+2=8(명)
민속촌: 9+10=19(명)
식물원: 6+7=13(명)
따라서 두 반의 학생 수를 합한 수가 가장 큰 민속촌으로 가면 좋을 것 같습니다.

43 (승호네 반에서 농구를 좋아하는 학생 수)
$=27-7-6-5=9$(명)
(민유네 반에서 야구를 좋아하는 학생 수)
$=25-6-4-8=7$(명)
축구: $7+6=13$(명)
배구: $6+4=10$(명)
농구: $9+8=17$(명)
야구: $5+7=12$(명)
따라서 두 반의 학생 수를 합한 수가 가장 큰 농구를 하는 것이 좋겠습니다.

44 나비는 32명이므로 큰 그림 3개, 작은 그림 2개, 잠자리는 20명이므로 큰 그림 2개, 메뚜기는 12명이므로 큰 그림 1개, 작은 그림 2개를 그립니다.

45 빨간색은 20명이므로 ◎ 2개, 노란색은 28명이므로
◎ 2개, △ 1개, ○ 3개, 보라색은 16명이므로 ◎ 1개,
△ 1개, ○ 1개를 그립니다.

46 (감자, 불고기, 고구마 피자 수의 합)
$=33+41+25=99$(판)
➡ (치즈 피자의 수)$=130-99=31$(판)이므로
◎ 3개, ○ 1개를 그립니다.

47 (가, 나, 다 농장의 감자 수확량의 합)
$=260+310+340=910$(kg)
➡ (라 농장의 감자 수확량)
$=1320-910=410$(kg)이므로 큰 그림 4개, 작은 그림 1개를 그립니다.

48 수애와 영진이의 그림의 개수를 더하면 큰 그림은 2개, 작은 그림 5개입니다.
따라서 큰 그림은 100회, 작은 그림은 10회를 나타내므로 지아가 넘은 줄넘기 횟수는 210회입니다.

49 지윤이와 태연이의 그림의 개수를 더하면 ◎가 5개, ○가 3개입니다.
따라서 ◎는 50마리, ○는 10마리를 나타내므로 민아가 접은 종이학은 90마리입니다.

50 (전체 학생 수)$=33+34+27+35=129$(명)
따라서 연필을 적어도 $129 \times 2=258$(자루) 준비해야 합니다.

51 (네 학생이 읽은 전체 책 수)
$=24+34+32+17=107$(권)
따라서 붙임딱지를 적어도 $107 \times 3=321$(장) 준비해야 합니다.

52 학생들이 모은 우표 수를 알아보면
지연: 42장, 연호: 24장, 예은: 15장,
준하: $24 \times 2=48$(장)입니다.
(지연이네 모둠 학생들이 모은 우표 수)
$=42+24+15+48=129$(장)

53 가 농장: 42 kg, 다 농장: 26 kg
라 농장: 14 kg, 나 농장: $14 \times 3=42$(kg)
(네 농장의 고추 수확량)
$=42+26+14+42=124$(kg)

54 초코: 42개, 딸기: 34개
➡ (개수의 차)$=42-34=8$(개)
따라서 초코 아이스크림 판매액은 딸기 아이스크림 판매액보다 $8 \times 700=5600$(원) 더 많습니다.

55 크림빵: 35개, 팥빵: 26개
➡ (개수의 차)$=35-26=9$(개)
따라서 크림빵의 판매액은 팥빵의 판매액보다
$9 \times 900=8100$(원) 더 많습니다.

56 (풍성 마을과 알찬 마을의 쌀 생산량의 합)
$=100-25-21=54$(가마)이고, 풍성 마을의 쌀 생산량을 □가마라고 하면 알찬 마을의 쌀 생산량은
(□×2)가마입니다.
(풍성 마을과 알찬 마을의 쌀 생산량의 합)
$=□+□×2=□×3=54$
$□=54÷3=18$(가마)
➡ 풍성 마을의 쌀 생산량)$=18$가마
(알찬 마을의 쌀 생산량)$=18 \times 2=36$(가마)

57 (가와 나 동의 소화기 수의 합)$=80-21-11=48$(대)
나 동의 소화기 수를 □대라고 하면
가 동의 소화기 수는 (□×2)대이므로
$□×2+□=□×3=48$,
$□=48÷3=16$(대)
➡ (나 동의 소화기 수)$=16$대
(가 동의 소화기 수)$=16 \times 2=32$(대)

6. 자료의 정리 **기출 단원 평가** 123~125쪽

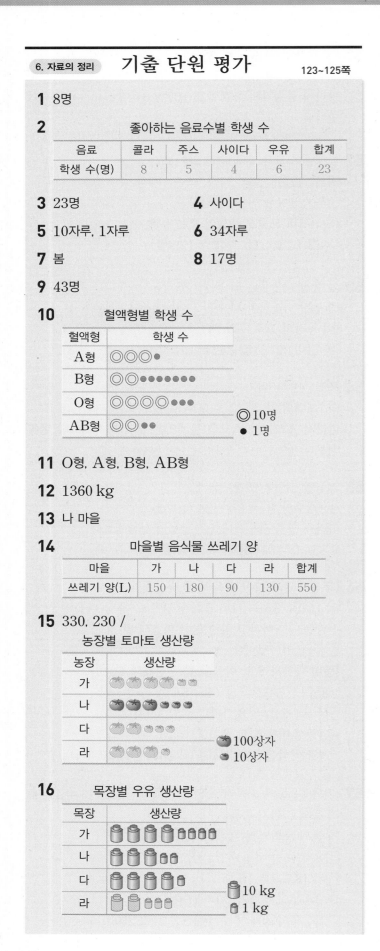

1 8명

2

좋아하는 음료수별 학생 수

음료	콜라	주스	사이다	우유	합계
학생 수(명)	8	5	4	6	23

3 23명 **4** 사이다

5 10자루, 1자루 **6** 34자루

7 봄 **8** 17명

9 43명

10

혈액형별 학생 수

혈액형	학생 수
A형	◎◎◎●
B형	◎◎●●●●●●
O형	◎◎◎◎●●●
AB형	◎◎●●

◎ 10명
● 1명

11 O형, A형, B형, AB형

12 1360 kg

13 나 마을

14

마을별 음식물 쓰레기 양

마을	가	나	다	라	합계
쓰레기 양(L)	150	180	90	130	550

15 330, 230 /

농장별 토마토 생산량

농장	생산량
가	🍅🍅🍅🍅🍅🍅
나	🍅🍅🍅🍅🍅🍅
다	🍅🍅🍅🍅
라	🍅🍅🍅🍅

🍅 100상자
🍅 10상자

16

목장별 우유 생산량

목장	생산량
가	🥫🥫🥫🥫🥫🥫🥫🥫
나	🥫🥫🥫🥫🥫
다	🥫🥫🥫🥫🥫
라	🥫🥫🥫🥫🥫

🥫 10 kg
🥫 1 kg

17

반별 학생 수

반	학생 수
1반	☺☺☺☺
2반	☺☺☺
3반	☺☺☺☺☺☺
4반	☺☺☺☺☺☺

☺ 10명
☺ 1명

18 279개 **19** 참치김밥

20 28대

1 ●의 수를 세어 보면 콜라는 8명입니다.

2 (합계)＝8＋5＋4＋6＝23(명)

3 표에서 합계를 보면 23명입니다.

4 표에서 학생 수가 가장 적은 음료수는 사이다입니다.

6 큰 그림이 3개, 작은 그림이 4개이므로 34자루입니다.

7 큰 그림의 수가 가장 많은 계절은 봄입니다.

8 봄: 41명, 가을: 24명
➡ 41－24＝17(명)

9 123－31－27－22＝43(명)

10 A형: ◎ 3개, ● 1개
B형: ◎ 2개, ● 7개
O형: ◎ 4개, ● 3개
AB형: ◎ 2개, ● 2개

11 학생 수가 많은 혈액형부터 차례로 쓰면 O형, A형, B형, AB형입니다.

12 (세 어선에서 수확한 어획량)
＝420＋340＋600＝1360(kg)

13 가 마을보다 ○ 또는 ● 그림이 많은 마을을 찾으면 나 마을입니다.

14 가 마을: 150 L, 나 마을: 180 L
다 마을: 90 L, 라 마을: 130 L
➡ (합계)＝150＋180＋90＋130＝550(L)

15 나 농장의 토마토 생산량이 330상자이므로
(가, 나, 라 농장의 토마토 생산량의 합)
$=420+330+310$
$=1060$(상자)
➡ (다 농장의 토마토 생산량)
$=1290-1060=230$(상자)

16 (가, 나, 다 목장의 우유 생산량의 합)
$=44+32+41=117$(kg)
➡ (라 목장의 우유 생산량)$=140-117=23$(kg)
따라서 라 목장은 큰 그림을 2개, 작은 그림을 3개 그립
니다.

17 (2반 학생 수)$=$(1반 학생 수)-2
$=23-2=21$(명)
(3반 학생 수)$=$(4반 학생 수)$+1$
$=24+1=25$(명)

18 (3학년 전체 학생 수)$=23+21+25+24=93$(명)
따라서 사탕을 적어도 $93\times3=279$(개) 준비해야 합니다.

19 ⑩ 가장 많은 학생들이 좋아하는 김밥은 참치김밥입니다.
따라서 참치김밥을 가장 많이 준비하는 것이 좋겠습니
다.

평가 기준	배점
어떤 김밥 종류를 준비하는 것이 좋을지 쓰고 이유를 설명했나 요?	5점

20 ⑩ 다 마을의 자동차 수를 □대라 하면 가 마을의 자동차
수는 (□×2)대입니다.
나 마을의 자동차 수는 34대이므로
$□+□\times2=76-34$, $□\times3=42$,
$□=14$입니다.
따라서 가 마을의 자동차 수는 $14\times2=28$(대)입니
다.

평가 기준	배점
가 마을의 자동차 수를 구하는 식을 세웠나요?	2점
가 마을의 자동차 수를 구했나요?	3점

💡 **사고력이 반짝**   126쪽

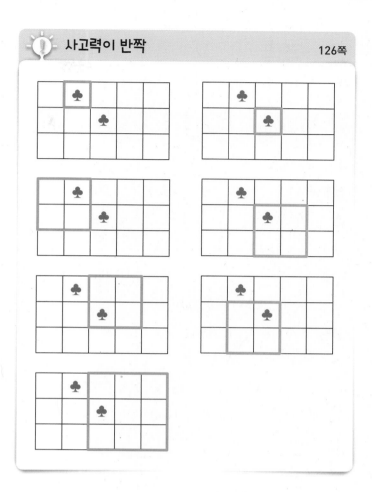

💡 **사고력이 반짝**   127쪽

12가지

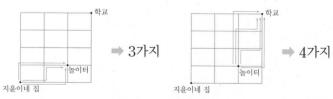

(지윤이네 집에서 놀이터를 지나 학교까지 가는 가장 짧은 길
의 가짓수)
$=$(지윤이네 집에서 놀이터까지 가는 가장 짧은 길의 가짓수)
$\times$ (놀이터에서 학교까지 가는 가장 짧은 길의 가짓수)
$=3\times4=12$(가지)

1 곱셈

1 9, 60, 600, 669

점프 844

2 (1) 2 (2) 3

3 339, 226, 565

4 $315 \times 3 = 945$

5 1, 2, 4, 4 또는 2, 4, 8, 2

6 2, 260, 1040

7 423, 2464, 5157

점프 2016

8 2000, 1500, 3500

9 (1) 2400, 2400 (2) 7200, 7200

10 720, 1750, 4100

11 (위에서부터) 252, 42 / 252, 28

12 460, <, 644

13 42, 120 / 162

14 (왼쪽에서부터) 100, 600 / 150, 600

15 1848, =, 1848

점프 12

1 $223 = 200 + 20 + 3$이므로 223×3은 200×3, 20×3, 3×3의 합과 같습니다.

2 (1) $484 = 242 \times 2$이고 $242 = 121 \times 2$이므로 ☐ 안에 공통으로 들어가는 수는 2입니다.
(2) $909 = 303 \times 3$이고 $303 = 101 \times 3$이므로 ☐ 안에 공통으로 들어가는 수는 3입니다.

점프 • $211 \times ● = 422 ➡ ● = 2$
• $422 \times 2 = ▲ ➡ ▲ = 844$

3 $5 = 3 + 2$이므로 113×5는 113×3과 113×2의 합과 같습니다.

4 315를 3번 더한 값은 315×3과 같습니다.

5 $124 \times 4 = 496$, $248 \times 2 = 496$을 만들 수 있습니다.

6 $8 = 2 \times 4$이므로 130×8은 130×2를 계산한 값에 4를 곱한 것과 같습니다.

7 • $141 \times 3 = 423$ • $352 \times 7 = 2464$
• $573 \times 9 = 5157$

점프 $126 ➡ = 126 \times 2 = 252$
$252 ⬆ = 252 \times 8 = 2016$

8 $70 = 40 + 30$이므로 50×70은 50×40과 50×30의 합과 같습니다.

10 가운데 수는 양쪽의 두 수를 곱한 값입니다.
$18 \times 40 = 720$, $25 \times 70 = 1750$, $82 \times 50 = 4100$

11 • $7 \times \boxed{36} = 252$ • $7 \times \boxed{36} = 252$
$\underset{42}{7 \times 6 \times 6} = 252$ $\underset{28}{7 \times 4 \times 9} = 252$

12 92와 곱하는 수가 클수록 계산 결과는 큽니다.

13 $27 = 20 + 7$이므로 6×27은 6×7과 6×20의 합과 같습니다.

15 곱해지는 수가 커진 만큼 곱하는 수가 작아지면 곱의 결과는 같습니다.

점프 $31 \times 36 = 1116$
$\quad ↓ \times 3 \quad ↑ \times 3 \quad ‖$
$93 \times \boxed{12} = 1116$

1 (1)
$$\begin{array}{r} \overset{3\ 5}{2\ 4\ 8} \\ \times \quad\quad 7 \\ \hline 1\ 7\ 3\ 6 \end{array}$$
(2)
$$\begin{array}{r} \overset{3}{\ \ 4\ 5} \\ \times \quad 6\ 0 \\ \hline 2\ 7\ 0\ 0 \end{array}$$

2 (1) 579 (2) 14, 42   **3** (1) 14, 56 (2) 16, 12

4 496쪽

1 (1) 일의 자리 계산 $8 \times 7 = 56$에서 5는 십의 자리로 올림하고, 십의 자리 계산 $4 \times 7 = 28$, $28 + 5 = 33$에서 3은 백의 자리로 올림합니다. 백의 자리 계산 $2 \times 7 = 14$, $14 + 3 = 17$에서 1은 천의 자리에 씁니다.

(2) $45 \times 6 = 270$이므로 45×60은 270에 0을 1개 더 붙입니다.

2 (1) 579×6
$= \underbrace{579 + 579 + 579 + 579 + 579}_{579 \times 5} + 579$

(2) 14×23
$= \underbrace{14 + 14 + \cdots + 14 + 14}_{14 \times 22} + 14$
$= \underbrace{14 + 14 + \cdots + 14 + 14}_{14 \times 20} + \underbrace{14 + 14 + 14}_{42}$

3 (1) • 8에서 16으로 곱해지는 수가 커진 만큼 곱하는 수가 28에서 작아지면 14입니다.
• 8에서 4로 곱해지는 수가 작아진 만큼 곱하는 수가 28에서 커지면 56입니다.

(2) • 11에서 33으로 곱해지는 수가 커진 만큼 곱하는 수가 48에서 작아지면 16입니다.
• 11에서 44로 곱해지는 수가 커진 만큼 곱하는 수가 48에서 작아지면 12입니다.

4 12월 한 달은 31일입니다.
(12월 한 달 동안 읽은 동화책 쪽수)
$=$(하루에 읽은 동화책 쪽수)$\times$(날수)
$= 16 \times 31$
$= 496$(쪽)

수시 평가 대비

7~9쪽

1 603	**2** 예 200, 800
3 27, 450, 477 / 450, 27, 477	
4 (1) 217 (2) 217	**5** 3, 339, 1017
6 940, 47	**7** 2600, 195, 2795
8 $\begin{array}{r} 4\,3 \\ \times\ 7\,2 \\ \hline 8\,6 \\ 3\,0\,1\,0 \\ \hline 3\,0\,9\,6 \end{array}$	**9** 84
10 ㉣, ㉡, ㉢, ㉠	**11** 81
12 5652	**13** 720시간

14 1291	**15** 875 cm
16 8	**17** 5, 6, 9, 4, 2276
18 1, 2, 3	**19** 4200 m
20 1260개	

1 201을 3번 더하는 것이므로 $201 \times 3 = 603$입니다.

2 198을 몇백으로 어림하면 200이므로 198×4는 $200 \times 4 = 800$보다 작습니다.

3 $53 = 50 + 3$이므로 9×53은 9×3과 9×50의 합과 같습니다.

4 (1) 217×7
$= \underbrace{217 + 217 + 217 + 217 + 217 + 217}_{217 \times 6} + 217$

(2) 217×5
$= \underbrace{217 + 217 + 217 + 217 + 217 + 217}_{217 \times 6} - 217$

5 $9 = 3 \times 3$이므로 113×9는 113×3을 계산한 값에 3을 곱한 것과 같습니다.

6 곱셈에서는 두 수를 바꾸어 곱해도 계산 결과는 같습니다.

7 $65 \times 43 \Rightarrow \begin{array}{l} 65 \times 40 = 2600 \\ \underline{65 \times\ \ 3 =\ \ 195} \\ 65 \times 43 = 2795 \end{array}$
$\quad\ \ \overset{\wedge}{40\ \ 3}$

8 43×70의 계산에서 자리를 잘못 맞추어 썼습니다.

9 $4 \times 71 = 284$, $8 \times 25 = 200 \Rightarrow 284 - 200 = 84$

10 ㉠ $60 \times 30 = 1800$ ㉡ $94 \times 20 = 1880$
㉢ $37 \times 50 = 1850$ ㉣ $50 \times 40 = 2000$
$2000 > 1880 > 1850 > 1800$이므로 곱이 큰 것부터 차례대로 기호를 쓰면 ㉣, ㉡, ㉢, ㉠입니다.

11 $18 \times 45 = 810$
$810 = \square \times 10$이므로 $\square = 81$입니다.

12 100이 6개, 10이 2개, 1이 8개인 수는 628입니다.
$\Rightarrow 628 \times 9 = 5652$

13 6월 한 달은 30일입니다.

하루는 24시간이므로 30일은 모두 $24 \times 30 = 720$(시간)입니다.

14 주영: $215 \times 5 = 1075$, 민석: $6 \times 36 = 216$

➡ $1075 + 216 = 1291$

15 삼각형의 세 변과 사각형의 네 변의 길이가 모두 같습니다.

삼각형의 변은 3개, 사각형의 변은 4개이므로 변은 모두 7개입니다.

➡ $125 \times 7 = 875$(cm)

16 $\square \times 6$의 일의 자리 숫자가 8이므로 $\square$는 3 또는 8입니다.

$\square = 3$인 경우 $23 \times 6 = 138$, $\square = 8$인 경우 $28 \times 6 = 168$이므로 $\square$ 안에 알맞은 수는 8입니다.

17 한 자리 수를 세 자리 수의 백의 자리, 십의 자리, 일의 자리에 각각 곱하므로 곱이 가장 작은 곱셈식은 한 자리 수에 가장 작은 수를 놓습니다.

수 카드의 수의 크기를 비교하면 $4 < 5 < 6 < 9$이므로 곱이 가장 작은 곱셈식은 $569 \times 4 = 2276$입니다.

18 $63 \times 26 = 1638$이므로 $1638 > 459 \times \square$입니다.

$459 \times 1 = 459$, $459 \times 2 = 918$, $459 \times 3 = 1377$, $459 \times 4 = 1836$이므로 $\square$ 안에 들어갈 수 있는 수는 1, 2, 3입니다.

19 ⓐ 1시간은 60분이므로 1시간 동안 걸어갈 수 있는 거리는 (1분에 걸어갈 수 있는 거리)$\times 60$입니다.

따라서 예준이가 1시간 동안 걸어갈 수 있는 거리는 $70 \times 60 = 4200$(m)입니다.

평가 기준	배점
1시간 동안 걸어갈 수 있는 거리를 구하는 방법을 알고 있나요?	2점
1시간 동안 걸어갈 수 있는 거리를 구했나요?	3점

20 ⓐ 12일 동안 푼 수학 문제는 $45 \times 12 = 540$(개)입니다.

20일 동안 푼 수학 문제는 $36 \times 20 = 720$(개)입니다.

따라서 세혁이가 32일 동안 푼 수학 문제는 모두 $540 + 720 = 1260$(개)입니다.

평가 기준	배점
12일 동안 푼 수학 문제 수를 구했나요?	2점
20일 동안 푼 수학 문제 수를 구했나요?	2점
32일 동안 푼 수학 문제 수를 구했나요?	1점

2 나눗셈

➕ 꼭 나오는 유형　　　10~12쪽

1 16 / 16, 80	**2** (1) 10, 30　(2) 10, 40
3 ㉠, ㉢	**4** (1) 2, 30, 32　(2) 2, 10, 12
5 11 cm	점프 32 cm
6 (위에서부터) 12, 48	**7** (1) 3　(2) 4
8 45	**9** 6, 1 / 6, 2 / 6, 3
10 38, 3	점프 60, 7, 4
11 10 / 6, 4 / 16, 4	**12** $73 \div 6 = 12 \cdots 1$ / 12, 1
점프 28, 2	**13** 6
14 (1) 390　(2) 819	**15** 나

1 $80 \div 5 = 16$ ➡ $5 \times 16 = 80$

2 (1) 나누어지는 수가 3배가 되면 몫도 3배가 됩니다.

(2) 나누어지는 수가 4배가 되면 몫도 4배가 됩니다.

3 ㉠ $30 \div 2 = 15$　　㉡ $70 \div 5 = 14$

㉢ $60 \div 4 = 15$　　㉣ $90 \div 3 = 30$

따라서 몫이 같은 것은 ㉠과 ㉢입니다.

4 (1) $96 = 6 + 90$이므로 $96 \div 3$의 몫은 $6 \div 3$과 $90 \div 3$의 몫의 합과 같습니다.

(2) $48 = 8 + 40$이므로 $48 \div 4$의 몫은 $8 \div 4$와 $40 \div 4$의 몫의 합과 같습니다.

5 점과 점을 이은 선분이 5개이므로 점과 점 사이의 거리는 $55 \div 5 = 11$(cm)입니다.

점프 ●——●——●

3개의 점이 한 줄로 놓여 있으므로 점과 점을 이은 선분은 2개입니다.

따라서 점과 점 사이의 거리는 $64 \div 2 = 32$(cm)입니다.

6 $8 = 2 \times 4$이므로 $96 \div 8$은 96을 2로 나눈 후 그 몫을 4로 나눈 것과 같습니다.

7 (1) 나누어지는 수가 반이 되었으므로 나누는 수도 반이 되어야 몫이 같습니다.
(2) 나누어지는 수가 2배가 되었으므로 나누는 수도 2배가 되어야 몫이 같습니다.

8 $75 \downarrow = 75 \div 5 = 15$
$15 \leftarrow = 15 \times 3 = 45$

9 나누어지는 수가 1씩 커지는 나눗셈식을 계산합니다.

10 빈칸에 수를 넣어 나눗셈식을 만들어 봅니다.
$38 \div 6 = 6 \cdots 2$, $38 \div 3 = 12 \cdots 2$,
$62 \div 6 = 10 \cdots 2$, $62 \div 3 = 20 \cdots 2$
따라서 몫이 12, 나머지가 2인 나눗셈은 $38 \div 3$입니다.

(점프) $52 \div 4 = 13$, $52 \div 7 = 7 \cdots 3$, $52 \div 5 = 10 \cdots 2$
$60 \div 4 = 15$, $\underline{60 \div 7 = 8 \cdots 4}$, $60 \div 5 = 12$
따라서 몫이 8인 나눗셈은 $60 \div 7$입니다.

11 84는 50과 34의 합이므로 $84 \div 5$의 몫과 나머지는 $50 \div 5$와 $34 \div 5$의 몫과 나머지의 합과 같습니다.

12 나누는 수가 몇이므로 나누는 수는 6, 몫은 12, 나머지는 1, 나누어지는 수는 73인 나눗셈식입니다.

(점프) 나누는 수가 몇이므로 나누는 수는 3, 몫은 28, 나머지는 $86 - 84 = 2$, 나누어지는 수는 86인 나눗셈식입니다.

13 나누어지는 수가 같을 때 나누는 수가 클수록 몫이 작습니다.

14 나누는 수가 3배가 되면 나누어지는 수도 3배가 되어야 몫이 같습니다.

15 가: $368 \div 6 = 61 \cdots 2$, 나: $368 \div 8 = 46$이므로 나 보관함에 담아야 합니다.

⊕ 자주 틀리는 유형
13~14쪽

1 ㉡, ㉣
2 92, 248
3 (1) 65 (2) 339
4 12상자

---

1 나머지가 6이 될 수 있는 식은 나누는 수가 6보다 큰 ㉡ $\square \div 9$, ㉣ $\square \div 7$입니다.

2 $51 \div 4 = 12 \cdots 3$, $92 \div 4 = 23$, $122 \div 4 = 30 \cdots 2$,
$248 \div 4 = 62$, $513 \div 4 = 128 \cdots 1$
나머지가 없는 경우는 92와 248을 나누었을 때이므로 4로 나누어떨어지는 수는 92와 248입니다.

3 (1) $5 \times 13 = 65$이므로 $\square = 65$입니다.
(2) $9 \times 37 = 333$, $333 + 6 = 339$이므로 $\square = 339$입니다.

4 $87 \div 7 = 12 \cdots 3$이므로 팔 수 있는 꿀떡은 12상자입니다.

수시 평가 대비
2. 나눗셈 · 15~17쪽

1 (선 연결)	**2** 44, 22, 11
3 7, 1 / 5, 7 / 1, 36	**4** 6, 30, 36
5 90, 90	**6** 8, 16
7 $\begin{array}{r} 17 \\ 4\overline{)68} \\ \underline{4} \\ 28 \\ \underline{28} \\ 0 \end{array}$	**8** $<$
	9 8
	10 20
	11 ③
	12 1, 2, 3, 4
13 4, 8	**14** $89 \div 3 = 29 \cdots 2$ / 29, 2
15 19 cm	**16** 14개
17 73칸	**18** 7, 5, 4, 18, 3
19 15명	**20** 27

8 $96 \div 8 = 12$, $189 \div 9 = 21 \Rightarrow 12 < 21$

9 $64 \div 2 = 32$
$4 \times \square = 32$이므로 $\square$ 안에 알맞은 수는 8입니다.

10 $95 \div 6 = 15 \cdots 5$
몫은 15, 나머지는 5이므로 합은 $15 + 5 = 20$입니다.

11 ① $42 \div 4 = 10 \cdots \underline{2}$　② $74 \div 5 = 14 \cdots \underline{4}$
③ $77 \div 6 = 12 \cdots \underline{5}$　④ $80 \div 7 = 11 \cdots \underline{3}$
⑤ $97 \div 8 = 12 \cdots \underline{1}$

12 나머지는 나누는 수보다 작아야 합니다.
따라서 나머지가 될 수 있는 수는 나누는 수 5보다 작은
수인 1, 2, 3, 4입니다.

13 $272 \div \underline{4} = 68$, $272 \div 5 = 54 \cdots 2$, $272 \div 6 = 45 \cdots 2$,
$272 \div 7 = 38 \cdots 6$, $272 \div \underline{8} = 34$
따라서 ★에 알맞은 수는 4, 8입니다.

14 나누는 수가 몇이므로 나누는 수는 3, 몫은 29, 나머지는
2, 나누어지는 수는 89인 나눗셈식입니다.

15 정사각형의 네 변의 길이는 모두 같습니다.
(한 변의 길이) $= 76 \div 4 = 19$(cm)

16 $99 \div 7 = 14 \cdots 1$
남은 $1 \, cm$로는 고리를 만들 수 없으므로 색 테이프
$99 \, cm$로는 고리를 14개까지 만들 수 있습니다.

17 $653 \div 9 = 72 \cdots 5$
남은 동화책 5권도 책꽂이에 꽂아야 하므로 책꽂이는 적
어도 $72 + 1 = 73$(칸)이 필요합니다.

18 몫이 가장 크려면 (가장 큰 몇십몇) $\div$ (가장 작은 몇)이어
야 합니다.
가장 큰 몇십몇: 75, 가장 작은 몇: 4
➡ $75 \div 4 = 18 \cdots 3$

19 ⑩ 초콜릿 6상자는 $10 \times 6 = 60$(개)입니다.
따라서 초콜릿을 한 사람에게 4개씩 나누어 주면
$60 \div 4 = 15$(명)에게 나누어 줄 수 있습니다.

평가 기준	배점
초콜릿이 몇 개인지 구했나요?	2점
몇 명에게 나누어 줄 수 있는지 구했나요?	3점

20 ⑩ 어떤 수를 □라고 하면 □$\div 6 = 22 \cdots 3$입니다.
$6 \times 22 = 132$, $132 + 3 = 135$ ➡ □$= 135$
어떤 수는 135입니다.
따라서 어떤 수를 5로 나누면 $135 \div 5 = 27$입니다.

평가 기준	배점
어떤 수를 구했나요?	3점
어떤 수를 5로 나눈 몫을 구했나요?	2점

3 원

➕ 꼭 나오는 유형　18~20쪽

1

2 ⑩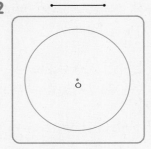

3 ⑩ , 4 cm

4 선분 ㅇㄴ, 선분 ㅇㄹ

5 8 cm

[점프] 7 cm

6 4, 8

7 3

8 ㉢, ㉤ 지름은 원 안에 그을 수 있는 가장 긴 선분입니다.

9 50 cm　　**10** 16 cm

11 4 cm　　[점프] 6 cm

12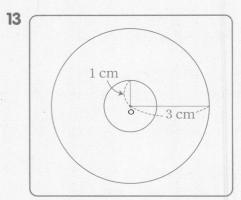

13

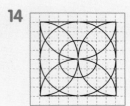

14

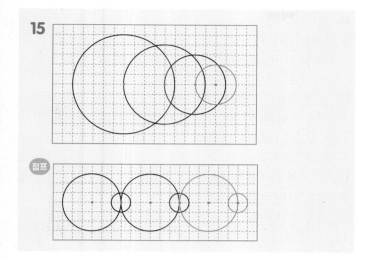

15

1 원의 지름은 원의 중심을 지납니다.

2 원의 중심은 원의 한가운데에 있는 점이고, 원의 중심과 원 위의 한 점을 이은 선분이 원의 반지름입니다.

3 한 원에서 원의 지름은 셀 수 없이 많이 그을 수 있고 그 길이는 $4\,cm$로 모두 같습니다.

4 원의 중심과 원 위의 한 점을 이은 선분을 원의 반지름이라고 합니다.

5 원의 중심을 지나고 원 위의 두 점을 이은 선분은 $8\,cm$입니다.

점프 원에서 지름은 $7\,cm$입니다.
선분 ㄱㄴ도 원의 지름이므로 선분 ㄱㄴ의 길이는 $7\,cm$입니다.

6 한 원에서 지름은 반지름의 2배입니다.

7 원의 지름이 $6\,cm$이므로 반지름은 $6 \div 2 = 3(cm)$입니다.

9 $1\,m = 100\,cm$
반지름은 지름의 반이므로 원의 반지름은 $50\,cm$입니다.

10 큰 원의 반지름이 $6 + 2 = 8(cm)$이므로 지름은 $8 \times 2 = 16(cm)$입니다.

11 큰 원의 반지름은 $16 \div 2 = 8(cm)$이고 작은 원의 지름은 큰 원의 반지름과 같습니다.
따라서 작은 원의 반지름인 선분 ㄱㄴ의 길이는 $8 \div 2 = 4(cm)$입니다.

점프 큰 원의 지름 위에 작은 원 3개가 있으므로 작은 원의 지름은 $18 \div 3 = 6(cm)$입니다.
작은 원의 반지름이 $6 \div 2 = 3(cm)$이므로 선분 ㄴㄷ의 길이는 $3 \times 2 = 6(cm)$입니다.

12 주어진 선분만큼 컴퍼스를 벌려 점 ㅇ에 컴퍼스의 침을 꽂고 원을 그립니다.

14 원의 중심이 되는 곳에 모두 표시합니다.

15 원의 중심이 오른쪽으로 4칸, 3칸……씩 옮겨가고 원의 반지름이 1칸씩 줄어드는 규칙입니다.

점프 원의 중심이 오른쪽으로 3칸씩 옮겨가고 원의 반지름이 3칸, 1칸이 반복되는 규칙입니다.

➕ 자주 틀리는 유형   21~22쪽

1 선분 ㄴㄹ, $10\,cm$ **2** ㉠

3 ㉡, ㉢, ㉣, ㉠   **4** $40\,cm$

1 길이가 가장 긴 선분은 원의 지름이므로 선분 ㄴㄹ입니다.
원의 반지름이 $5\,cm$이므로 선분 ㄴㄹ의 길이는 $5 \times 2 = 10(cm)$입니다.

2 가장 큰 원을 그리려면 누름 못에서 가장 멀리 있는 구멍에 연필심을 꽂아야 하므로 ㉠입니다.

3 원의 지름을 알아봅니다.
㉠ $6\,cm$ ㉡ $7 \times 2 = 14(cm)$
㉢ $9\,cm$ ㉣ $4 \times 2 = 8(cm)$
$14 > 9 > 8 > 6$이므로 크기가 큰 원부터 차례대로 기호를 쓰면 ㉡, ㉢, ㉣, ㉠입니다.

4 원의 지름은 $2 \times 2 = 4(cm)$입니다.
직사각형의 세로는 원의 지름과 같으므로 $4\,cm$이고, 직사각형의 가로는 원의 지름의 4배이므로 $4 \times 4 = 16(cm)$입니다.
따라서 직사각형의 네 변의 길이의 합은 $16 + 4 + 16 + 4 = 40(cm)$입니다.

3. 원 ## 수시 평가 대비 23~25쪽

1 점 ㄷ

2 (위에서부터) 반지름, 지름

3 ㄹ

4 ⑤

5 ( )
(○)

6 6 cm

7 16 cm

8 ㉠, ㉢

9 14 cm

10

11 ㉢, ㉡, ㉣, ㉠

12 4 cm

13 7개

14 20 cm

15 18 cm

16 14 cm

17 13 cm

18 18 cm

19 4 cm

20 4 cm

---

5 한 원에서 그을 수 있는 반지름은 무수히 많습니다.

6 $12 \div 2 = 6$(cm)

7 $8 \times 2 = 16$(cm)

8 반지름의 길이가 같은 두 원을 알아봅니다.
㉠ 반지름: $6 \div 2 = 3$(cm)
따라서 크기가 같은 두 원은 ㉠과 ㉢입니다.

9 (큰 원의 반지름)=$2 + 5 = 7$(cm)
➡ (큰 원의 지름)=$7 \times 2 = 14$(cm)

11 원의 지름을 알아봅니다.
㉠ $3 \times 2 = 6$(cm)   ㉡ 4 cm
㉢ $1 \times 2 = 2$(cm)   ㉣ 5 cm
$2 < 4 < 5 < 6$이므로 크기가 작은 원부터 차례대로 기호를 쓰면 ㉢, ㉡, ㉣, ㉠입니다.

12 선분 ㄱㄴ의 길이는 큰 원의 지름과 같습니다.
큰 원의 지름은 작은 원 3개의 지름의 합과 같으므로 작은 원의 지름은 $12 \div 3 = 4$(cm)입니다.

13
➡ 7개

14 원의 반지름은 10 cm입니다.
정사각형의 한 변은 원의 지름과 같으므로
$10 \times 2 = 20$(cm)입니다.

15 원의 반지름은 3 cm입니다.
따라서 선분 ㄱㄴ의 길이는 원의 반지름의 6배이므로
$3 \times 6 = 18$(cm)입니다.

16 큰 원의 반지름은 $18 \div 2 = 9$(cm)이고 작은 원의 반지름은 $10 \div 2 = 5$(cm)입니다.
따라서 선분 ㄱㄴ의 길이는 $9 + 5 = 14$(cm)입니다.

17 가장 큰 원의 지름은 큰 원 안에 있는 두 원의 지름의 합과 같습니다.
가장 큰 원의 지름이 $5 + 5 + 8 + 8 = 26$(cm)이므로 가장 큰 원의 반지름은 $26 \div 2 = 13$(cm)입니다.

18 (원의 반지름)=(선분 ㅇㄱ)=(선분 ㅇㄴ)
(삼각형 ㄱㅇㄴ의 세 변의 길이의 합)
=$12 +$(선분 ㅇㄱ)+(선분 ㅇㄴ)
=$12 +$(원의 반지름)+(원의 반지름)=30,
(원의 반지름)+(원의 반지름)=$30 - 12 = 18$,
(원의 반지름)=9 cm
따라서 원의 지름은 $9 \times 2 = 18$(cm)입니다.

19 예 컴퍼스를 벌린 길이가 원의 반지름이 됩니다.
컴퍼스를 2 cm만큼 벌려서 그린 원의 반지름은 2 cm입니다.
따라서 원의 지름은 $2 \times 2 = 4$(cm)가 됩니다.

평가 기준	배점
원의 반지름을 구했나요?	2점
원의 지름을 구했나요?	3점

20 예 삼각형 ㄱㄴㄷ의 세 변의 길이는 각각 크기가 같은 원의 반지름이므로 길이가 모두 같습니다.
따라서 원의 반지름은 삼각형의 한 변과 같으므로
$12 \div 3 = 4$(cm)입니다.

평가 기준	배점
삼각형 ㄱㄴㄷ의 세 변의 길이가 모두 같음을 알았나요?	2점
원의 반지름을 구했나요?	3점

4 분수

1 1, 3

2 (1) $\dfrac{3}{5}$ (2) $\dfrac{2}{3}$

점프 ㉠ $\dfrac{2}{3}$ ㉡ $\dfrac{3}{5}$

3 (1) $12 \div 3$, 2   (2) $35 \div 7$, 4

4 예

5 (1) 15   (2) 24

6 (1) 3   (2) 2   (3) >

7 ㉠

점프 ㉡, ㉢, ㉠, ㉣

8 $\dfrac{9}{3}$

9 $\dfrac{4}{7}$, $\dfrac{3}{4}$ / $\dfrac{5}{5}$, $\dfrac{8}{3}$ / $2\dfrac{1}{2}$, $4\dfrac{7}{8}$

10 (1) 예 $\dfrac{4}{4}$, $\dfrac{5}{4}$, $\dfrac{6}{4}$ (2) $1\dfrac{1}{4}$, $1\dfrac{2}{4}$, $1\dfrac{3}{4}$

11 (1) 1, 5, 12   (2) 5, 2, 17

12 (1) 3, 1, 3, 1   (2) 2, 5, 2, 5

13 $\dfrac{13}{3}$, $\dfrac{14}{3}$

14 (1) 5, 6, 7, 8에 ○표   (2) 1, 2, 3에 ○표

15 $\dfrac{14}{7}$, $\dfrac{15}{7}$, $\dfrac{16}{7}$ 점프 $5\dfrac{2}{5}$

---

1 7은 28을 똑같이 4묶음으로 나눈 것 중의 1묶음이므로 28의 $\dfrac{1}{4}$이고, 21은 28을 똑같이 4묶음으로 나눈 것 중의 3묶음이므로 28의 $\dfrac{3}{4}$입니다.

2 (1) 15를 3씩 묶으면 5묶음이고 9는 전체 5묶음 중 3묶음이므로 15의 $\dfrac{3}{5}$입니다.

(2) 15를 5씩 묶으면 3묶음이고 10은 전체 3묶음 중 2묶음이므로 15의 $\dfrac{2}{3}$입니다.

점프 ㉠ 12는 전체 3묶음 중 2묶음이므로 18의 $\dfrac{2}{3}$입니다.

㉡ 12는 전체 5묶음 중 3묶음이므로 20의 $\dfrac{3}{5}$입니다.

4 16의 $\dfrac{1}{8}$은 2입니다.

• 16의 $\dfrac{3}{8}$ ➡ $2 \times 3 = 6$ • 16의 $\dfrac{5}{8}$ ➡ $2 \times 5 = 10$

5 (1) □를 똑같이 5묶음으로 나눈 것 중의 1묶음이 3이므로 □ = $3 \times 5 = 15$입니다.

(2) □를 똑같이 4묶음으로 나눈 것 중의 3묶음이 18이므로 1묶음은 $18 \div 3 = 6$입니다.
따라서 □ = $6 \times 4 = 24$입니다.

6 (3) 18 cm의 $\dfrac{5}{6}$ ➡ $3 \times 5 = 15$(cm)

18 cm의 $\dfrac{7}{9}$ ➡ $2 \times 7 = 14$(cm)

7 ㉠ 1시간 = 60분의 $\dfrac{1}{3}$은 20분입니다.

㉡ 2시간 = 120분의 $\dfrac{1}{4}$은 30분입니다.

점프 ㉠ 60분의 $\dfrac{1}{2}$: 30분   ㉡ 60분의 $\dfrac{3}{4}$: 45분

㉢ 60분의 $\dfrac{2}{3}$: 40분   ㉣ 120분의 $\dfrac{1}{6}$: 20분

8 3은 $\dfrac{1}{3}$이 9칸 색칠되어 있으므로 $\dfrac{9}{3}$입니다.

9 진분수: 분자가 분모보다 작은 분수
가분수: 분자가 분모와 같거나 분모보다 큰 분수
대분수: 자연수와 진분수로 이루어진 분수

10 (1) 분모가 4인 가분수의 분자는 4이거나 4보다 커야 합니다.

(2) 자연수 부분이 1이고 분모가 4인 대분수는 1과 분모가 4인 진분수로 이루어져 있습니다.

11 가분수의 분자는 대분수의 자연수 부분과 분모를 곱하고 대분수의 분자를 더합니다.

12 가분수의 분자를 분모로 나누었을 때 몫이 대분수의 자연수 부분이 되고, 나머지가 대분수의 분자가 됩니다.

13 자연수 부분이 4이고, 분모가 3인 대분수의 분자는 3보다 작은 수인 1, 2이므로 $4\frac{1}{3}$, $4\frac{2}{3}$입니다.

$4\frac{1}{3}$ ➡ $\frac{12}{3}$와 $\frac{1}{3}$ ➡ $\frac{13}{3}$, $4\frac{2}{3}$ ➡ $\frac{12}{3}$와 $\frac{2}{3}$ ➡ $\frac{14}{3}$

14 (1) 분자의 크기를 비교하면 4<□이어야 합니다.
(2) 분자의 크기를 비교하면 □<4이어야 합니다.

15 $2\frac{3}{7}=\frac{17}{7}$이므로 $\frac{13}{7}<\frac{□}{7}<\frac{17}{7}$ ➡ 13<□<17입니다.

따라서 □ 안에 들어갈 수 있는 수는 14, 15, 16이므로 $\frac{13}{7}$보다 크고 $2\frac{3}{7}$보다 작은 가분수는 $\frac{14}{7}$, $\frac{15}{7}$, $\frac{16}{7}$입니다.

점프 $4\frac{2}{5}=\frac{22}{5}$이므로 □ 안에 들어갈 수 있는 가분수는 $\frac{23}{5}$, $\frac{24}{5}$, $\frac{25}{5}$, $\frac{26}{5}$입니다.

따라서 ●에 알맞은 대분수는 $\frac{27}{5}=5\frac{2}{5}$입니다.

➕ 자주 틀리는 유형　29~30쪽

1 ㉠: $1\frac{6}{7}$, $\frac{13}{7}$　㉡: $3\frac{3}{7}$, $\frac{24}{7}$

2 (1) $\frac{6}{5}$　(2) $3\frac{8}{11}$

3 $\frac{9}{10}$, 예 자연수가 없이 진분수만으로 이루어져 있으므로 대분수가 아닙니다.
$1\frac{7}{6}$, 예 자연수와 가분수로 이루어진 분수이므로 대분수가 아닙니다.

4 $1\frac{3}{8}$, $\frac{15}{8}$, $2\frac{5}{8}$, $\frac{25}{8}$, $3\frac{7}{8}$

1 1을 똑같이 7칸으로 나누었으므로 작은 눈금 한 칸은 $\frac{1}{7}$입니다.
㉠은 1에서 작은 눈금 6칸만큼 더 갔으므로 $1\frac{6}{7}$이고 가분수로 나타내면 $1\frac{6}{7}$ ➡ $\frac{7}{7}$과 $\frac{6}{7}$ ➡ $\frac{13}{7}$입니다.
㉡은 3에서 작은 눈금 3칸만큼 더 갔으므로 $3\frac{3}{7}$이고 가분수로 나타내면 $3\frac{3}{7}$ ➡ $\frac{21}{7}$과 $\frac{3}{7}$ ➡ $\frac{24}{7}$입니다.

2 (1) 분모가 5로 모두 같으므로 분자의 크기를 작은 수부터 순서대로 쓰면 2<3<4<5<7<8입니다.
따라서 중간에 빠진 분수는 분자가 6인 $\frac{6}{5}$입니다.
(2) 자연수가 3으로, 분모가 11로 각각 같으므로 분자의 크기를 작은 수부터 순서대로 쓰면 4<5<6<7<9<10입니다.
따라서 중간에 빠진 분수는 분자가 8인 $3\frac{8}{11}$입니다.

3 대분수는 자연수와 진분수로 이루어진 분수입니다.

4 가분수를 대분수로 바꾸어서 크기를 비교합니다.
$\frac{15}{8}$ ➡ $\frac{8}{8}$과 $\frac{7}{8}$ ➡ $1\frac{7}{8}$, $\frac{25}{8}$ ➡ $\frac{24}{8}$와 $\frac{1}{8}$ ➡ $3\frac{1}{8}$
$1\frac{3}{8}<1\frac{7}{8}<2\frac{5}{8}<3\frac{1}{8}<3\frac{7}{8}$이므로 왼쪽부터 □ 안에 $1\frac{3}{8}$, $\frac{15}{8}$, $2\frac{5}{8}$, $\frac{25}{8}$, $3\frac{7}{8}$을 써넣습니다.

4. 분수　수시 평가 대비　31~33쪽

1 예 , $\frac{2}{3}$

2 (1) 20÷5, 3　(2) 45÷9, 5

3 $\frac{14}{5}$, $2\frac{4}{5}$

4 (1) 2, 3, 11　(2) 3, 4, 3, 4

5 (1) 60 (2) 120　　**6** 3, 4, 5에 ○표

7 ╳ (선으로 연결)

8 (1) 15 (2) 50

9 예 $\dfrac{4}{7}$ / 예 $\dfrac{6}{5}$ / 예 $3\dfrac{8}{9}$　　**10** (1) > (2) <

11 7개　　**12** ④

13 $4\dfrac{5}{9}$, $4\dfrac{6}{9}$　　**14** ©, ⊙, ②, ⓒ

15 6개　　**16** 9명

17 $\dfrac{29}{9}$　　**18** $1\dfrac{3}{4}$

19 16　　**20** 45

1 귤을 4개씩 묶으면 8은 3묶음 중의 2묶음이므로 $\dfrac{2}{3}$입니다.

3 $\dfrac{1}{5}$이 14개이므로 $\dfrac{14}{5}$이고, 전체 2개와 $\dfrac{4}{5}$만큼이므로 $2\dfrac{4}{5}$입니다.

4 (1) 가분수의 분자는 대분수의 자연수 부분과 분모를 곱하고 대분수의 분자를 더합니다.
(2) 가분수의 분자를 분모로 나누었을 때 몫이 대분수의 자연수 부분이 되고, 나머지가 대분수의 분자가 됩니다.

5 (1) 2 m＝200 cm를 똑같이 10부분으로 나눈 것 중의 3부분은 60 cm입니다.
(2) 2 m＝200 cm를 똑같이 5부분으로 나눈 것 중의 3부분은 120 cm입니다.

6 대분수는 자연수와 진분수로 이루어진 분수이므로 □ 안에 들어갈 수 있는 수는 6보다 작습니다.

7 · $4\dfrac{2}{7}$ ➡ $\dfrac{28}{7}$과 $\dfrac{2}{7}$ ➡ $\dfrac{30}{7}$
· $3\dfrac{5}{7}$ ➡ $\dfrac{21}{7}$과 $\dfrac{5}{7}$ ➡ $\dfrac{26}{7}$

8 (1) 1시간＝60분의 $\dfrac{1}{4}$은 15분입니다.
(2) 1시간＝60분의 $\dfrac{1}{6}$이 10분이므로 $\dfrac{5}{6}$는 50분입니다.

9 3부터 9까지의 수를 한 번씩만 사용하여 분자가 분모보다 작은 진분수, 분자가 분모보다 큰 가분수, 자연수와 진분수로 이루어진 대분수를 각각 자유롭게 만듭니다.
주의 | 수를 한 번씩만 사용하므로 분자가 분모와 같은 가분수는 만들 수 없습니다.

10 (1) 분자를 비교하면 9＞7이므로 $\dfrac{9}{7}>\dfrac{7}{7}$입니다.
(2) 자연수를 비교하면 2＜3이므로 $2\dfrac{3}{5}<3\dfrac{1}{5}$입니다.

11 진분수는 분자가 분모보다 작은 분수이므로 □ 안에는 8보다 작은 수가 들어갈 수 있습니다.
따라서 □ 안에 들어갈 수 있는 자연수는 1, 2, 3, 4, 5, 6, 7로 모두 7개입니다.

12 ① 15의 $\dfrac{4}{5}$ ➡ 12　② 32의 $\dfrac{3}{8}$ ➡ 12　③ 16의 $\dfrac{3}{4}$ ➡ 12
④ 28의 $\dfrac{5}{7}$ ➡ 20　⑤ 54의 $\dfrac{2}{9}$ ➡ 12

13 $\dfrac{40}{9}$을 대분수로 나타내면 $4\dfrac{4}{9}$입니다.
$4\dfrac{4}{9}$보다 크고 $4\dfrac{7}{9}$보다 작은 대분수는 $4\dfrac{5}{9}$, $4\dfrac{6}{9}$입니다.

14 ⊙ $\dfrac{9}{5}$ © $\dfrac{5}{5}$ ⓒ $2\dfrac{2}{5}=\dfrac{12}{5}$ ② $\dfrac{7}{5}$
➡ $\dfrac{12}{5}>\dfrac{9}{5}>\dfrac{7}{5}>\dfrac{5}{5}$

15 · 분모가 3인 가분수: $\dfrac{5}{3}$, $\dfrac{6}{3}$, $\dfrac{7}{3}$
· 분모가 5인 가분수: $\dfrac{6}{5}$, $\dfrac{7}{5}$
· 분모가 6인 가분수: $\dfrac{7}{6}$
따라서 만들 수 있는 가분수는 모두 6개입니다.

16 24의 $\dfrac{1}{8}$이 3이므로 24의 $\dfrac{5}{8}$는 3×5＝15입니다.
성욱이네 반에서 동생이 있는 학생이 15명이므로 동생이 없는 학생은 24－15＝9(명)입니다.

17 만들 수 있는 대분수 중에서 자연수 부분이 3인 대분수는 $3\frac{2}{9}$입니다.

$3\frac{2}{9}$를 가분수로 나타내면 $\frac{29}{9}$입니다.

18 합이 11인 두 수는 (1, 10), (2, 9), (3, 8), (4, 7), (5, 6)이고 이 중에서 차가 3인 두 수는 (4, 7)입니다.

4와 7로 만들 수 있는 가분수는 $\frac{7}{4}$입니다.

$\frac{7}{4}$을 대분수로 나타내면 $1\frac{3}{4}$입니다.

19 ⑩ $2\frac{3}{7}$을 가분수로 나타내면 $\frac{17}{7}$입니다.

$\frac{\square}{7} < \frac{17}{7}$에서 $\square < 17$이므로 $\square$ 안에 들어갈 수 있는 자연수 중에서 가장 큰 수는 16입니다.

평가 기준	배점
$2\frac{3}{7}$을 가분수로 나타냈나요?	2점
$\square$ 안에 들어갈 수 있는 자연수 중에서 가장 큰 수를 구했나요?	3점

20 ⑩ 어떤 수를 똑같이 9묶음으로 나눈 것 중의 7묶음이 35이므로 1묶음은 $35 \div 7 = 5$입니다.
따라서 어떤 수는 $5 \times 9 = 45$입니다.

평가 기준	배점
어떤 수를 똑같이 9묶음으로 나눈 것 중의 1묶음이 얼마인지 구했나요?	3점
어떤 수를 구했나요?	2점

5 들이와 무게

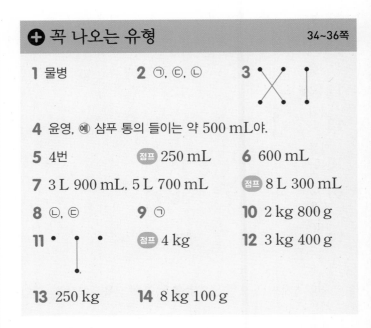

➕ 꼭 나오는 유형   34~36쪽

1 물병   **2** ㉠, ㉢, ㉡   **3** (그림)

4 윤영, ⑩ 샴푸 통의 들이는 약 500 mL야.

5 4번   점프 250 mL   **6** 600 mL

7 3 L 900 mL, 5 L 700 mL   점프 8 L 300 mL

8 ㉡, ㉢   **9** ㉠   **10** 2 kg 800 g

11 (그림)   점프 4 kg   **12** 3 kg 400 g

13 250 kg   **14** 8 kg 100 g

1 물병에 가득 채운 물을 컵에 옮겨 담았을 때 컵이 넘쳤으므로 물병의 들이는 컵의 들이보다 더 많습니다.

2 그릇에 담긴 물의 높이가 낮은 것부터 차례대로 기호를 쓰면 ㉠, ㉢, ㉡입니다.

3 컵의 수가 많을수록 들이가 더 많습니다.

5 500 mL의 2배가 1000 mL=1 L이므로 2 L인 어항을 가득 채우려면 컵으로 물을 4번 부어야 합니다.

점프 1 L 500 mL=500 mL+500 mL+500 mL
500 mL=250 mL+250 mL이므로 250 mL를 6번 더하면 1 L 500 mL가 됩니다.
따라서 컵의 들이는 250 mL입니다.

6 물의 양은 1 L 400 mL입니다.
따라서 더 필요한 물의 양은
2 L−1 L 400 mL=1 L 1000 mL−1 L 400 mL
      =600 mL입니다.

7 ・4 L 500 mL−600 mL
   =3 L 1500 mL−600 mL=3 L 900 mL
・1200 mL=1 L 200 mL
   4 L 500 mL+1 L 200 mL=5 L 700 mL

참고 주전자의 들이는 5 L 600 mL보다 2700 mL 더 많습니다.

2700 mL=2 L 700 mL

5 L 600 mL+2 L 700 mL=7 L 1300 mL
　　　　　　　　　　　　＝8 L 300 mL

8 저울을 이용하여 무게를 비교할 때에는 접시가 내려간 쪽의 물건이 더 무겁습니다.
사과보다 더 무거운 것은 수박과 책가방입니다.

9 필통이 연필보다 더 무거우므로 파란색 구슬이 빨간색 구슬보다 더 무겁습니다.

10 저울은 2500 g에서 작은 눈금 3칸을 더 지났으므로 2800 g입니다.
➡ 2800 g=2 kg 800 g

11 1 kg인 가방 안에 1 kg짜리 추를 2개 넣으면 가방의 무게는 1 kg+2 kg=3 kg이 됩니다.
따라서 오른쪽에는 3 kg짜리 추를 올려야 합니다.

참고 300 g짜리 추 10개는 3000 g=3 kg입니다.
따라서 추를 넣은 가방의 무게는 1 kg+3 kg=4 kg이 됩니다.

12 5 kg 800 g−2 kg 400 g=3 kg 400 g

13 상자의 무게는 모두
200 kg+50 kg+500 kg=750 kg입니다.
1t=1000 kg이므로 트럭에 더 실을 수 있는 무게는
1000 kg−750 kg=250 kg입니다.

14 (양파 2관)=3 kg 750 g+3 kg 750 g=7 kg 500 g
➡ (소고기 1근)+(양파 2관)=600 g+7 kg 500 g
　　　　　　　　　　　　　　＝8 kg 100 g

➕ 자주 틀리는 유형　　37~38쪽

1 ㉡, ㉣, ㉠, ㉢

2 유빈

3 1 kg 300 g

4 (위에서부터) (1) 600, 4　(2) 3, 500

---

1 ㉡ 2 kg 200 g=2200 g
㉣ 2 kg 22 g=2022 g
2200＞2022＞2020＞2002이므로 무게가 무거운 것부터 차례대로 기호를 쓰면 ㉡, ㉣, ㉠, ㉢입니다.

2 상자의 실제 무게와 세 사람이 어림한 무게의 차를 각각 구합니다.
1 kg−850 g=1000 g−850 g=150 g,
1 kg 100 g−1 kg=100 g,
1200 g−1 kg=1 kg 200 g−1 kg=200 g
실제 무게와 종호는 150 g, 유빈이는 100 g, 경수는 200 g 차이가 납니다.
따라서 상자의 무게를 가장 가깝게 어림한 사람은 유빈입니다.

3 (파인애플의 무게)+(그릇의 무게)=3 kg 200 g
(그릇의 무게)=1 kg 900 g
(파인애플의 무게)=3 kg 200 g−1 kg 900 g
　　　　　　　　　＝2 kg 1200 g−1 kg 900 g
　　　　　　　　　＝1 kg 300 g

4 (1) mL 단위의 계산: □+800=1400,
　　　　　　　　　　　 1400−800=□, □=600
　　L 단위의 계산: 1+2+□=7, 7−3=□, □=4
(2) mL 단위의 계산: 1000+200−□=700,
　　　　　　　　　　　 1200−700=□, □=500
　　L 단위의 계산: □−1−1=1, 1+2=□, □=3

5. 들이와 무게　　수시 평가 대비　　39~41쪽

1 적습니다에 ○표　　　　**2** ②, ④

3 (1) kg　(2) t　　　　　**4** 2, 400 / 2, 40 / 2, 4

5 2 kg 300 g　　　　　　**6** 가위

7 배 1개에 ○표　　　　　**8** 4 kg

9 ＞　　　　　　　　　　**10** 5015 mL

11 (1) 400　(2) 500

12 (1) 800 mL　(2) 1 L 300 mL(=1300 mL)

13 가, 라, 나, 다

14 3 L 700 mL, 1 L 300 mL

15 1, 500 / 500

16 1 kg 500 g, 3 kg 100 g

17 1 L 700 mL   **18** 3개

19 1 kg 800 g   **20** 900 mL

---

1 컵의 수가 많을수록 들이가 더 많습니다.

2 들이가 많은 것은 L로, 들이가 적은 것은 mL로 재어 나타내는 것이 알맞습니다.

3 (1) 1000 g＝1 kg
   (2) 1000 kg＝1 t

4 1000 mL＝1 L

5 2300 g＝2 kg 300 g

6 바둑돌의 수를 비교하면 10＜15이므로 가위가 더 무겁습니다.

7 저울이 가 쪽으로 내려갔으므로 가에 알맞은 것은 200 g 보다 더 무거운 배 1개입니다.

8 400 g짜리 상자 10개의 무게는 4000 g입니다.
   ➡ 4000 g＝4 kg

9 3 kg 77 g＝3077 g ➡ 3700 g＞3077 g

10 5 L 15 mL＝5 L＋15 mL
   ＝5000 mL＋15 mL＝5015 mL

11 (1) 1 kg＝1000 g이므로 0.4 kg＝400 g입니다.
   (2) 1 kg＝1000 g이므로 $\frac{1}{2}$ kg＝500 g입니다.

12 (1) ㉠＋㉡＝500 mL＋300 mL＝800 mL
   (2) ㉠＋㉢＝500 mL＋800 mL＝1300 mL
   ＝1 L 300 mL

13 컵의 수가 적을수록 들이가 많습니다.
   컵의 수를 비교하면 3＜6＜8＜10이므로 들이가 많은 컵부터 차례대로 기호를 쓰면 가, 라, 나, 다입니다.

---

14 합: 2 L 500 mL＋1 L 200 mL＝3 L 700 mL
   차: 2 L 500 mL－1 L 200 mL＝1 L 300 mL

15 가: 3 L＝3000 mL의 반이므로
   1500 mL＝1 L 500 mL입니다.
   나: 1 L 500 mL를 똑같이 셋으로 나눈 것 중의 하나이므로 500 mL입니다.

16 ・2 kg 300 g－800 g＝1 kg 1300 g－800 g
   ＝1 kg 500 g
   ・2 kg 300 g＋800 g＝2 kg 1100 g
   ＝3 kg 100 g

17 3300 mL＝3 L 300 mL
   (더 부어야 할 물의 양)
   ＝5 L－3 L 300 mL
   ＝4 L 1000 mL－3 L 300 mL
   ＝1 L 700 mL

18 (300 g짜리 추 5개의 무게)＝300×5＝1500(g)
   2 kg 700 g＝2700 g이므로
   400 g짜리 추 몇 개의 무게는
   2700 g－1500 g＝1200 g입니다.
   400 g＋400 g＋400 g＝1200 g이므로 400 g짜리 추를 3개 올렸습니다.

19 예 빨간 가방의 무게는 1600 g＝1 kg 600 g입니다.
   따라서 파란 가방의 무게는
   3 kg 400 g－1 kg 600 g
   ＝2 kg 1400 g－1 kg 600 g＝1 kg 800 g입니다.

평가 기준	배점
무게의 단위를 같게 고쳤나요?	2점
파란 가방의 무게를 구했나요?	3점

20 예 마신 오렌지주스의 양은 300 mL씩 4＋3＝7(컵)이므로 300×7＝2100(mL) ➡ 2 L 100 mL입니다.
   따라서 남은 오렌지주스는
   3 L－2 L 100 mL
   ＝2 L 1000 mL－2 L 100 mL
   ＝900 mL입니다.

평가 기준	배점
마신 오렌지주스의 양을 구했나요?	2점
남은 오렌지주스의 양을 구했나요?	3점

6 자료의 정리

42~44쪽

➕ 꼭 나오는 유형

1 2, 4, 5, 3, 14 / 6, 3, 5, 2, 16

2 30명   **3** 9명

4 10개, 1개   **5** 13개

점프 다 문구점   **6** 380 kg

7 1340 kg   **8** ㉡

점프 싱싱 농장, 푸름 농장, 초록 농장, 하늘 농장

9 16, 20, 5, 11, 52 /

좋아하는 꽃별 학생 수

꽃	학생 수
튤립	◎○○○○○○
장미	◎◎
백합	○○○○○
국화	◎○

◎10명 ○1명

10 장미, 20명   **11** 142대

12

월별로 생산한 자동차 수

월	자동차 수
3월	■○○○
4월	◎◎◎◎◎◎◎◎◎
5월	■◎■◎○
6월	■◎◎◎◎ ○○

■100대 ◎10대 ○1대

13 42, 35, 165 /

마을별 초등학생 수

마을	초등학생 수
샘터	◎◎○○○○○○○○
은하	◎◎◎◎○○
파란	◎◎◎◎◎◎
금빛	◎◎◎○○○○○

◎10명 ○1명

14 11줄   **점프** 23줄

---

15 (예) 참치 김밥의 재료를 더 많이 준비하고, 불고기 김밥의 재료를 더 적게 준비하면 좋겠습니다.

2 14+16=30(명)

3 • 수영을 좋아하는 여학생 수: 4명
  • 피구를 좋아하는 남학생 수: 5명
  ➡ 4+5=9(명)

5 10개 그림이 1개, 1개 그림이 3개이므로 13개입니다.

점프 10개 그림이 2개, 1개 그림이 7개인 문구점은 다 문구점입니다.

6 100 kg 그림이 3개, 10 kg 그림이 8개이므로 380 kg입니다.

7 싱싱 농장: 400 kg, 푸름 농장: 380 kg,
  하늘 농장: 240 kg, 초록 농장: 320 kg
  ➡ 400+380+240+320=1340(kg)

8 ㉡ 고구마 수확량이 300 kg보다 적은 농장은 하늘 농장입니다.

점프 100 kg 그림의 수가 많은 농장부터 차례대로 씁니다. 100 kg 그림의 수가 같으면 10 kg 그림의 수를 비교합니다.

9 • (합계)=16+20+5+11=52(명)
  • 10명 그림을 먼저 그리고 난 후 1명 그림을 그립니다.

10 10명 그림의 수가 가장 많은 꽃은 장미이고, 20명입니다.

11 565-103-90-230=142(대)

12 100대, 10대, 1대 그림을 차례대로 그립니다.

13 그림그래프를 보고 은하 마을: 42명, 금빛 마을: 35명임을 알 수 있습니다.
  ➡ (합계)=27+42+61+35=165(명)
  표를 보고 샘터 마을과 파란 마을의 초등학생 수를 그림으로 나타냅니다.

14 김치 김밥: 35줄, 치즈 김밥: 24줄
  ➡ 35-24=11(줄)

점프 참치 김밥: 42줄
불고기 김밥: 19줄
➡ $42-19=23$(줄)

15 가장 많이 팔린 김밥의 재료를 많이, 가장 적게 팔린 김밥의 재료를 적게 준비하면 좋겠습니다.

✚ 자주 틀리는 유형　　45쪽

1 341권

2

좋아하는 과일별 학생 수

과일	학생 수
사과	◎△○○○
귤	◎◎△
딸기	◎◎◎○○○
포도	◎○○

◎10명 △5명 ○1명

1 100권 그림의 수가 위인전보다 더 많은 책은 동화책이고, 같은 책은 만화책입니다.
만화책은 10권 그림의 수가 위인전보다 더 적습니다.
따라서 책의 수가 위인전보다 더 많은 책은 동화책이고 341권입니다.

2 ○ 5개를 △ 1개로 나타냅니다.

---

6. 자료의 정리 ## 수시 평가 대비　　46~48쪽

1 100개, 10개　　**2** 단팥빵

3 300, 150, 80, 220, 750

4 식빵, 80개

5 예 10명, 1명

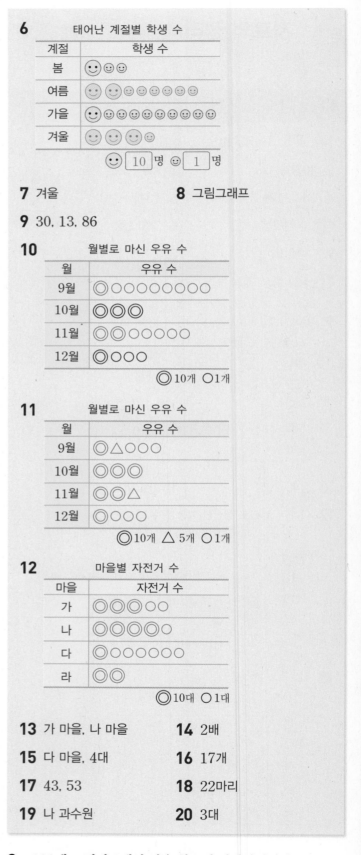

6

태어난 계절별 학생 수

계절	학생 수
봄	☺☺☺
여름	☺☺☺☺☺☺☺
가을	☺☺☺☺☺☺☺☺☺
겨울	☺☺☺☺

☺ 10 명 ☺ 1 명

7 겨울　　　　**8** 그림그래프

9 30, 13, 86

10

월별로 마신 우유 수

월	우유 수
9월	◎○○○○○○○
10월	◎◎◎
11월	◎○○○○○
12월	◎○○○

◎10개 ○1개

11

월별로 마신 우유 수

월	우유 수
9월	◎△○○○
10월	◎◎◎
11월	◎◎△
12월	◎○○○

◎10개 △5개 ○1개

12

마을별 자전거 수

마을	자전거 수
가	◎◎◎○○
나	◎◎◎○○
다	◎○○○○○○
라	◎○

◎10대 ○1대

13 가 마을, 나 마을　　**14** 2배

15 다 마을, 4대　　**16** 17개

17 43, 53　　**18** 22마리

19 나 과수원　　**20** 3대

2 100개 그림이 3개인 빵을 찾으면 단팥빵입니다.

3 (합계)=300＋150＋80＋220=750(개)

4 100개 그림의 수가 가장 적은 빵은 100개 그림이 없는 식빵이고, 10개 그림이 8개이므로 80개입니다.

5 학생 수가 두 자리 수이므로 10명과 1명을 나타내는 것이 좋습니다.

6 10명 그림을 먼저 그린 다음 1명 그림을 그립니다.

7 10명 그림의 수가 가장 많은 계절은 겨울입니다.

8 그림그래프는 학생 수를 그림으로 나타내었으므로 학생 수의 많고 적음을 한눈에 비교할 수 있습니다.

9 그림그래프에서 10월은 30개, 12월은 13개입니다.
(합계)=18＋30＋25＋13=86(개)

10 표에서 9월은 18개, 11월은 25개입니다.

11 ○ 5개를 △ 1개로 나타냅니다.

12 10대 그림을 먼저 그린 다음 1대 그림을 그립니다.

13 10대 그림의 수가 3개이면서 1대 그림이 있는 마을은 가 마을입니다.
10대 그림의 수가 3개보다 많은 마을은 나 마을입니다.

14 가 마을: 32대, 다 마을: 16대
16×2=32이므로 가 마을의 자전거 수는 다 마을의 자전거 수의 2배입니다.

15 다 마을과 라 마을의 자전거 수의 차가 20－16=4(대)로 가장 적습니다.

16 우영: 13개, 승주: 26개, 지호: 34개
➡ (예준이가 가지고 있는 구슬 수)
＝90－13－26－34=17(개)

17 하늘 농장의 오리 수를 □마리라 하면 햇살 농장의 오리 수는 (□＋10)마리입니다.
□＋31＋40＋□＋10=167, □＋□＋81=167,
□＋□=86, □=43
따라서 하늘 농장의 오리는 43마리이고, 햇살 농장의 오리는 43＋10=53(마리)입니다.

18 • 오리 수가 가장 많은 농장: 햇살 농장(53마리)
• 오리 수가 가장 적은 농장: 소망 농장(31마리)
➡ 53－31=22(마리)

19 예 10상자 그림의 수를 비교하면 5＞4＞3＞1입니다. 10상자 그림의 수가 두 번째로 많은 과수원이 나 과수원이므로 귤 수확량이 두 번째로 많은 과수원은 나 과수원입니다.

평가 기준	배점
10상자 그림의 수를 비교했나요?	2점
귤 수확량이 두 번째로 많은 과수원이 어디인지 구했나요?	3점

20 예 가 과수원: 17상자, 나 과수원: 41상자,
다 과수원: 34상자, 라 과수원: 52상자이므로 네 과수원에서 수확한 귤은 모두
17＋41＋34＋52=144(상자)입니다.
144=50＋50＋44이므로 트럭은 적어도 3대 필요합니다.

평가 기준	배점
네 과수원의 귤 수확량을 각각 구했나요?	2점
네 과수원의 귤 수확량이 모두 몇 상자인지 구했나요?	1점
트럭이 적어도 몇 대 필요한지 구했나요?	2점

다음에는 뭐 풀지?

최상위로 가는
'맞춤 학습 플랜'

STEP
4
Book

다음에 공부할 책을 고르기 어려우시다면, 현재 성취도를 먼저 체크해 보세요.
최상위로 가는 맞춤 학습 플랜만 있다면 내 실력에 꼭 맞는 교재를 선택할 수 있어요!
단계에 따라 내 실력을 진단해 보고, 다음 학습도 야무지게 준비해 봐요!

첫 번째, 단원평가의 맞힌 문제 수 또는 점수를 모두 더해 보세요.

단원	맞힌 문제 수	OR	점수 (문항당 5점)
1단원			
2단원			
3단원			
4단원			
5단원			
6단원			
합계			

※ 단원평가는 각 단원의 마지막 코너에 있는 20문항 문제지입니다.